JN251256

Games Primates Play

by Dario Maestripieri

ダリオ・マエストリピエリ 著
河合 信和 訳

ゲームをするサル

進化生物学からみた「えこひいき（ネポチズム）」の起源

◎ゲームをするサル——進化生物学からみた「えこひいき（ネポチズム）」の起源——◎目次

序章

はじめに

二〇〇九年のアカデミー賞にノミネートされた映画『マイレージ、マイライフ（*Up in the Air*）』で、ジョージ・クルーニー演じる主人公ライアン・ビンガムは、都市から都市へ飛び回る解雇専門家である。彼は、そうやって会社のために従業員に解雇を言い渡して回っていた。不景気で、会社は社員をどんどん削減していたのである。

ビンガムは、機内と国内の空港の中で暮らしているも同然だった。荷物の中身のチェックはしないし、旅に必要な物をあつらえもしない。小型のキャリーバッグの中に惰性的に荷物を詰め込み、それでやすやすと動き回る。荷物を少なくするのも、彼の人生哲学なのである。解雇を言い渡すのに忙しくない時なら、重い荷物を持たないとそれだけ楽だし、幸福だ、と観衆の心を揺さぶる講釈を垂れる。財産を持ったり、社会との関わりを保ち続けたりするのは、人の足手まといになるものだと語る。彼には家も家具もないし、キャリーバッグに入らない物は何も持っていないのだ。妻も女友だちもいないし、友人もいない。自分の姉妹とも家族の他の人間とも会わないし、話をすることもない。

もちろん、この生活は彼に教訓をもたらした。重荷なしの旅の幸せとは、実は幻想だったということだ。旅先で知り合ったある女性と恋に落ちた時、彼はその女性との愛と交際に本当の幸福感に浸ったのだが、彼女との関係が終わると、喪失感によるキリキリするような胸の痛みを感じた。そのことで彼は、独りでいることは決して楽しくはないのだとやっと理解するのである。

だが大半の人たちは、ライアン・ビンガムのような『マイレージ、マイライフ』的生活をしてはいない。ビンガム的生活なら、一つ所に居続けることで他人と安定した関係を持たない道を選ぶかもしれない。だが実際はそうではなく、ほとんどの人たちは、両親、兄弟姉妹、子どもたち、親戚と、一生涯の関係を保ち続ける。それが、一般的だ。我々はまた、恋人・配偶者、友人、職場仲間との関係を作り、維持してもいる。時には、フェイスブックでしか接触しない人たちとですら友だちになる。それに留まらず多くの人々は、イヌやネコ、その他様々なペットと濃密で長続きのする絆を築き上げている。『孤独――人間の本性と社会的つながりの必要性（*Loneliness: Human Nature and the Need for Social Connection*）』という本を書いたシカゴ大学の同僚のジョン・カシオッポによると、我々はみんな、長くて健康的で幸せな人生を送るため、良好な社会的関係を必要としているのだという。他人と良い関係を築けない人たちは、本人は自分は幸せと考えているのかもしれないが、実際はほとんどそうではないのだそうだ。

孤独な時も、人との関係を持つことは人生で重要な役割を果たしている。例えば、仕事で旅に出ていたり、スポーツクラブで汗を流したり、深夜に不眠症に取り憑かれてベッドで横たわっていたりする間も、誰か人との関係について思考をめぐらしている。自分と他の人間との関わりのある過去の出来事を思いだし、再検討し、それに関わる戦略をあれこれと考え、将来、社会的な失敗をするかもしれないことに悩んだりしているのだ。まるで自分自身と人との関係で起こっていることに一日二四時間没頭し続けるのが不十分であるかのように、知人の対人関係をあれこれ噂のタネにしたり、テレビや雑誌『ピープル（*People*）』でしか知らない人たちの間の関わりの進み具合を楽しんでいる。人との関わりは、文字どおり揺りかごから墓場まで、暮らしのあらゆる側面に波及していく効果があり、我々の思考、感情、健康に影響を及ぼすのである。

人間の社会関係は、良好なこともあるし悪いこともある。またその関係が強かったり、弱かったりすることもあり、釣り合いが取れていたり不均衡だったりといろいろだし、その中間もあったりする。二人の人間の関係に見られる特徴も、それぞれに特異な人柄の結果だけというわけではない。以前の二人の間での交流の歴史を反映しているし、関係の始まった背景も映し出している。人間関係は、独自の生命みたいなものを備えている。それは何かのきっかけで始まり、一定の歴史をもって進み、時とともに強まったり弱まったりして、それから予測可能な形で安定するか、終わるかする。例えば親子関係、兄弟姉妹関係、同性間や異性間の友情、子どものいる、いない異性同士の恋愛関係、仕事を通しての関係、互いに競争し合う関係などで、それらの関係はみんなそれぞれ独自のパターンを示すのだ。

精神分析医のエリック・バーンは、一九六四年に出版したベストセラー『人生ゲーム入門：人間関係の心理学（*Games People Play*）』（南博訳、河出書房新社）で、人は家族の中で、あるいは友だちと、さらには仕事仲間と、または見知らぬ者と付き合う時、それぞれ特殊なパターンに沿って接触している、と述べた。そのパターンを彼は「ゲーム」と呼び、その「ゲーム」はそれぞれ特別なルールで調節され、また通常は予測できる結末を迎える特徴を持つという。そうした人間関係の各パターンで予測できる事柄とその結末は、バーンによれば、それぞれの関係の中で、彼あるいは彼女が特殊な社会的役割（例えば「子ども」の役割とか「親」の役割、あるいは「大人」のそれ、など）を担う傾向があるということの結果であり、こうした役割は一定の行動との結び付くのだと指摘する。したがって同じ役割を果たすペア（例えば子どもと親）の間の関係には、共通点がたくさんある、ということになる。

当然のことながら、バーンの本が公刊されてから約半世紀の間に、人間関係についての理解は大いに進んだ。心理学と精神分析学の研究によって、社会的関係の中での我々の振る舞い方は、遺伝子と環境との複雑な相互作用の結果、脳、感情、思考への影響であることが明らかにされた。ところが複雑な人間関係を精密度を高めて（時には顕微鏡的精密さで）分析する過程で、研究者はその奥底に潜む全般的なパターンへの関心を失ってしまったように思われる。研究者たちは、こうしたパターンがなぜ存在するのか、それはどこから由来するのかを、もはや問うことはしない。実際、この二つの疑問に答えるには、そしてパターンそのものを特定するには、研究室から飛び出し、人間を良く観察し、それとは別の人間の生活形態と行動を背景に置いて人々の関係を十分に探究する必要がある。言い換えれば、あえて心理学の世界から外に出て、生物学の中に入り込んでいかねばならないのだ。これは、人間関係の奥底に潜む多くの原則やパターンは進化の過程で形成された結果であり、そしてまた同じ進化の過程はヒト以外の動物でも似たパターンを形成してきたからである。

ほぼ三〇年間にわたって動物の社会行動を研究してきた一進化生物学者として、私は、人間によって演じられるゲームの多くはヒト以外の動物でもなされている事実を証明できる。そして読者は、私の言うことを信じるまでもない。私の誕生以来――『人生ゲーム入門：人間関係の心理学』の出版された一九六四年生まれである――、これまでに多数の種を対象に万余に及ぶ動物行動学の研究がなされたが、こうした研究はすべての社会性動物が自分自身の種のメンバーと社会的関係を持っていることを明らかにしてきたのである。特にその動物が小集団で暮らしているか、それとも大集団で生活しているかによって、寿命が短いか長いかによって、そしてまた体サイズに対して脳が相対的に小さいか大きいかによって社会的関係は変動するが、彼らのそれぞれのメンバーとの関係は、数が少なかったり多かったり、単純だったり複雑だったり、いろいろだ。ヒトはこうした特徴が他の動物よりもごく近縁な霊長類――例えばチンパンジーとゴリラ、あるいはそれよりも遠いマカクやヒヒにも――に似ている。したがって人間の関わり合いは、他の動物のそれよりも前記の霊長類の方に、多くの共通点があるということになる。つまり我々が他人と演じるゲームは、我々ホモ・サピエンスに特異的なものというわけではないのだ。他の種の霊長類も、似たような、時には我々と酷似するゲームを行う。こうしたゲームは、ホモ・サピエンスばかりでなく、他の種の霊長類によっても創造されている。むしろこの地上にホモ・サピエンスが出現するよりもずっと前に、我々と共通の祖先霊長類がこうしたゲームを演じていたに違いないのだ。

かくて人間同士の関係性を完全に理解しようとするには、ヒトの本性は一般的霊長類の本性の特殊化した変種に過ぎないことを、まずもって了解しておく必要がある。だがそれでは、この霊長類の本性とは、それこそ何なのだろう。

霊長類の本性

一般に受けのいい考えと正反対に、人類は地球に棲む動物の中で一番複雑な暮らし方をしているわけでは必ずしもない。体の構造、肉体の機能の仕方、環境からの食資源の獲得法、繁殖の仕方などに関して、今日まで自然淘汰をへた進化で、ヒトよりはるかに優れた動物が出現している。深海底に棲む魚を考えてみればよい。深海魚は、完全な暗闇の超高圧の環境で暮らしているではないか。また、オスとメスの両方の生殖器を持ち、それに適応した雌雄同体の蠕虫類はどうか。彼らにとってパートナーはどちらの性でもオーケーなのだ。進化生物学者のスティーヴン・ジェイ・グールドは、一九九〇年に出した『ワンダフル・ライフ――バージェス頁岩と生物進化の物語（*Wonderful life*）』（渡辺政隆訳、早川書房）で、複雑な体制の動物も偶然に、あるいは「運悪く」、時として絶滅しており、複雑な体制だけが種の生存や繁栄を保証するとは限らない、と述べている。実際、複雑さは、進化上で不利に作用する時だってあるのだ。

しかしヒトは、ある重要な一点で「特別」である。ホモ・サピエンスの脳は体サイズに比べて大きく、他のどの動物よりも複雑なのだ。その結果、我々の認知能力は他の動物よりもはるかに優れたものとなっている（例えば抽象的な思考ができるし、複雑な計算もできる）。しかしホモ・サピエンスで強化された脳の能力は、単独の現象ではなく、ホモ・サピエンスが地上に現れるずっと前の霊長類の系統に始まった進化傾向の一部にすぎない。事実、進化の上では我々とはさほど遠くない共通の祖先を持つ類人猿やサルも、霊長類以外のほとんどの動物と比べれば、大きな脳を持っているし、構造も複雑なのだ。

霊長類における脳サイズの増大というこの進化傾向――それは知性的な種の出現に行き着いた――は、論理的には例えば昆虫、爬虫類、鳥類などといった他の系統の動物でも起こりえたことだ。もしこうなっていたとしたら、今日の地球はヒト以外の知性的動物で超過密状態になっていただろうし、ほぼ間違いなく人類以外の種に「支配されていた」だろう。ひょっとすると、例えば大型で知性的なゴキブリやゴジラのように巨大な爬虫類、しゃべるオウム、ネコ、イヌなどに地球は支配されていたかもしれない。こうした動物は、たまたま生活様式の多くの面で、すなわち寿命、繁殖法、食物、それぞれの動物の暮らす社会といった面で、霊長類と大きく異なっていた。だから人間が霊長類からではなく、昆虫や恐竜、鳥類など他の系統から進化したとすれば、人間の社会は現在のものと全く異なったものになっていたはずだ。さらに考え方も互い同士の行動の仕方でも、同様に違ったものになっていたに違いない。例えば、ヒトがオウムの仲間で知性を備えた種だったとすれば、夫婦間の絆も現在よりもずっと強固となっているだろう（離婚率は大きく下がるだろう）し、女性は巣の中で抱卵し、男性は雛の口中に食物を吐き戻して女性を手助けして育てているに違いない。また他の個体とも大きな集団を作って暮らしているだろうが、暴力と殺人を伴う権力を求めての闘争は見られないに違いない。オウムではなく、ヒトが非常に賢い恐竜だったたら、夫婦間の絆というものは成体の男女間には存在しないし、親の面倒見は最小限に留まり、大きくて高度に階層化された社会を作ってはいないだろう。大人の間の社会的つながりや協力は最小限度に留まっているかもしれないし、個人はほとんどが一人ひとり勝手にやっているうえに、誰もが攻撃的で危険な存在となっているに違いない。大きな脳を持ったティラノサウルスの天下だったとしたら、毎日が闘いで、日常の暮らしはおそらく緊張感に満ち、明日、自分が食うのか食われるのかも分からないということになっているだろう。

当然ながら、こうした想像上の「人間」社会にも、人間の本性と行動についての謎を解こうとする科学者と哲学者もいるに違いない。進化生物学で学位を得たオウムや恐竜なら、例えばオウム人間ならヒトは鳥類だし、恐竜人間ならヒトは爬虫類なので、鳥類なり爬虫類なりを広く研究し、理解を深めることが「人間」の本性と行動を究める欠くべからざる前提条件だと言うだろう。それに対してサルと類人猿は、ペットとして家庭で飼育されるか、動物園で飼われるか、動物学者の好奇心を満たすものとして野外で研究され、ひょっとしたら名物料理としてレストランで提供されるかもしれない。誰も、「鏡の中のサル」とか「裸のサル」、あるいは「我らが内なるチンパンジー」といった本を書こうとはしないだろう。

物事がこんな風だとすると、ヒトがすごく頭のいい霊長類で、昆虫やトカゲ、鳥、イヌではないのは、たまたまのことだったのだ。我々は、他の動物よりはるかにたくさんの生物学的類似点をヒト以外の霊長類と共有している。特に我々自身の行動を理解するためには、霊長類の行動を広く研究することが役立つばかりでなく、類人猿と旧世界ザルといった人類に最も近い関係にある霊長類の特徴と行動を究明することが特に重要だ。

ただ霊長類も、生存と繁殖の目的で他の動物と大きく違っているわけではない。霊長類は食物を見つけて食べ、捕食者から食われるのを避け、繁殖のために同じ種の一員と交尾する必要がある。そうした問題点の多く、解決策の大半は、他の動物と同じである。ただし重要な違いが一つだけあって、それは、霊長類が生存と繁殖に成功するか否かは他の動物よりもかなりの範囲で同一種の行動如何によるという点だ。この点は、類人猿と旧世界ザルでは特に言える。類人猿と旧世界ザルのとりわけ重要な一特徴は、それはたまたま彼らの知性の高さと完全に関連するのだが、彼らが社会性であるということだ。この点の重要性を説明するために、ここでチンパンジーの社会性の実態を他の動物と簡単に対比して見てみよう。

昆虫や魚、鳥、その他の霊長類以外の動物など多くの動物は、同じ種の仲間たちと群れを作って生活している。移動や採餌、睡眠といった日常的活動は、他の個体のすぐ近くで行う。だが群れのメンバーは、食物や休息場所、魅力的な配偶相手をめぐって必ずしも互いに競争し合わない。群れのメンバー間で協力し合うこともほとんどないか、全くその必要がないことがしょっちゅうだ。こうした動物社会の個体は、概して他の個体に無関心で、友だちやその反対である敵といった深い関係にはならない。ある個体が姿を消すか死ぬかしても、その事は群れの残りの個体にほとんど何の影響も与えないし、注意さえされない。それに対して、一匹のチンパンジーの暮らしは、複雑な関わり合いが群れの中でびっしり絡まり合っているので、群れの他のチンパンジー全体の暮らしと密接に結びついている。社会というチェス盤上でなされるチンパンジー個体のどんな挙動も、好むと好まざるに関わらず、他のどんな個体の過ごし方にも何らかの影響を与える。これは個体の行動にとって多くの意味を持ち、群れの中で社会的に成功するために必要なことなのだ。

チンパンジーとヒトは、競争の激しい社会で暮らしている。年がら年中、喧嘩したりはしないが、その代わり群れの中で順位制が確立されている。チンパンジーの高順位個体は、食物、寝場所、魅力ある交尾相手を優先的に獲得できる。食物と交尾相手を見つける難しさと多くの危険にさらされることに加えて、低順位のチンパンジーは高順位の個体からいつも攻撃と威嚇の圧迫を加えられている。その結果、高順位の同胞よりも低順位個体の健康状態は優れず、若死にしやすく、少ない子どもしか残せない。群れの中で高い順位を得ようとするには、チンパンジーは他の個体と同盟を結ばねばならず、援助も受ける必要がある。例えばチンパンジーのオスは、群れの他のメンバーとの喧嘩に勝つ目的で、自分の兄弟と同盟関係を築き、しばしば血縁は薄いが力のある成熟オスとも同盟する。群れの他の個体との競争と協力の関係は、チンパンジーなどの類人猿と旧世界ザルの社会生活では普遍的に見られ、僅かの例外を除くと、彼らほどの関係は他の動物には認められないのである。

サルがするゲーム

「サルがするゲーム」（*Games Primates Play*）と題するこの節の基本的テーマは、ヒトの本性が、行動や知的活動のどの面よりも社会的な交流においてはっきりと表現されるということだ。これには、大きな二つの意味合いがある。まず第一にヒトの社会行動は、自然淘汰と性淘汰といった進化の過程を通じて形成されたので、その意味を進化生物学者と行動経済学者の発展させた費用対効果（cost-benefit）分析や合理的な行動モデル（例えばゲーム理論）を使って説明できる。第二に、現代人の行動と我々の霊長類祖先の行動を形作ったのと同じ社会的環境からの淘汰圧は、現生の霊長類とその祖先の行動をも作り出したのかもしれない。自然淘汰は我々と霊長類の他の種とが共有する行動の形成に関与した可能性も高いし、ヒトも現生霊長類も社会的行動の一部側面を共通祖先から受け継いだということもありそうだ。現代人は社会環境も共通祖先も他の霊長類と共有していることから考えれば、社会行動において彼らと大きな類似性を持っているかもしれない。本節で私は、合理的な科学的モデルと進化と霊長類と比較した説を用いてヒトの社会行動を検討していく。その際には、ヒトが暮らす社会と似た社会を営むごく近い霊長類観察から得た例を使うことにする。

もっとも私より前にも他の研究者がこの手法を採用し、ヒトの本性と行動のいろいろな面を明らかにしている。進化心理学者たちは、ヒトは自然淘汰と性淘汰で形成された社会性の性向を備えていることを明らかにしている。例えば、恋愛関係が長く続きそうな点で男と女が相手を魅力的だとみなす特徴の違いは、性淘汰の産物であるようだ。また同じように経済学者は、富裕さだけでなく、その人の持つ社会的地位などの環境の幅で相手が選択されるのは合理的なモデルで説明できることを実証している。このモデルでは、そうした決定に際して個々人は効果（利得）を最大限にする一方で費用を最小限にしていると仮定している。スティーヴン・レヴィットとスティーヴン・ダブナーの共著によるベストセラー『ヤバい経済学—悪ガキ教授が世の裏側を探検する（*Freakonomics: A Rogue Economist Explores the Hidden Side of Everything*）』（望月衛訳、東洋経済新報社）では、この手法のいくつもの例が提示されている。最後に霊長類学者も、チンパンジーで観察されている結果と同様に、ヒトのオス、つまり男性は、一般に女性よりも身体的に攻撃的であり暴力的であることを証明している。一九九六年に出版されたリチャード・ランガムとデイル・ピーターソン共著書物『悪魔のような男性：類人猿と人間の暴力の起源（*Demonic Males:*

Apes and the Origins of Human Violence）』で雄弁に語られているように、ヒトもチンパンジーも攻撃性に見られる性差は、両者の共通祖先から引き継いだと考えられる。

本書で私がやりたいと思っているのは、現代人の行動に見られる順応性と進化の遺産が現代人の社会生活の最も日常的で、したがって最も特殊化された側面の一部にまで及んでいることを示すことだ。我々がしばしば仮定するのは、毎日の様々な状況でとる行動は、我々のそれぞれ独自の人となり、自由に行う選択、環境から受ける影響を反映しているに過ぎないということだ。だが実際は、それぞれ異なった環境に暮らし、それぞれ異なった文化のもとで生きている世界中の人々は、こうした異なった状況下でも同じ行動をとっている。こうした類似点を我々が認識していない理由は、一部は自分自身の行動を意識していないからであり、他人がすることにあまり注意を払っていないからでもある。

過去二〇年間、私の研究しているサルに対してとったのと同じ科学的厳密さを我々自身の種であるヒトに適用して、私はあらゆる社会状況で暮らす人たちを観察してきた。ヒトが行う仕草や風変わりな祭祀行動を――それがなぜ行われるのかが分からないことがよくあった――隠れるようにして調べて報告してきたし、共同体構成員全体の行動と個人的な行動を支配しているあまり口にされることのない興味深い風習も調べた。自由意思以外の何物によっても支配されていないように見えるけれども、どんな人でもかなり似通っているので個人の選択を超えていることが明らかである行動パターンと風習を、特に探究した。霊長類祖先のはるかな過去の遺産であるこれらの行動は、我々の奥底に潜むものではない。表面上に表れているが、自分たちにとって本能的であり、「自然」なので、そうした行動に気がつかないのだ。だが私は、気がついていた。

毎日の社会での交流の中で人々の行う「ゲーム」を見抜くためには、あからさまに姿を現したりなどせずに人々の行う交流をじっと観察する優れた探偵になる必要がある。霊長類のゲームを支配しているルールを知るには、これまで動物行動学者、心理学者、経済学者、その他の行動科学者たちが複雑な行動の本性を解明しようと探究してくる中で発見した科学的原理も知っておく必要もある。この情報で武装して、霊長類の過去が普通は把握もできず理解もしていない形でどんな風に現代人の決定と行為に影響を及ぼしているのかを、私は実証しようと努めてきたのだ。

読者は、人間は他の霊長類の暮らしを支配している諸条件から脱却していると考えているかもしれない。確かに我々はもはやジャングルに暮らしてもいないし、木から木へと腕渡りもしていない。それどころか我々の家は巨大都市の中か郊外にあり、車を運転し、服を着て、公的教育を何年も受け、電子的手段でコミュニケーションをとっている。だがテクノロジーも新しい服も、我々が霊長類としての過去から受け継いだ遺産を隠せない。こうした物も、ヒトである霊長類がたぶん無意識に行っているがもはや影響力もないゲームをすることで、古い歴史を持つ儀式を行う場を変えたに過ぎないのだ。

第一章　エレベーターの中のジレンマ

穴居人の遺産

ブライアン・デ・パルマ監督の一九八〇年のホラー映画『殺しのドレス（*Dressed to Kill*）』で一番恐ろしいシーンは、女優アンジー・ディキンソンの演じるケイト・ミラーが七階まで昇る途中のエレベーター内の場面である。エレベーターが停止し、ドアが開くと、殺人者——女性のかつらをかぶり、黒いサングラスをかけ、黒いコートを着た男——が、剃刀を手に乗り込んでくる。ケイトは、手で顔を覆って身を守るが、男はエレベーターが一階に着くまで剃刀の刃でケイトに斬りつけ、なおも切り刻み続ける。一階に着くと、エレベーターを呼んでいた二人の人が、血まみれになって床に倒れたケイトの遺体を見つける。

こんな風に映画の中では、たぶんシャワー室を例外として、閉ざされた空間としては他のどこよりもエレベーター内で、多くの人が殺されるようだ。現実にはエレベーター内で襲われて殺される被害者になる確率は、限りなくゼロに近い。けれどもエレベーターで誰か他人と乗り合いとなる時に人が他の人に対してとる行動・仕草から、人々が自分の安全に大いに不安を感じていると推定できる。エレベーターが混んでいるとすれば、誰もがじっと立っていて、天井や床、時には時計、停止ボタンを見ている。まるで今までにそれらを見たことがなかったように。見知らぬ者同士の二人だけで乗り合いとなると、二人ともできるだけ離れていようとし、互いに直接、顔を見たり、視線を交わしたり、突然動いたり、音を立てたりしないように気をつける。

エレベーターに乗り合わせた見知らぬ人たちは、社会的には気まずい状況の中で、ただ礼儀正しく振る舞おうとしているだけだと考えられるかもしれない。だが本当は、エレベーター内での行動のほとんどは、合理的な思考の末にとったものではないのだ。状況に対して、自動的で本能的に対応している行動である。攻撃されるという脅威は現実にはない。けれども我々の心は、まるで実際に攻撃され、自分の身を守ることを意味するかのような行動をとらせる。エレベーターは比較的最近の発明品だが、エレベーターがもたらす社会的状況は新しいものというわけではない。狭い空間で他人がすぐ近くにいるという状況は、人類史では何百万回となく訪れたものだったのだ。

旧石器時代に、大きなクマの足跡を別々にたどってきた二人の穴居人が、狭くて暗い同じの洞窟でたまたま鉢合わせしてしまったと想像してみてほしい。そこにはクマはおらず、腹を空かせた別の穴居人だけが不気味な様子で棍棒を振り回しているとしたら、これは明らかにヤバイ状況であり、そこからどうやって出ていくかを考えなければならない。旧石器時代には社会的にまずい状況から脱するためには、他人を殺すこともやむをえない行動だった。我々が晩餐会を早く切り上げるための言い訳として、翌朝早くに医者に行く予約があると言うようなものだ。何もしなければ、洞窟の中で旧石器人の一方は棍棒で他方の頭を強打し、晩餐会は終わってしまう。時にはその旧石器人も、偶然、洞窟で女性と出会うかもしれない。その状況は、生殖の絶好の機会に変わる。だが男の旧石器人が別の男と出会うとしたら、それは悪い知らせだ。同様に、ウガンダにいるオスのチンパンジーの一団は、他の群れから出た離れオスに出くわすと、そのオスの喉を切り裂いたり、睾丸を引き裂いたりする――そうやってそのオスが生き延びた場合も、将来の繁殖の願いをかなわなくさせているのだ。

現代人の心は、こうした旧石器人の精神から進化したのだし、その旧石器人の心も、霊長類の祖先、すなわちチンパンジーとそっくりの類人猿の心性から進化した。現代人の心の能力の中には、抽象的思考、言語、恋愛、高い精神性といった能力のように、進化史において比較的最近に現れたものもあるが、危険となりそうな社会的状況への反応の仕方は全く変わっていないのだ。我々が負傷して感じる痛みが数百万年も変わっていないと思われるように、社会的な脅威への霊長類の心の反応の仕方も大きくは変えられていなかった。それどころか、進化といえどもこの領域では保守的だったので、ヒト、チンパンジー、マカク属のサル――これらの共通祖先と現代人は二五〇〇万年前に分岐を始めた――それぞれの心は、なお原初の青写真の痕跡が残しているのだ。

エレベーター内での人の振るまい方は、今日の科学的研究にとってはあまり人気のあるテーマではない。だが一九六〇年代には、大流行していた。エドワード・T・ホールという人類学者は、一九六六年に『かくれた次元（*The Hidden Dimension*）』という本を出版した。この本の中でホールは、誰か他の人間が自分の私的空間に侵入してくると、その後に各種のトラブルが起こる、と述べた。ホールの言葉を借りれば、私的空間とは人がいつでも自分で持ち歩いている目に見えない泡のようなものだ、ということになる。泡の大きさは、その人やその人自身が暮らす社会の文化的基準次第で、大きくもなり小さくもなる。ホールの述べるところによると、人間の私的空間とは動物の縄張りと同等であり、私的空間の侵害に対する攻撃的な反応は、自分の縄張りを守ろうという意思の表れだという。

ホールがこの本を著して以降に動物行動学について得られた知識からすると、人間の私的空間と動物の縄張りとのアナロジーは、もはや有益なものではなくなっている。縄張りを守る行動は霊長類ではほとんど見られず、あったとしてもキツネザルや新世界ザルなどのヒトとは遠い関係の種に限られる。さらにヒトは、自分の暮らす場所を守る縄張り意識の強い動物と違って、自分を取り巻く見えざる泡を力づくの攻撃で守っているわけではない。その代わりに人間がしているのは、危険そうな感じの人間が接近してきた時は、いつでも攻撃されるリスクから身を守れる予防手段をとることだ。他の人の隣に立つことは、単純に攻撃される可能性を増す。特にその人物が見知らぬ他人であれば。

すぐ近くまで接近することと攻撃の危険性との間の関係はこれまでにも研究され、アカゲザルやヒヒなど、縄張りを持たない種も含めた他の霊長類ではかなり良く理解されるようになった。ヒトとヒト以外の霊長類のそれぞれの心の間で進化の上のつながりを認識することによって、エレベーターの中で他人の存在に対してとる人の行動は、ただ単に攻撃されるリスクに対する反応だということが明らかになっている。

剃刀の刃を持った凶暴な殺人鬼に切りつけられる危険性が、狭い空間で見知らぬ人のすぐ近くに近づくことで引き起こされる唯一の問題というわけではない。危険そうだという直観と結びついた不安は、切りつけられて受ける体の傷のように、健康に悪影響を与えかねない。だからエレベーター内で時々、ストレスに関係する行動をとる人もいる。例えば痒くなくともポリポリ頭をかいたり、指の爪先を噛んだり、もう既に時間が分かっているのに衝動的に腕時計に目をやったりする人などだ。エレベーター内で受けるストレスは、銃を突きつけられて金を強奪されるストレスと比べれば穏やかな方だけれども、二つの違いは程度問題に過ぎない。我々の心が攻撃を受ける危険があり、それを避けるために数歩離れる準備をする必要のあることを知っているように、ストレスが人間の精神にとって良いことではなく、うまく対処する準備を整えることもまた、人の心は知っている。このことは、エレベーターの中に見知らぬ人物が一人だけしかいないことを分かった人に対してだけでなく、狭い飼育ケージの中に閉じ込められたサルに対しても当てはまるのだ。

闘うべきか、闘わざるべきか

次の状況を想像してみて欲しい。仲間と一緒にジャングルをうろついて一日を送るのが習わしのアカゲザルが、サルの行動を研究して初めての学術論文を発表したいと熱望している大学院生の手で、突然、狭い飼育ケージの中に放り込まれるという状況を、だ。熱心なその大学院生は、その後に同じケージにもう一匹のアカゲザルを入れ、それからじっと観察を始めるのだ。

二匹のサルの間で激しい喧嘩の始まる危険性は、非常に高い。アカゲザル社会の原理では、こんな場合、一匹のサルがもう一匹をすぐにつかまえ、噛みつけるほどに近づいた時は、いつでも喧嘩のようなことが起こる可能性は十分にあるのだ。さらに閉じ込められたスペースが狭いと、攻撃が始まっても逃げることができない。したがって狭いケージだと、攻撃は簡単に始まるし、始まったら簡単には止められない。

二匹のサルが以前に顔を合わせたことがなければ、大喧嘩の危険性はかなり高くなる。マカク属はよそ者が嫌いなのだ。そのためそのよそ者が交尾相手になりそうでないなら、その存在は即座に敵意に満ちた反応を引き起こす可能性大だ。さらに、後述するように、二匹のサルは普通は協力して緊張を緩和させようとするのだが、知らない者同士のために、二匹が協力し合うことも難しい。エレベーターの二人の心中では、同じ単純な算術、つまり「見知らぬ人＋狭いスペース＝トラブル」という状況が進んでいる。感情の警報音が、すぐに鳴り響く。まるで指で炎に触れ、直ちに激しい痛みを感じる時のように。

しかし狭い空間で闘うことのリスクがかなり高いのなら、どうしてサルや人間は闘いに突き進まないのか。

一般に人もサルも、それがよそ者であろうが友人であろうが、あるいは家族の一員であろうが、同種内の他の個体と闘うことに躊躇はしない。しかし喧嘩の起こる時と場所は、だいたい決まっている。軍の同僚将校と公園で決闘を挑むにしろ、地元のガキ大将と学校の裏の暗い路地で殴り合いに臨むにしろ、前もって入念に闘いの計画を立てる。そうした細かい作戦に見合う利益として、相手に気付かれないように不意打ちしたり、仕返しを避けたり、負けた時のダメージを最低限にしたり、助っ人から手助けなり保護なりを受けたりする有利な条件も含まれる。ところがこうした有利な条件は、エレベーターの中にいる人間にもケージの中に隔離された二匹のサルにも、普通はない。こんな状況なら、勝てる見込みも、勝負の代償を調節できる保証もない。両方とも負け、それも大負けする可能性が高い。サルと旧石器時代の穴居人の中には、現代人にも見られるように、間違った思い込みをして不利な場所で喧嘩を始めて敗者になる者が常にいる。しかし自然淘汰は、そうした愚か者に報酬を与えない。ヒトと他の霊長類の長い進化史を通じて、不利な場所で喧嘩をしたいという衝動を抑制する遺伝的素因を備えた個体が、見境いなく喧嘩をする個体よりも長生きし、多くの子孫を残してきたのだ。その結果、こうした賢い個体の子孫は、エレベーター内や狭いケージの中での争いを避けるようにした行動戦略を受け継いだ。この行動戦略は、霊長類という目レベルの進化史では大昔に現れ、長年にわたってうまく機能したので、自然淘汰はこうした反応を霊長類の心でずっと不変のままにしてきたのである。

二匹のアカゲザルを狭いケージに一緒に閉じ込めると、二匹は争いを避けようと、あらゆる手を尽くす。二匹は、用心深く動き、あるいは無関心を装い、さらにまた相手の攻撃の引き金を引かせかねない行為を控えたりするが、こうした行動は問題を短期的に解決する適切な方法と言える。サルはそれぞれ隅っこに座り、うっかり相手を刺激しかねないどんな動きも避ける。ちょっと相手に触れただけで、敵対行為を始めたと誤解されかねないからだ。互いに目を合わせるのも危険な行為だ。サルの言語では、見つめることは威嚇を意味するからだ。二匹は、宙を見上げたり、床を見下ろしたり、ケージの外側のどこか虚空の一点を見つめたりする。だが時間がたつにつれ、じっと座って無関心を装っていても、それでこの状況を制御しているのは困難になる。閉じ込められたサルの間の緊張が高まり、遅かれ早かれどちらかが堪忍袋の緒を切らせるだろう。すぐには争いとならないようにしてストレスを引き下げるには、コミュニケーションを取るという行為が必要になる。緊張をほぐし、危害を加えるつもりもない（し、そう思ってもいない）ことを、相手にはっきり分からせるためだ。アカゲザルは、歯を剥き出しにして、恐れや親しみの意志を伝える。この「歯を剥き出しにするディスプレー」行動――進化の上では人間の微笑みの前身――が相手にうまく受け入れられれば、それが毛繕いの前触れとして機能する。毛繕いとは、一方のサルが、もう一方の毛をくしけずってやったり汚れを取ってやったりしながら、肌を優しくマッサージしてやり、時にはノミを捕まえて食べたりする行動だ。毛繕いで、一方のサルの気分をリラックスさせると同時に高ぶる感情を沈めることができるので、攻撃される恐れを取り除ける。だからもし読者がアカゲザルで、自分がもう一匹のサルと狭いケージに入れられていると気がついたら、なすべきことはお分かりだろう。つまり歯を剥き出しにして、然る後に毛繕いを始めるのだ。またあなたが人間で、見知らぬ人とエレベーターに乗り合わせたことに気付いたら、サルと同じことをすればよい。微笑んで、軽い雑談を始めるのだ。

しかし現実には、それよりちょっとばかりこみ入っているのが普通だ。

エレベーターの中のジレンマ

混雑したエレベーターに乗り込んだとしたら、とれる行動の選択肢は多くはない。普通は一八〇度回転して、他の人を背にしてドアの正面に立つ。誰もがじっと立ち、天井を目をやっている。だが乗り込んで、そこに一人しかいない時は、油断できない。その人に挨拶すべきだろうか。無関心を装うのは、危険そうだ。あてつけだと受け取られる恐れがある。微笑んで何か楽しそうなことを語りかけるか？だがもしこの親しげな話しかけが、相手から誤解されたり歓迎されなかったりしたらどうなるだろう。その見知らぬ人に尊大に振る舞ったり、争いになったら誰が勝つかはっきりさせるために、睨み倒すべきなのか？　その人物が逆ギレしたり、超人ハルクに変身したらどうなるのか［訳注　アメリカのテレビドラマの主人公で激怒すると超人に変身する］。こうしたシーンは、高層ビルの低層階に住む人たちが毎朝、仕事に出かける前に遭遇しなければならないジレンマである。エレベーターに乗り込むと、たぶん既にそこに誰かが乗っていることだろう。

以前に私は、シカゴのアパートの二〇階のフロアに住む特権を得ていたことがある。そこからミシガン湖の景色を楽しめたばかりか、エレベーターという狭い空間で誰か他の人に出会った時の様子を観察する完全な機会も得られた。毎朝、私の部屋のフロアから降りていく途中、最低一回はエレベーターが停止し、だいたい誰かを乗せた。そのアパートには二〇〇〇戸以上の世帯が入っていたので、ほとんど毎朝、以前に一度も出会ったことのない人と遭遇した。行動を観察するのが私の仕事なので、見知らぬ人たちがどんな行動をするか注意し、その様子を頭の中に記録しておくのが習わしとなった。以下に書くのは、普通にあった出来事である。エレベーターが一五階に停止し、三〇歳代の無精髭を生やしたスウェットスーツ姿の男がエレベーターに乗り込んできた。見知らぬその男性は、私を一瞥すると、停止ボタンの並んだパネルに目をやる。既に一階のボタンは私が押した後だったが、ボタンを点灯させるのがただ一つすることだ。数秒がたつ。それが、その男性のある決断をするのに要した時間だ。彼はもう一度、一階のボタンを押し、一歩下がって、エレベーターの隅に立つ。その間も、ずっとボタン・パネルを見つめたままだ。その見知らぬ男性の行動は、ボタンが押されていることに気付かなかった結果ではなく、ただの習慣だったことは私にははっきり分かっていた。考えもせず、同じ行為を、彼は毎日、機械的に繰り返していたのだ。彼はボタン・パネルを見て、一呼吸置き、それからわざわざ一階のボタンをもう一度押したのは、その代わりであるのは明白だった。彼はなんでそんなことをしたのだろうか？

この状況で起こっているのは、次のようなことだと思う。見知らぬ男性も私も、お互いの存在には気付いている。紛れもなく、だ。しかしボタンをもう一度押すことで、彼はある意思を持つ存在——目的（一階まで降りる）を持ち、それを達成するための行為（ボタンを押す）を既にとっていた誰か——としての私を認めることを意図的に拒んだのだ。誰か自分以外が目的と願いを持ち、その人物の行為がこうした目的を達成しようとすることに先導されていると認識することは、間違いなくヒトをサルと類人猿を含む他の動物から区別する複雑な認知能力である。この能力が、ヒトを仲間と共感する能力も含んだ一つの精神的パッケージの一部にしている。そうやって人間は、他の人の感情を理解し、その痛みに気がつくのだ。目的と感情を他の人間に起因するものと考えるのは、そうした存在を人間だと我々に認識させること——お望みなら人間であることの品質証明と言ってよい——であり、愛するペットと同じ存在になることでもある。いま一度一階のボタンを押した、くだんの見知らぬ男性は、私の地位、立場を、同じ目的地に向かい、目的地に向けた行為を行う旅人仲間と認めなかったのだ。その男性の行為は私から人間であるという地位を奪うものだが、またその行為で、彼の目から見て私を相手にするのに安全で容易な存在に変えたのだ。

　また別のある日、別のエレベーターで下に降りる途中で、別の人物と乗り合わせた。今度は、ビジネススーツを着た白髪混じりの男性で、黒い革製の手提げカバンを手にしていた。その男性は、一階のボタンが既に押されていることに気がつくと、もう押さない。彼はエレベーターの私とは反対側に静かに立つと、壁面のパネルの縁を行きつ戻りつ見ている。もう一度ボタンを押すのを控えることで、彼は私の存在とその前の私の行動を暗黙のうちに承認したのだ。私たち二人は、エレベーター内の狭い空間だけでなく目的地も共有しているのである。そうやって私たちは、一緒に一階に降りていった。目的の共有は、社会関係の重要な側面だ。親子の絆、友情、恋愛の基礎になっているのは、すべて二人が同じ目的地を持ち、そこに一緒に行き着くための行為に喜んで携わろうという確認だ。その見知らぬ男性のとった行動は、友情や恋愛の行為ではないが、信頼できる人物であることを伝える重要な素振りでもある。彼のとった行動のもう一つの側面が物語るのは、他の人と同じように自分の状況を気にかけているということだ。狭い空間の架空の一点を眺めるのは、他人の注意を引きやすく、イライラさせかねない不自然な行動である。水平方向に視線を動かすのは、相手の腰の下で動くのでなければ――それも別の理由で危険だが――、視線がかち合いかねないのでエレベーター内では危険だ。しかし手提げカバンを持った男性のするように、壁の角とかドアの縁とかに沿って縦方向に視線を動かすのは、視界に相手の顔が入る可能性を最小限にするので安全だ。その男性がたまたまその日、気分が特にピリピリしていたとしても、ひょっとすると私に微笑んだかもしれない。しかし長くエレベーターに乗っている時に、無関心を装い、決まり悪そうな微笑を寄こすのは、心理的距離を維持するのに不十分だ。二人とも、サルの毛繕いを始める必要があるだろう。すなわち、ちょっとした会話を始めるのだ。

アカゲザルの演じるゲーム

狭い空間に閉じ込められている時のように、危険となりそうな状況で二人ないしは二匹が出会う場合、彼らが互いに敵意、無関心、親近感のどちらで対応するのかを、いったい何が決めるのだろうか？　カリフォルニア大ロサンゼルス校の社会心理学者で、『思いやりの本能が明日を救う（*The Tending Instinct*）』（山田茂人訳、二瓶社）の著者であるシェリー・テイラーによると、ジェンダーで違いが生じるという。彼女は次のように述べる。オスは社会的ストレスがかかると、「闘争か逃走（**fight-or-flight**）」反応を示す。つまりストレス要因を避けて逃げるか、踏み留まって闘うかするという。反対にメスは、「保護・仲良し（**tend and befriend**）」反応、つまりじっと動かず、行儀良くして、敵に勝とうとするのだ。テイラーの言うことは、間違っていないだろう。二匹のオスのアカゲザルが、脱出する機会のない状態でケージに一緒に入れられれば、殺し合いをする可能性が高い。代わりに二匹のメスを同じ状態にすると、緊張を和らげようと互いに行儀良くして、一緒に何かをやろうとするだろう。しかしこれは、オスとメスの平**均的な**反応である——オスとメスのそれぞれ全部が、テイラー説にのっとった行動をするわけではない。現実にはオスの戦略とメスの戦略を分けるラインは、いつも交差するのだ——両方の方向に。

処女論文を発表したいということだけでなく、アカゲザルの心を奥底まで読み解きたいという願望がローマ大学の大学院生だった私を突き動かし、実験を通じてアカゲザルの行動を研究する計画を立てることになった。私は、前述した「エレベーター」実験の起案者だったのだ。二匹のアカゲザルを狭いケージに一緒に入れた。ケージの中では、二匹が立ち上がったり向きを変えたりするスペースはほとんどなかった。私は、一時間かけて二匹の行動をビデオに撮った。実験に用いたのは、メスだけだった。オスだと、喧嘩して殺し合いになりかねないと危惧したからだし、実験室にはオトナのオスよりもオトナのメスが多かったからという理由もあった。二五組以上のサルで実験を行った。実験に使った約半数のサルは、互いに顔見知りであった。ただ実験前の数カ月間は、互いに顔を合わせない環境に置いていた。残りの半分は、以前に見たことも一緒に居たこともない個体だった。

互いに知っているサルたちがケージ内で顔を合わせると、最初は不快そうにしているが、すぐにその状況を鎮める方法を見つけ出した。二匹は、互いに毛繕いを始め、一時間の大半をそうやって過ごした。互いに交代し合い、実験時間が終わるまで同じ時間だけ毛繕いをして、またされたのである。毛繕いし続けることで、サルの間の緊張は和らげられ、争いのタネは取り除かれた。結局のところ、みんながハッピーそうに見えた。しかし見知らぬ個体同士が一緒にされると、ケージ内の緊張は高まり、かなり緊迫した雰囲気になる。サルたちは四方八方に神経質そうに視線をやり、正気を失ったかのように自分の体をかきむしる。サルで見られる不安感の印しだ。二匹は視線を合わせないように必要以上に注意を払っていたが、ただこっそりと互いの品定めをしているようにも見えた。サルたちはこう考えていたのだろう。「**あいつはあたしより大きいか？　あいつは底意地が悪いのか？　本当にあたしの尻を蹴ることができるのか？**」。こうした状況は、数分間も続いたに違いない。それから一部の組みでは、二匹のうちの一匹が——先の三つの疑問全部に「そうだ」という答えを得たらしい一匹が——びくつき、もう一匹に対して卑屈に「微笑む」のだ。彼女はもう一方の毛繕いを始め、その間、される方はじっと座り、それを楽しむ。毛繕いをするサルの指が疲れて小休止をとらねばならないと、もう一方が交代して毛繕いをするが、きっとほんの数秒間だけだ。その後すぐに毛繕いを止め、相手の次の毛繕いで寛ぐのだろう。

結果として、見知らぬ個体同士の組みは、顔見知りの組みとほとんど同じ時間だけ毛繕いを行ったが、その関係は明らかに一方に偏っていた。メスの片方だけがいつも毛繕いをし、その間、もう一方はただ毛繕いの利得を得ていただけだった。

ほぼ半数は、見知らぬ個体同士の組みだったけれども、その中でもう一方から強要されたかのように振る舞ったサルはいなかった。へつらったような笑いが交換されることもなかった。数分間、何も起こらなかったが、とうとう組みの片方がもう一方の毛繕いを始めた。始めた方は、しかしその後、数秒間、手を安めると、もう一方の前ですぐに寝そべって、脚、腕、尻を他方の顔の前に置いた。それが、毛繕いのリクエストである。もう一方のサルは、交代で確かに同じことをした。だがそれもたった数秒間の毛繕いだ。それをすると、すぐにお返しを要求した。中にはわざわざ毛繕いをしないメスもいたし、さらにたくさんの毛繕いを要求するだけの奴もいた。そうした二匹のサルは、「あんた、あたしを毛繕いしてよ」、「いや、あんたがあたしにする番よ」と繰り返すゲームを演じたのだ。その結果、実験の時間が終わるまで、お互いにほとんど毛繕いをやりとりしなかった。そうした二匹は、実験が始まった時点のように不快そうで不安そうに見えた。

初めのうちは私は、サルの組みの間でのこれらの行動の違いに当惑したが、彼女らの行動はゲーム理論として知られている経済学の一分科で完全に説明できることに気がついて興奮した。それと意識することなく、サルたちは経済学者が「囚人のジレンマ」と呼ぶ特殊なゲームを演じていたのだ。

囚人のジレンマは、無関係の二個体間の利他的行動の交換を説明してくれる。このモデルは、最初は一九五〇年、メリル・フラッドとメルヴィン・ドレシャーという二人のアメリカ人数学者がランド研究所で研究生活をしていた時に考案したもので、その後、別の数学者、アルバート・タッカーが定式化し

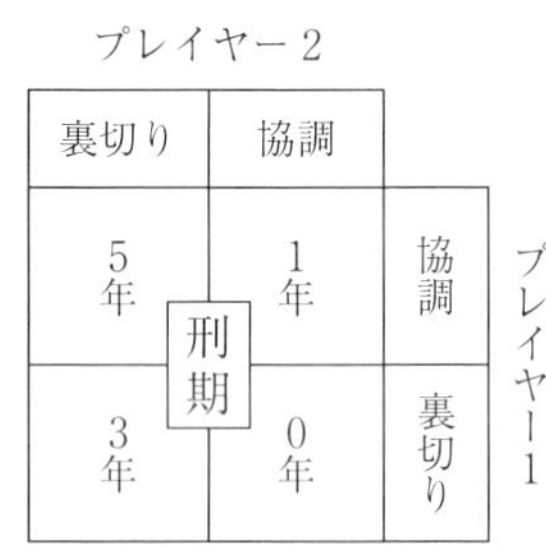

囚人のジレンマ：
報酬のマトリックス図

た。囚人のジレンマとは、タッカーの命名である。ゲームは、以下のシナリオで説明される。二人の容疑者が、一緒にやった犯行についてそれぞれ別室で尋問される。二人とも連絡を取り合うことは許されていない。二人の容疑者が信義に篤く、お互いに罪を着せ合ったりしないなら、それぞれ懲役一年という軽い刑の宣告を受ける。しかし一人が白状し、もう一人の方に罪を着せれば、白状した容疑者は釈放されるが、別の一人は懲役五年を宣告される。だが互いに共犯者に罪を被せ合おうとすると、両方とも懲役三年となる。この状況は、まさにゲームと考えることができる。このゲームでは二人の容疑者がプレイヤーであり、宣告される刑期が報酬である。またゲームでは、二つの戦略が考えられる。すなわち「協調」と「裏切り」である。上掲の報酬のマトリックス図で示されているように、たとえもう一人がどんな態度をとろうと、一方を裏切るプレイヤーは常により軽い刑となる。プレイヤー1が裏切ったとすると、プレイヤー2が協調だった場合の刑期はゼロ年で、プレイヤー2が裏切っても刑期は三年で済む。それに対して、プレイヤー1が協調とすると、プレイヤー2の態度いかんだが、彼は刑期一年か五年を受ける。裏切りは一般的には最高の戦略だが、両方のプレイヤーが協調とすれば、二人とも裏切る行動をとる場合よりも高い報酬を得られる。したがって協調は必勝法と言えるのだが、それは一方が他方も協調だと確信できる場合だけだ。

　ゲームは一度しか行われず——それぞれのプレイヤーは一回の差し手しか許されない——、それも見知らぬ者同士だと、協調となる可能性は低い。二人のプレイヤーはお互いに知らないので、他方からの協調を期待できるとする理由がないからだ。さらにゲームに二度目はないので、最初は協調し、次の見返りを期待するということもできない。だからこのケースでは、最高の戦略は裏切りなのである。しかしゲームが繰り返し行われるとすると――「繰り返し型の囚人のジレンマ」とも呼ばれる――、もう一人のプレイヤーの前の差し手をさかのぼって追えるし、それに見合った行動をとる機会が得られる。一九七〇年代後半に、政治学者で『つきあい方の科学――バクテリアから国際関係まで（*The Evolution of Cooperation*）』（松田裕之訳、ミネルヴァ書房）の著者でもあるロバート・アクセルロッドによって行われたコンピューター・シミレーションによると、こうした環境での必勝法は、協調でもないし裏切りでもなく、「しっぺ返し（Tit-for-Tat）」と呼ばれる新しい戦略であることが分かった。この戦略で、プレイヤーが最初にとる態度は協調だろう。その後にとるのは、自分がやった手に対してもう一人が反応して行ったことを単純に真似ることだ。もう一人が協調だとすれば、彼も協調するのだ。逆に一方が裏切りだとすれば、彼も裏切りをとることだろう。アクセルロッドによると、しっぺ返しにはそれを必勝法とする三つの特徴があるという。すなわち、①**優しさ**（しっぺ返しのプレイヤーは、最初に裏切りはしない）、②**報復**（しっぺ返しプレイヤーは、間抜けではないので、裏切りに対しては、次に自らの裏切りですぐに報復する）、③**許し**（しっぺ返しプレイヤーは、時間的には一手前だけを覚えているので、一方の直前の手が協調であれば、それより前に裏切ったことを「許す」）、である。

囚人のジレンマの力学は、二つの要因で大きく変えられることがある。その一つは、親戚関係だ。もし二個体のプレイヤーが家族の一員だとすれば、二個体とも見返りなしでも喜んで利他的に振る舞うかもしれない。例えばアカゲザルの母親は、見返りの毛繕いが得られなくても何時間も若い娘の毛繕いをしてやる。サルもヒトも、同じ遺伝子を共有しているために喜んで血縁者の支援をする。そして利他的に振る舞うことで、自分自身の遺伝子が集団内に保存されていく機会を大きくしているのだ。親戚関係の他に、プレイヤー二個体間の優劣関係が、囚人のジレンマの力学を変えることもある。例えば下位の従属的な個体は、優位者に対して利他的に振る舞うことを厭わない。同じ「通貨」で見返りを求めるのではなく、安全と保護との交換のためにである。この課題については、第二章でさらに深く考えたい。

私の行ったエレベーター実験は、被験者にされたアカゲザルに危険な状況を作りだした。サルたちの置かれた環境は、攻撃の危険を低下させ、緊張を和らげさせる行動を要請された。サルたちは、毛繕い行動を行って、こうした状況に対処することに考えをめぐらせる。毛繕いは、はからずも受ける側に効果(利得)となり、行う側には時間とエネルギーの費用(コスト)を伴う利他的行動となる。実験対象となったいろいろな組みで見られた毛繕いの力学は、囚人のジレンマが人間の場合だけでなくサルたちの間でも利他行動の交換を説明する有力なモデルとなることを証明した。私の行った実験でサルたちは全員が、互いに血縁関係はなかった。ケージの中の二匹のサルが以前からの顔見知りであった場合、まるで将来また会うことを予期したかのように、状況に応じて反応した。見知った組みの二匹とも協調戦略をとり、その状況を最大限に活用した。しかし互いに知らない者同士の組みのサルたちは、まるで一度きりの囚人のジレンマのゲームを演じていたかのようであった。二匹とも、相手のプレイヤーとは初めての顔合わせだったし、将来、また出会うだろうと考える理由もなかった。組みの半分では、認識可能な力に著しい不均衡があった。自分の方が弱いと感じたメスは協調行動をとった。おそらくは安全のために毛繕いを交換できると期待してのことだろう。状況につけこんで、裏切ったサルもいた。力でも認識可能な弱さでもはっきりした不均衡がなかった残りのペアの半分では、両方の「囚人」もしっぺ返しを行い、結局はお互いに裏切りの報復をするか、わずかの毛繕いをやり合うだけに終わった。実験の終わりになると、こうしたサルたちはストレスで消耗し切ったように見えた。きっと実験の時間が、両者とも無限に続くかのように感じられたに違いない。

言葉の毛繕い

誰か他の人とエレベーターら乗り合わせても、普通、それが心臓発作を引き起こすほどのストレスの原因になることはない。攻撃が想定される危惧に反応して本能的な警報が鳴り出すが、エレベーターに乗っている時間は、ただ無関心を装うことが安全性を確保する効果的戦略と言えるほどに短い。もしもエレベーターに乗っている時間がアカゲザルで行った実験のように一時間も長いとすれば、誰でも緊張を解きほぐそうと、微笑したり、礼儀正しく話しかけたりといった何らかの社会戦略を実行するだろう。こうした社会戦略が二人の間で協調を必要とする限り、思うにこうした人たちの社交は、アカゲザルの実験で証明された囚人のジレンマの力学に従って展開されるだろう。こうした力学の一部は、実際に毎日のエレベーター内のやりとりで観察できる。例えばある朝、私は中年の男性とエレベーターに乗り合わせた。彼は、私が乗ってくるのに、ことのほか怯えたように見えた。私がエレベーターの箱に入ると、彼は神経質そうに笑顔を作り、その後に何事か話し始めた。ひっきりなしに話しかけ、エレベーターが一階に着くまで、症状、診断、治療にいたるまで、自分の病歴をあらいざらいぶちまけようとしていた。この男性は私を医師だと勘違いし、何か良い医学的なアドバイスをもらいたいと思っているのではないか、と疑うほどだった。そうではなく、彼は何か不安に思う、感情的に弱い人物だったのだろう。彼の話した多くの言葉は、言語的な毛繕いであり、危険そうな状況で攻撃してきそうに思えた人物の敵意を和らげようとしていたのだ。

もちろん私のエレベーター実験は、全部がこんなであったわけではない。魅力的な女性とエレベーターに乗り合わせると、無関心で対応されるのが一般的だ。それが恐怖心や脅かしのせいだと考えるなんてなかなかできない。女性が男友だちとエレベーターに乗れば、男性はその女性に必ず話しかけるものだし、最後は彼女の電話番号を尋ねることだろう。結婚できそうなチャンスでの男性の働きかけは、危険そうな状況への反応のように予測可能なのである。

しかし人間の本性のいいところは、人々の平均的行動は科学的に予測できるが、平均値の上下には予測不能の多くの変異が存在するということだ。以前、アパートの自分の部屋に上がる途中、年取った女性が二階でエレベーターに乗ってきたことがある。彼女は、三階から二一階まですべてのボタンを押し、しかる後ににっこりと笑みを浮かべて三階で降りていったのである。

第二章　優越性の強迫観念

新技術の古代的な使用

朝、目を醒ますと、すぐさま私の脳はコーヒーを要求する。身体の方は砂糖を、だ。こうした生化学的欲求を満たした後、私はｅメールをチェックする準備に入る。アカウントにログインすると、メールボックスにはたくさんの新着メールが入っている。差し出し人は、家族、親友、何年も連絡をとってこなかった友人、共同研究者、ナイジェリアのビジネスマン、さらには発音すらできない全く未知の人物などいろいろだ。その量には圧倒される思いをする。インターネットで連絡を取り合っている人なら誰でも分かっているように、ｅメールのおかげで暮らしがずいぶんと楽になった。だが一方で、ｅメールは精神的ストレスの最大の源ともなることもあるのだ。私は、未読のメールを削除し始める。最初に削除するのは、思いも寄らない——そしておよそありそうもない——遺産贈与とか宝くじに当たっただとかを言ってくる偽名であることが明らかな名前の人物からのメールである。それよりは信用できそうな知らない人物からのメールは、後で読むことにする。次に、知っている人からのメールに注意を向ける。熱心に読み、そのいくつかには返信する。私の返信は、長文で個人的な思いを連ねたものもあるが、あとは短く、儀礼的だ。一部のメールには、すぐに返信はしない。罪悪感に苛まれるようになるまで、数日間、メールボックスに寝かせておくのだ。その後、私からのメールを予期していない人にメールを書く。私からのメールを望んでいる人もいるように、私も他人から来るのを期待している。グローバルな共同体の良き一市民として、いわば世界中のメールボックスの目詰まりに私も関与しているわけだ。

ｅメールが我々研究者の生活を大いに楽にし、また効率的にしていることは否定できない。しかしｅメールは、仕事というだけではない。本当のところは、大半の人たちがそうであるように、ｅメールを通じて社会とのつながりを維持しているのだ。私はイタリアにいる母や妹とｅメールを交換しているし、世界中の友人、さらには同僚や学生たちと、そしてそれ以外の知り合いの人たちともメールをやりとりしている。

ヒトも含めた霊長類の社会的関係を研究している人たちのように、ｅメールやその派生物――例えばフェイスブック、マイスペース、ツウィッターなどの利用は、ある基本的な面で人間の社会関係を変えたのではないかと思うことがしばしばある。人類は、他者とは対面で交流を結んで進化してきた。会話言語が進化するずっと前から数百万年間も、初期人類とその祖先類人猿は、顔を見ることができ、言語にならないモゴモゴという呼びかけを聞けて、体を触れ合える個体とのみ社会関係を維持してきたのである。こうした社会関係の過程で起こる日常の問題をうまく乗り切っていくために、祖先たちは表情による表現、発声、たくさんの触れ合い、毛繕い、抱擁、時には平手打ちを用いた。視線を合わせることは、霊長類にとって、さらにまた現代人にも重要な意味がある。視線を合わせた相手が好意的なのか敵意を抱いているのか、力がありそうなのか弱そうなのか、性的魅力があるのかないのかの判断基準となるからだ。しかしｅメールで社会関係をこなしている今、これらの基準はどうなっているのか？「時々、本気であんたを殺したい気分になるよ」といったような文句を使う場合、それが本気なのか冗談なのか、読み手が分からないかもしれないという不安を補うために、メール・ユーザーは、「顔文字」――笑顔、ウインク、しかめ面などで自分たちの気持ちを伝えるという新しい方法を創造した。それだけ？　顔文字で全部オーケーなのか。対面で社会関係をこなしてきた何百万年間もの遺産は、アル・ゴアがインターネットを創出した日に、消えてしまったのだろうか。

そうは思わない。我々が通信しているハイテク技術は、活動する方法では人類進化の過去からの強い影響力を排除しているように思えるが、我々がキーボードの前に座って友人と情報交換し、仕事上の回覧に返信する場合でさえ、霊長類の社会関係を規定している原則を再現しているのだ。例えばマカクの仲間、ヒヒの仲間、チンパンジーといった霊長類の社会関係の特徴となっている社会的地位への関心は、サイバー空間でもなくなってはいない。ただ単に新しく、それまでとは違った形式で表現されているだけだ。

我々がeメールを利用する点では、いくつかのはっきりしたパターンがある。まず第一に、お互いに良く知っている者たち同士のeメール交信は、数通のメールがわずか数分、数時間、数日のうちにあっちこっちに交換される「雑談」の期間に行われる。メールを誰が始めて誰で終わるのか、返信にかかる時間、メール文章の長さは、気まぐれではない。この点を私の研究グループの一員である仮想の大学院生とのeメール交換を例にして明らかにしよう。彼女の名前は、ジェニファーとしておこう。ある日、そのジェニファーが、長文のメールを私に送りつけてくることによって、メール交換が始まる。私がコーヒーショップにしけこんでいたので、ジェニファーは、少しの間、私を見つけられなかったのだ。送られてきたメールには、たくさんの質問が盛られ、それについての情報と助言を求めている。いつも学生たちが私に求めているものだ。急の返信が必要なのは、はっきりしている。彼女は明らかにこのメールを書くのに、多大な労力――時間、エネルギー、それに文法的に間違いでない文章を書くのに動員された認知上の資源――を払っている。それでも、ジェニファーはそう期待しているだろうが、この取り組みにかかったコストは、私の返信が自分に届くという大きな利益で埋め合わされる。「送信」ボタンを押し、対話が始まることで、ジェニファーは大きなリターンが得られると期待できる投資をしたわけだ。

私の側から見れば、ジェニファーにメールを書くことはコストである。読書中の気を逸らされるからである。半面、利益は皆無かそれに近い。学生に指導するために、そこそこ良い給料を得ていることをちょっとでも忘れてしまえばだが。そんなわけでジェニファーへの返信を、私はぐずぐず先延ばしするわけだ。やっと返信しても、書く文章は手短で、その中に求められた情報をすべて盛り込む。語数はできるだけ短くして。ジェニファーは、私からの返信が求めを満たしていることを知る。投資は、リターンを生み始めているのだ。そこで数秒もたたないうちに彼女は返信のボタンを押すので、最初のメールのように長く、さらに多くの質問と要望が盛り込まれたまた新しいメールを、私は受け取る。ジェニファーとの対話は、こんなパターーンで続く。彼女のメールはどんどん間隔が短く、長文になるのに対し、私の返信は次第にゆっくりとなり、また簡潔になる。五回のやりとりの後、私はジェニファーの六通目のメールを返信しないままメールボックスに無期限に入れたままにしておく。eメールによる通信の原則とエチケットに照らせば、レスがないのはその対話が終わりになった、ということだ。稀だが、厚かましい学生もいて、次の文章で始まるメールを送ってきて、対話を再開しようとする。いわく「先生が私の最後に送ったメールをご覧になっているかどうか分かりませんが、受け取られていない場合、念のためにこれが私の書いた内容です……」と。その後に、私が無視したメールの原文が続くのだ。しかしジェニファーは、eメールの対話の作法をよく承知しているし、私の側への配慮もする。そうやって数日間、根気よく待ち、その後に別の話題で新しい対話を始める。eメールが大学の教官と学生の間で交わされるやり方は、職場でのメールのやりとりの仕方とよく似ている。職場では、上司と直接の部下との間でこれと似たメール交信が行われる。部下は上司に頼まれてもいないメールを送ることがよくあるが、上司は無駄なメールは送らない。彼らは、要求してもいないメールには全く返信しないかもしれず、型にはまった返信をするか、秘書にそのメールを転送することさえあるだろう。

学生と教官、そして従業員とその上司とに共通することは、両者の間に明らかな優位・劣位関係、上下関係があることだ。一方は優位者であり、もう一方は下位の劣位者だ。メール交換のコストと利益は、優位者と下位の劣位者とでは異なるし、その結果、メール交換には独特なパターンが現れる。もちろん大学の教官と職場の上司は、学生や部下よりもメールを送る時間が限られているだけという理由もあり得る。しかし思うに、結局のところ教官と上司は、他の者たちと同じくらいの時間をeメール書きに追われているのではないか。彼らだって長文で、自分の都合だけのeメールも書く。学生や部下宛てではないけれども。その代わりに彼らは、何事かやって欲しいと望む人、何事かを必要とする人、おそらくさらに上のボスに、メールを書いているのだ。したがってこれは、時間があるなしの問題ではない。それは、優位・劣位関係である。その関係で下位の者は多くのメールを書き、優位の者は少ないメールしか書かない。

優位と劣位のオスのチンパンジー間の毛繕いのやりとりを考えてみよう。優位のオスが他の個体にかまったりせず、独りで隅っこに座っているとしよう。その時、劣位のオスが彼に近づき、何回か「微笑む」。それから彼の毛繕いを始めるのだ。劣位オスは、毛繕いに全力を入れて、長時間、優位オスの毛繕いをする。それは、リターンをもたらすことを意味する投資だ。リターンとは、優位オスからの毛繕いのお返し、寛容、支援、である。劣位オスの指が疲れてくると、そのオスは毛繕いをやめ、お返しの毛繕いを求める。優位オスはすぐにはお返しをしない。実際、優位オスによるお返しの毛繕いを待つのに飽きて劣位オスが毛繕いを再開するまで、優位オスは何もしないこともあるのだ。数分後、劣位オスの指はまたストップする。今度は、優位オスは二〇秒ほど待ち、下位オスの毛繕いを始める。しかしそれは、たった二、三秒ほどだ！　それで毛繕いは終わり、下位オスが毛繕いをお返ししてくれるのを待つ。

二匹は、こうしたことを数回、繰り返す。ただこの毛繕いの交換は、均衡がとれていない。優位オスが短い毛繕いに対する見返りに求める毛繕いはどんどん長くなるのに、優位オスが行う毛繕いの時間はどんどん短くなっていくからだ。ある時点で、優位オスは毛繕いの対話を止める。お返しの毛繕いを止め、起き上がって、そこを去っていく。このパターンに、見覚えがないだろうか。

さらに重要なことに、オスのチンパンジー二匹の間の優位・劣位関係が逆転した時、つまり劣位オスが優位オスになり、逆に優位オスが劣位オスに転落すると、この変化は二匹の毛繕い行動にも反映されるのだ。毛繕いを始めるのは以前の優位オスであり、もう一方はほとんどお返しの毛繕いをしない。優位・劣位関係の逆転は、人間社会の職場ではあまりないが、時がたつにつれて優位・劣位関係が平準化し、均衡のとれたものになることは珍しいことではない。例えばジェニファーのように、長ったらしい、ありがたくないメールを私に送ってきた以前の私の学生が、全米トップクラスの大学の教授になったりすることだってある。そうすると、我々がメール交換する場合、我々のどちらも平等にメール交換を始め、それを終わらせることはあり得る。私の方から始めたら、相手は以前には決してなかった一行だけの返信を、私に送ってくる。その人物のｅメールの流儀は、職歴が上がり、私に追いつくにつれて、少しずつ変わっていくのだ。

チンパンジーの毛繕い行動の観察がまさに両者の社会的戦略――例えば有力者に近づくことで、あるいは権威と特権に挑戦することで、自らの社会的地位を上げようと狙っているのか――を見通せるように、我々のメールの使い方は現在の自分自身の地位と将来の出世の見込みについてなにがしかの情報を物語ったくれるのだ。私にあなたのメールを見せてくれれば、あなたの勤めている会社のリーダーへの出世街道を突っ走っているのか、あなたのｅメールをいつでもすぐに返信してくれる秘書を持てる可能性がなさそうかどうかを、私は占えると思う。優位・劣位関係が人間社会のｅメール交換とチンパンジーの毛繕い交換のされ方に影響している理由が分かったので、前章で積み残した課題にちょっとの間、立ち戻り、それを取り上げて検討してみよう。

社会的な関係とその問題

狭い空間で敵対的行動をとりそうな未知の人物と出会うのは、数千万年間の霊長類の進化過程で生命を脅かしそうな状況に相当するので、我々の心が何か適当な防衛策を見つけ出そうとするのも道理に適っている。しかし我々の日常生活での社会的関係の特徴は、エレベーター内でたまたま未知の人物と出会うことではなく、良く知っている人たち、つまり自分の家族、恋人か結婚相手、友人、職場の同僚などとの頻繁な関係である。我々は、こうした人たちと長期の関係を打ち立て、その関係を維持し、またこれらの人たちから明らかな利益を得ている。

社会的関係は、協調的でも競争的でもあり得るし、良い関係もあるし悪い関係もある。しかしそうした本質にもかかわらず、社会的関係はいろいろな難題を突きつける。それは、未知の人物との出会いで突きつけられる問題よりもずっとありきたりで、広く広がった問題である。あらゆる関係で引き起こされる一つの問題は、自分の相手を犠牲にして自分自身の利益を求めるべく行動したいという相矛盾する利害だ。これは、例えば両親と子どもたちとの関係、兄弟姉妹の関係、恋人・夫婦間の関係、友人や同僚との間の関係など、どんな人間関係でも言えることだ。理論的には（おそらく現実でも）二者の不一致を解決する最も容易な方法は、闘うことである。勝者は、彼、あるいは彼女が望んだ物を得るし、敗者は失う。二者の間の矛盾は、妥協に至る交渉によっても解決できる。

闘いと交渉という二つの戦略に関わる問題は、不一致を落着させる方法のコストが大きく、いつも効果的というわけではないことだ。闘いは、関わる側とその社会的関係に（肉体的にも精神的にも）重大な痛手を与えることがある——その社会的な関係は崩壊に至るだろう——が、交渉は、時間、エネルギー、認知と感情の資源（例えばいつも悩んだり、あれこれ考えたりすること）をかなり費やすことになる。継続的な闘いや交渉は、社会的関係を不安定にし、緊張を高めもする。自然淘汰を通じて動物の心と行動を形成した母なる自然は、彼らを取り巻く環境で彼らの遭遇する問題に対してコスト上の効率の最も良い解決策を、いつも見つけ出そうとするものだ。ヒトや他の多くの霊長類は、複雑な社会を作って暮らしているが、そこでの最も絆が固く、強い社会的関係でさえも、強い競争的要素を持つ特徴がある。近い関係を持った個体も、日常的に交流し合い、その結果、彼ら自身の利害が一日に何度となく衝突するのだ。けれども、のべつ幕なしに闘ったり交渉したりする霊長類もいない。そうではなく、母なる自然はその問題に対するより良い解決策を見つけてきたのだ。それが、優位・劣位関係と呼ばれるものだ。

互いに関係を持つ二匹は、互いに優位・劣位関係を確立し、そうやって不一致が生じた時でも、いつも闘ったり交渉したりする必要がないようにしているのだ。同じことになるから、いつだって結果は分かっている。優位な個体は望む物をいつも取り、劣位の従属者はいつも取れない。しかしそれで負傷するリスクを免れ、時間、エネルギー、認知と感情などの資源の浪費が防がれる。両者の関係は安定し、しかも予見できる。それは、精神的健康のために良いことだ。ただ、もちろん優位・劣位関係による不一致の解決には、コストも伴う。しかし後に見るように、このコストは劣位の従属者が支払うのだ。だがこの関係の優位個体がもし賢ければ、この個体は、従属者がそこから何かを得られることを保証し、これが現実だと納得させることによって従属者が引き受けるコストを引き下げる援助をするだろう。これから優位・劣位関係について深く考えていく前に、これが他の個体に自分の考えと利益を押しつけるだけの仕組みではないことは、まずはっきりさせておこう。社会的な管理のための仕組みなら、別に存在する。例えば強制力とか脅迫などだ。だが、それはこれとは別の問題なのだ。

ヒトや他の動物の優位・劣位関係

優位・劣位関係は、生まれて数年後に始まる人間の社会的関係でも不可欠な一面だ。赤ん坊では両親を支配するのに、そんな関係は必要ない。必要なら泣いたり悲鳴をあげたりすればよい。それで両親は、それをとめるために赤ん坊に何かをしてあげるのだ。しかし子どもが言葉を覚え始めると、両親はその状況を利用して、自分たちの優位性を確立し、子どもに何をすべきか教え込む。両親は命令を出し始め、子どもが泣くと、黙るように命じる。子どもは、両親の従属者として、従うのが最優先という数年間を送る。この間、子どもは両親に完全に依存し、両親の支援なしには何もできない。もちろん子どもといえども、親の言いなりになっていることを特に好んでいるわけではない。しかし子どもには社会で生きるスキルが全くないし、有効な反抗を始める根性も普通は持たない。だから時々子どもは、幼い時には泣いたりむずかったりといった効果のある心理学的な戦術を使おうとする。だがそれも、成長するまでだ。成長すると、脅かしたりしてこうした戦術を成功させる力を失う。あまり泣きすぎているのは、赤ん坊にとって何か危険なことがある懸念があるが、その一方、八歳の子が泣いても、少なくともしばらくの間は安心して放っておける。

親子関係で親の優位性への本当の挑戦が始まるのは、思春期である。それまでに子どもたちは、赤ん坊の戦術はもはや役に立たないが、親の土俵で闘えることを理解するようになった。これは、進化的に子どもが自立するために闘うこと──親への挑戦が青年にとって適応的であること──が最大の利益になる時でもある。したがって子どもたちが足を前に踏み出す時、子どもたちに母なる自然が味方するのだ。思春期の間の優位・劣位関係をめぐる闘いは、どの親子関係でも同じように起こるのではない。自分の子どもに譲歩し、あまり権威を振りかざさなくなる親もいるが、成人になってもずっと子どもに精神的支配権をふるう親もいる。一方で子どもの中には、親が優位者である関係を崩すのに成功し、逆に親を支配し始める者も現れる。親は、子どもに黙従し、親にとって服従という新しい役割を受け入れる。さらに一部の例では、どちらの側も屈服を望まず、優位・劣位関係が解決されず、以後ずっと言い争いを続けるか、話をすることすらやめてしまうこともある。私の場合、大学に進学するため両親の家を出た時に、母親の支配権に真剣な挑戦を始めた。私は今や四七歳だが、七八歳になる母は、今でも私の着る服、食べるべき食物、休暇にどこに、いつ出かけるべきかにあれこれ意見を言おうとしている。こうしたことは些細な問題であるのは明らかだから、私と母は本心から争ったりはしない。そう、あれかこれかで争ったりはしない。**あれかこれかを誰が決めるべきかをめぐって争うのだ**。私たち母子は、どちらが優位でどちらが劣位かをめぐって闘う。この闘いは、私たち母子が別々の大陸に暮らし、一年に一回しか顔を合わせないのに行われるのだ（ただし、私たち母子はｅメールは交換している）。

親子間に優劣関係が見られるのは、決してヒトに特有な現象ではない。子どもが親、特に母親と長く結びつきを維持している種のすべてで、親子間の関係には強い優位・劣位関係の要素が認められる。これは、女王が自らの娘を絶対的に支配するアリやミツバチなどの社会性昆虫であてはまり、もちろん我々霊長類を含む脊椎動物にも言えることだ。アカゲザルは二〇年から三〇年は生きるが、娘は生涯のほとんどを母親と密着して暮らす。一般的に母親は優位者であり、娘は従属者である。そしてそのために母子の関係は安定しているのだ。しかし母親が年をとって弱くなると、娘の中には母親の権威にうんざりし、それに反抗する者も出てくる。一部の娘は、母親を叩いて、母親優位の関係を決定的に覆したりする。

優位・劣位関係は、兄弟姉妹の間の関係でも顕著に存在する。動物学者のダグラス・モックが著書『親族以上で種族未満：家族対立の進化（邦訳なし）(*More than Kin and Less than Kind: The Evolution of Family Conflict.*)』で述べているように、兄弟姉妹間の争いは動物界では広く見られる現象だ。ペリカンとブチハイエナのように遠く離れた関係の種でも、兄弟姉妹間の争いはきょうだい殺しという極端な形で共に存在している。ペリカンのメスは二個の卵を産むが、ヒナを一羽しか育てられない。そこで卵が孵化するやいなや、ヒナ同士で争いが始まり、一羽がもう一羽を殺す結果となる。同じ行動は、ブチハイエナでも見られる。メスは双子を出産するが、誕生後の数時間から数日のうちに、一匹のコドモがもう一匹を殺す（か殺そうとする）。他の種ではきょうだいの争いは、きょうだい殺しではなく、優位・劣位の関係で解決される。鳥のメスは巣に餌を持ち帰ると、給餌をねだるヒナの口に直接餌を与える。ヒナの間での優位・劣位関係は、親鳥から餌を受け取れるか受け取れないかの違いとなって現れる。シラサギの例では、メスの産んだ卵三個は、時間差を置いて孵化する。そのため最初に孵化したヒナは、後に孵化したヒナよりも常に大きいことになる。だから最初に孵化したヒナは、きょうだいとの争いでいつも勝つ。オスとメスの親鳥が巣に戻って餌を吐き戻そうとすると、最初に生まれたヒナが大半を受け取るのだ。他の二羽のヒナは、残りの餌をめぐって二羽で争うことになる。これと同じように一度に複数の仔を産む哺乳類で、きょうだい間の優位・劣位関係は母親からどれだけたくさんの乳を飲めるかの決定要因となる。仔豚は生まれて数時間のうちに優位・劣位をめぐって争い始める。大きくて強く生まれた仔は、ドミナント（優位個体）になり、母親の前の方の乳首を占領する。そこならたくさんの乳が出るからだ。体の小さい仔豚は、少量しか乳の出ない後ろの方の乳首を吸う羽目になる。どちらの方の乳首を吸うかという地位は、乳離れまで変わらない。そのためドミナント個体はますます大きく育ち、従属的立場の仔豚はずっと小さいままだ。社会階層でのように、富める者はますます豊かになり、貧しい者は……となるのだ。

人間の場合、兄弟姉妹間の優位・劣位関係は、母親の乳房を争う双子に限定されない。兄弟姉妹は全員が、他の資源ばかりでなく、両親の関心を求めて争うのだ。そして優位・劣位関係の確立で、それは喧嘩が起こる前にその可能性を摘む手段にもなる。兄弟姉妹の優位・劣位関係は、年齢差や性差、また両親の依怙贔屓によっても起こる。一般に子どものうちは兄・姉は、より大きな体、力の強さ、社会的技巧に長けているため、弟・妹よりも優位に立つ。しかし年齢の近い思春期前の兄弟姉妹間の関係の特徴は、しばしば頻繁な喧嘩、優位・劣位関係の不安定性である。思春期前は両親の関心を引く競争の特に激しい時であり、たまには成功することを期待して弟・妹が兄・姉に争いを挑める時でもある。兄・姉はこのことを気付いているので、弟・妹との喧嘩の多くは、兄・姉から年下への反撃となり、その結果、現状の優位・劣位関係が維持される。最も安定した、長続きする兄弟姉妹関係は、優位・劣位関係が最初から明確に出来上がっていて、それに挑戦されない関係である。例えば一人の兄・姉だけが、他の弟・妹よりも抜きん出た年齢差がある場合だ。私の友人は、自分より一〇歳も若い妹を持っている。二人の関係はいつも安定していて、ほとんど喧嘩をしない近しい間柄だ。友人は妹に脅威を感じたことはないから、自分の優位性を守るために何かしなければならないと思ったことはない。それどころかこれほどはっきりして安定している優位・劣位関係の結果、友人は妹にずっと支援者・保護者の役割を引き受けてきた。二人は、一日に一〇回も電話し合うのだ！

友だち同士の優位・劣位関係は、曖昧だったり、非常に明瞭であったりいろいろだ。子どもなら、後者の傾向が強い。子どもは、早くも二歳頃から有利な立場をめぐって争い始め、友だちに対する支配権を確立しようとする。子どもたちの優位・劣位関係は、重要である。誰が大人の注意・関心を引き付けるのか、好ましい遊び相手を得られるのか、玩具やその他の子どもにとって関心のある資源を手にできるのかを、それが決めるかもしれないからだ。子どもが初めて友だちを作ると、その関わりの中で優位者になろうとして、すぐに激しく争い出す。（子ども、特に男の子は、優位者になろうと、身体的攻撃を加えることもある。）私が小学生だった頃、最も親しい友だちはマッシモといった。彼とは放課後にほとんど毎日、一緒に遊んだ。私たちはお互いが大好きなのをはっきり知っていたので、いつも一緒に遊んだが、私たちはまた激しく競争し合いもした。私たち二人がいつも争ったのは、ヴァレリオという名の第三の少年の関心を引くことをめぐって、だった。毎日、マッシモと私は、私の部屋の床の上で野良猫のようにじゃれ合い、お互いに負けを認めるように強いた。私たちは互いにからかい合い、悪口を言い合い、じゃれ合いをしていたが、そうしていない間にヴァレリオがいると、私たちはヴァレリオと遊ぼうとするのを常としていたものだ。こうした間接的な競争戦術は、男の子のするような直接の抗争や身体的攻撃を用いない少女たちで、よく行われる。女の子は、意地の悪い噂を流すことで潜在的なライバルより上に立とうとする。その噂で、ライバルの評判を落としたり、仲間外れにしたり、シカトしたり、友達の輪から孤立させようと狙うのだ。そうやって、ライバルとなりそうな女の子を他の女の子や男の子にとって好ましからざる遊び相手に仕立て上げるわけだ。ライバルが友だちを作ろうとする試みを積極的に邪魔することだってある。ガキ大将の男の子も、優越的立場にある女の子も、優位・劣位関係を築き、それを維持していくために、攻撃も提携戦略も用いる。彼ら、彼女らは、自分が支配したいと思う子をいっせいに攻撃し、いつか自分の力になりそうな子を助ける。すなわち同盟の構築だ。こうしたマキャベリ的な戦略は、群れのメンバーの上に立ち、支配権を維持しようとする霊長類に用いられる戦略とよく似ている。母なる自然はある動物にうまく機能するものを見つけると、他の動物にも同じたくらみを喜んで用いるのだ。

愛し合うカップル、あるいは結婚したカップルに見られる優位・劣位関係は重要だが、その現象は正しく評価されていない。そうしたカップルの一番安定した関係は、初めから優位・劣位関係がはっきりしている関係のようだ。優位のパートナーがすべての決定を下す。夜にどんなテレビ番組を見るかということから、夏の休暇にどこに行くかにいたるまで、だ。そして服従する側のパートナーは、それに従い、それを支える役割を担うのだ。人々が結婚に期待するものが、必ずしも永遠に続く情熱的な愛ではなく、マイホームを買い、一緒に子どもを育てるといった共同作業に加われる安定した結びつきとか、家事に煩わされずに職務に専念できる機会を得ることだとするなら、争う余地のない優位・劣位関係を伴う不均衡な関係こそ、最高の成果をもたらすことを保証するだろう。安定した婚姻関係の秘訣は、二人のうちの一方が安定のために自らを犠牲にした不均衡な役割を喜んで分担することなのである。

そんな不均衡な関係の孕む問題の一つは、子どもたちが独立して家を出ると、人生の目標が達成され、住まいのローンも完済され、もはや安定した関係の存在する意義がなくなるかもしれないことだ。優位にある片方の配偶者、あるいは両方がお互いへの関心を失い、別のパートナーを探し始めることもあるだろう。もう一つ、問題化しそうなのは、優位の配偶者が、専制君主のように振る舞い、一方を虐待し始めることである。従属する配偶者は、関係が安定していたことで、決定権の喪失とそれに付属するあらゆる損失を埋め合わせるのに十分な利益とその関係から得られる生活の支え（とそれに付随する別の目標を達成すること）を享受できた。もっともそれも、優位性にある配偶者が寛容で敬意に満ちた優位・劣位関係を受け入れている限りでだが。以前の優位・劣位関係が虐待を伴うものに変わると、従属者の支払うコストは急上昇し、その結果、二人の関係の利得はもはや失われ、従属者は家を出ていかざるを得なくなるのだ。

シェイクスピアの『夏の夜の夢』でライサンダーは、「本当の愛の経過は、決してスムーズには進まなかった」と口にしている。互いに愛し合うようになり、仕事上の同僚以上の関係を求めようとしている人は、特に二人とも強い個性を持っていれば、厄介な課題に挑戦することになる。どちらも従属者の役割を引き受けようと望まないとすれば、相反し合う関心や何かを決めなければならない場面が訪れるたびに二人の関係が破綻しかねないのだ。あらゆる悶着を落ち着かせるはっきりした優位・劣位関係が存在しないと、うち続く争いや話し合いのコストが二人の重いコストになるのは避けがたい。カップルが喧嘩し、ついには別れに至る場合、一見すると些細に見える問題をめぐってであることが多いというのが共通認識である。カップルを引きはがすに至らせるのは、ディナーのメニューやテレビのリモコンをめぐる不一致でないのは明らかだ。それは誰が責任を負い、誰が負わないのかをめぐる不一致、そしてその不一致で表面化してくるストレスと亀裂なのである。優位・劣位関係が未解決なカップルは、しばらくの間は関係が続くかもしれないが、永久には続かないだろう。二人の関係は、本質的に不安定なのである。

スタンフォード大学の生物学者、ロバート・サポルスキーによるヒヒの研究から、不安定な優位・劣位関係のコストが浮き彫りになった。キイロヒヒは、複雑で競争的な社会で暮らしており、個体がうまく生きていくには、他の個体といかに上手く政治的同盟を構築できるかという能力が必要で、同時にかなりの利己心に依存している。ワシントンの政治家たちがしているように、成体オスのヒヒは互いに協力関係と競争的関係を築いているのだ。一九七〇年代のミネソタ大学の動物学者、クレイグ・パッカーによってなされた研究によると、オスのヒヒは、メスと交尾する機会を作るためにしばしば同盟を形成するのだという。あるメスが発情期で、誰もそのメスに近寄らせないように優位オスががっちりとガードしている場合、他の二匹のオスが共同し、その二匹の片方が優位オスに喧嘩を売り、もう一匹がその間にお目当てのメスと交尾できるように優位オスの注意を逸らさせるようにしていた。その翌日、運を当てたオスが自分の相棒にその見返りをすることがある。オスのヒヒは、互いにこうした政治的同盟を必要としているが、彼らは優位に立つ順位も争っている。したがって緊密な同盟間にあっても、従属的な地位のオスは、自分の相棒の優位的な地位に挑めるだけの適切な機会を狙って、いつも目を光らせているのだ。サポルスキーは、優位・劣位関係が安定していると、優位オスのストレスホルモンである血中コルチゾールのレベルは従属的な個体よりも低くなっていることを示した。しかし優位・劣位関係が不安定だと、両方の個体とも同じような血中コルチゾール濃度になっていた。従属者の力を借りて優位的な順位に挑んで成功したオスは、群れ全体の中でも最高レベルのコルチゾールを示していた。

優位・劣位関係の逆転は、ヒヒばかりでなく人間にあっても、生涯の移り変わりの結果として起こることがある。一九三五年の小説『眩暈（*Auto-da-Fé*）』（池内紀訳、みすず書房）――一九八一年にノーベル文学賞を受賞したエリアス・カネッティの作品で、ヨーロッパ文学の最高傑作の一つである――の主人公は、隠棲した学者のペーター・キーンである。キーンは、数万冊もの膨大な蔵書を備えた自宅アパートで日がな一日、過ごしている。身近にいるのは、彼のアパートの一部屋を借りていて、掃除をしたり料理をしたりするテレーゼという名の無学の年取った家政婦だけだ。八年間、二人の関係は、しごく単純なものだった。キーンはテレーゼの雇い主で、テレーゼは雇われ人であり、キーンはアパートを所有しており、テレーゼはそこの居候であった。そして彼は学者であり、彼女は無学無教養である。つまり彼は優位者であり、彼女は従属者である。彼は話す時以外、ほとんど彼女の方を見ない。彼女は、彼を最大の敬意をもって遇していた。しかしテレーゼが蔵書についた埃を自分と似た知識への愛から払ったと思い、彼女の誠実性を誤解して彼女と結婚を決意した時に、二人の関係は劇的に変わるのだ。二人はもはや雇い主と雇われ人ではなくなり、夫と妻となった。それで、ひどい事態が生じる。テレーゼはもはやキーンの知性の優越に畏怖を感じなくなり、高価な新しい家具や服への自分の渇望の方がもっと多くの本と知識を得たいというキーンの願いより優先されるべきだと考えるようになる。彼女はだんだん彼との対立を深めていき、ついにある日、彼女はキレて、彼をコテンパンにやっつける。今や二人の優位・劣位関係は逆転してしまった。キーンはテレーゼを恐れ、もう一度敗北する恐怖の前に受け身となる。テレーゼはアパートの管理権を握り、キーンの金で自分が欲しい家具をすべて買う。お金が尽きると、彼女はキーンをアパートから追い出し、キーンの蔵書を質入れしてしまう。読者が小説にハッピーエンドを望むなら、『眩暈』は読者のためにならない本かもしれない。カネッティは、互いにうまくコミュニケーションを取り合い、人間の不和を丸く収められる人間の能力について、上記のように楽観的ではないからだ。その代わり、我々が自身の心の中に持つ曖昧な生存本能や周囲の人々のそれの犠牲になる時、我々の日常生活がいかに崩壊して粉々になっていくかを記述することに労を惜しまない。カネッティは、自分の著作の中で一度も「優位」という言葉を使っていないが、優位・劣位関係の変化が人々の日常生活に及ぼす可能性のある力関係という影響力を生き生きと描いているのだ。

いつでも優位・劣位関係

優位・劣位関係は、人間の社会的な関係に内在しているものなので、ふだんは注目することさえない。しかし家族、友人、職場の同僚を含めて読者の皆さんが知っている一〇〇人のリストを作成し、そこに挙げた人たちの誰それとの関係で読者が優位者であるか従属者であるかを明示するように私が依頼するとすれば、読者は一〇〇人のうちの少なくとも九五人にはっきりした答えを出せるだろうか。私は、疑問に思っている。通常、自分が知っている人たちとの日常的接触が自分が優位者であるか従属者であるかによってどのように影響されているかを、我々は意識することはない。だが実際のところは、優位・劣位関係は我々の毎日の社会生活の多くの面に染みこんでいるのだ。同じことは、他の霊長類でも言える。

キイロヒヒの群れでは、どの個体も群れの他の個体との社会的関係――そして優位・劣位関係がある。ヒヒの優位・劣位関係の一つの実質的重要性は、「アクセス優先権」である。もし優位個体と劣位個体が同じ物――食べ物、魅力的な交尾相手、暑い夏の日に日陰になった狭い場所など――を望んだとすれば、優位者がいつもそれを単独で手に入れるか、最初に手に入れるだろう。優位なヒヒは、オスかメスの優位者が劣位個体以上にはそれにあまり関心を払わない場合のみ、双方が望む物を劣位個体に利用させることを許容するだけだろう。例えば優位者がすでに満腹の時に見つけた食物のかけら、などだ。優位・劣位関係の重要性は、二匹が同じ物を欲しがったり、ある物について一致点がない時には実際に明確になるが、二匹の間の優位・劣位関係は、一日二四時間、一週七日間、機能しているし、二匹が現実に起こるどんな状況でも互いにどのように振る舞うかに影響を及ぼしている。

まず手始めに、ある一日に二匹のオスのヒヒが互いに観察し合って過ごしている総時間数を計測してみればよい。たぶん劣位個体が優位個体の観察に、その逆よりも多くの時間をかけていることが分かるだろう。それどころか、劣位個体は優位個体に反応して自分の行動を変える可能性が高い。その逆は、めったにない。例えば劣位個体が隅っこで座ってバナナを食べていて、優位個体がすぐそばを歩いてくるとすれば、劣位個体はすぐさま食べるのをやめ、別の場所に移動する公算が大きい。逆に優位個体がバナナを食べている時に劣位個体が近くに歩いてきても、優位個体は何事もなかったかのように、そのまま悠然とバナナを食べ続けるだろう。もっとあり得るのは、劣位個体が優位個体を避け、関わらないようにすることだ。その一方、優位個体は劣位個体に無関心だ。両者が鉢合わせすると、劣位個体は「歯を剥き出しにするディスプレー」や自分の尻を「晒す行動」で優位個体に挨拶することが多い。優位個体が劣位個体に挨拶することは、めったにない。優位個体は、劣位個体を凝視したり、それ以外の威嚇する意味を持つ表情を作ったり声をあげたりし、時には劣位個体を攻撃したりすることもある。劣位個体は優位個体に対し、決して自分からは威嚇や攻撃を仕掛けないが、攻撃されると、時には自衛のためにやりかえすことはある。

各個体が強力で安定した優位・劣位関係を持つ霊長類社会では、大半の争いは劣位個体に対する優位個体の威嚇的攻撃である。目的は、現状を維持し、強化するためだ。優位個体の攻撃を免れ、その寛容さを勝ち取ろうとし、場合によってはなにがしかの愛顧を得ようとするには、劣位個体は従順に振る舞うばかりでなく、優位個体に奉仕をする。ヒヒやその他の霊長類にとって、この奉仕とは主に毛繕いである。劣位個体は喜んで何時間も優位個体の毛繕いをし、体のマッサージをする。一般に劣位個体が受け取るか、受け取りたいと願っているのは、見返りの毛繕い、寛容さ、そして援助である。優位個体は、毛繕い中やその後に劣位個体が自分のすぐそばに留まることを許容し、劣位個体が他の個体と喧嘩になり、助けを呼べば、争いに介入し、手を貸すこともある。いくつかの事例では、優位個体と劣位個体との間に毛繕いの交換も見られるが、本章の前の方で述べたように、両者の間でなされる毛繕いは、決して均衡が取れていないのである。

ここで述べたヒヒの行動の多くは、人間社会にもはっきりした類似点が見られる。最近、私はキャンパス内のコーヒーショップでよく知っている二人の同僚女性間で交わされた会話を耳にした。一人は六〇歳代の終身在職権を持った教授――ジェーンと呼ぶことにしよう――で、別の一人はまだ若い、数年前に雇われた終身在職権なしの准教授――ジルと呼ぼう――である。自分たちの座れるテーブルを見つけると、二人とも壁を背にした椅子に向かったが――人間はコーヒーショップやレストランで着席する時、自分の背後を守りたいからだ――、ジルはすぐに引き下がり、ジェーンに好ましい席を譲ったのだ。おしゃべりの間もジルは、ジェーンの顔からほとんど目を離さず、ジェーンの言うこと、なすことすべてにあらん限りの配慮で応じた。その一方でジルが話している間は、ジェーンの注意は散漫だった。さらにまたジルは、ジェーンがするよりも頻繁にジェーンに対して微笑んでいた。その間のある時、二人で見解が対立しそうな話題に及ぶのを耳にした。二人の属する学部の新しい学科メンバーの採用の話題だった。半ば強圧的にジルに自分の意見を述べた時、ジェーンはジルを睨み付けるように見て、声のトーンも上がった。するとジルは、前よりももっと精一杯に微笑み、素早くジェーンの意見に従い、その後すぐに話題を当たり障りのないものに変えたのだ。ジルは、ジェーンのコーヒーにもっとミルクを注ごうかとも申し出た。そしてそこで会話を終わりにしたいのか、もう出かけなければ、と何度もジェーンに詫びた。椅子から立ち上がる前は、ジルはジェーンがまず立ち上がるまで待っていた。それから二人はコーヒーショップを出て行ったが、ジェーンがまず最初に外に出て、ジルはその後ろに従ったのだ。

かつて研究棟の廊下でたまたま出会う度に、歩くのをやめて背中をぴったり壁にくっつける男性の同僚がいた。彼は、他の人たちに対してもこのように行動した。彼は決して廊下の真ん中を歩かず、それどころかまるで壁に背中をスライドさせるように、いつも片側に沿って歩いていた。以前、同じように歩き回るオスのブタオザルを私は観察したことがある。そのオスは、いつも背中を壁にくっつけるように歩いていたのだ。私の同僚のように、このオスは、群れの中の他のすべての成体オスの優位・劣位関係の中でも最下位の従属者だった。

つつき順位

アカゲザルやヒヒなどの霊長類社会の優位・劣位関係は、循環的な属性に従う。AがBより優位であり、BがCより優位であるなら、AはCよりも優位である。その結果、すべての個体は、頂点に他の全個体より上位に立つ個体と最下層に他の全個体よりも底辺に位置する劣位個体を有した直線状の優位・劣位関係の位階制構造の中にランクされる。この位階制構造で、ある個体の地位が順位と呼ばれる。二者間の優位・劣位関係と位階制での順位の違いを強調するために、霊長類行動学の研究者は、社会関係での役割を表すために**優位**（*dominant*）と**劣位**（*subordinate*）といういう用語を、また位階制内でのある個体の地位を表現するために**高順位**（*high-ranking*）と**低順位**（*low-ranking*）という用語を用いている。

順位制は、必ずしも直線的であるとは限らない。例えばAはBより優位であり、BはCよりも優位だが、CがAよりも優位だというように、優位・劣位関係が循環的でないとすれば、順位制は非直線状である。

その関係は、三角形状か三個体以上を含むなら環状である。最後に、**専制的**位階制もある。その中では他の個体の間には順位の違いは存在せず、一個体だけが群れの他のすべての個体の上位に君臨している。

優位・劣位関係の帰結を解明することに関心を抱く研究者たちは、高順位と低順位のサルたちの暮らしを研究し、比較している。特殊な状況——例えばそのサルが檻に入れられていて、豊富な食物を与えられ、捕食者の危険から守られている場合——では、高順位個体も低順位個体もあたかも似たような暮らしを送っているかのように見えることもあるが、より自然に近い条件では、高順位の有利さははっきりしている。高順位個体は低順位個体よりも長生きし、多くの仔を持ち、一般的には健康的で快適、そしてストレスの少ない生涯を送る。そのことは、ヒトの場合も同じだ。職場の職務階層の結果ばかりでなく、人間社会で権力を持つ者と持たない者との暮らしを描いた面白い読み物として、リチャード・コンニフの二冊の著書『富者の自然史（*The Natural History of the Rich*）』と『役員室のサル（*The Ape in the Corner Office*）』を私は強く勧める。

優位・劣位関係と順位制は、霊長類に特異的な社会組織というわけではない。ハーヴァード大学の進化生物学者エドワード・O・ウィルソンによると、動物の優位・劣位関係は一八〇〇年代にマルハナバチを研究していたスイスとオーストリアの昆虫学者によって初めて発見されたのだという。彼らは、女王バチは働きバチより優位にあり、卵を盗んで食べようとする従属する働きバチは、女王バチや他の優位にあるハチに物理的に罰せられることを報告した。昆虫以外で最初に記載された脊椎動物の順位制構造は、一九二〇年から一九三五年にかけてなされたノルウェーの生物学者トルライフ・シェルデラップ＝エッベのニワトリの「つつき順位」研究である。彼は、たくさんのニワトリを初めて一緒にすると、ニワトリたちは食物、巣の場所、止まり木の場所をめぐって互いに争い合う。二羽の間の闘いは、明らかな勝者と敗者を形成した場合、両者間の攻撃は終わる。そして翌日以降も、敗者はいつも勝者に屈服し続けるのだ。シェルデラップ＝エッベは、ニワトリは互いに相手を認識し、数週間もの間、特定の個体との闘いの結果を記憶していることを示した。彼はまた優位なニワトリは相手をつつくか、つつく意思を示して相手に対して威嚇する動作をするかして自らの地位を維持している様子を記載した。彼の研究成果が出版されるや、多数の研究者たちが鳥類の他の種や哺乳類の社会での優位・劣位関係と位階制構造の存在を明らかにしたのである。

霊長類順位についての混乱

霊長類の優位・劣位関係は、他の動物と比べても特別なところは全くないが、そのことについて霊長類学者は異論を持っている。霊長類学の黎明期、ある研究者の一グループは、優位性とは勇ましく行動し、他の個体を威嚇し、喧嘩を売り、攻撃的でない個体に恐怖感をもよおさせる一部個体による結果に過ぎないと考えていた。だが別の研究者たちは、正反対の考えを持っていた。すなわち劣位個体の怯えがちで従順な行動が優位・劣位関係を説明している、攻撃的であることを別にすれば優位個体はさほどの関与をしていない、というものだ。優位・劣位関係は優位者と劣位者のそれぞれの行動と同一視できるという考えは、サルと類人猿はヒトと同じような社会的関係を持っており、優位・劣位関係とは相互関係の特性だとみなすべきであって個体の特性ではないと説く後の霊長類学者に厳しく批判された。個体は、ある個体との関係で優位者にもなり得るし、他の別の個体との関係では劣位個体にもなることがある、というわけだ。

だが、誰もがそれで納得したわけではなかった。現在はプリンストン大学名誉教授の霊長類学者スチュアート・アルトマンは、一九八一年に発表した短い論文で、サルも類人猿も、社会関係を有しないので互いの優位・劣位関係を持ってはいないと主張した。アルトマンによれば、社会関係とは霊長類の行動を研究している人の心の中だけに存在する抽象的概念、つまりサルの振る舞い方の理由を記載するために観察者が頭の中で作り上げた概念だという。アルトマンの記述するところではサルは、それぞれの個体を、優位者・劣位者とも、高順位・低順位とも、あるいは血縁者・被血縁者とも、友だち・敵とも分類していないことになる。どの個体の行動も、いつも別個体の行動の反応である。優位・劣位関係は存在しないので、その関係がそれぞれの個体の行動、生存、繁殖に影響を及ぼすことはあり得ないというわけだ。確かに優位・劣位関係は重要だ、と彼は述べ、次のように結論付けた。それは、研究者にとってだけで、対象のサルにとってではない、と。アルトマンは自分の論法をヒト以外の霊長類行動に当てはめたが、行動学者と呼ばれる心理学者は、ヒトの行動についても似たような見解を持っている。彼らの視点から見れば、仲の良くない夫婦は、お互いの気にさわる行動に反応しているが、二人の関係は両者の結婚相談員の心の中だけに存在する抽象概念なのだ。

逆説的ではあるが、実際には優位・劣位関係は存在せず、それは研究者の心の中だけにしかないと見る極端な見解は、イギリスの優れた動物行動学者で、現在、ケンブリッジ大学名誉教授のロバート・ハインドによっても説かれた。一九七〇年代、そうやってハインドは多くの霊長類学者にサルも類人猿も社会関係など持たない、と納得させたのだ。霊長類の社会関係を様々な側面で記述し続ける一方で、優位・劣位関係は「具体的な経験的意味では存在しないが、説明的な概念としては有益かもしれない」と主張する一連の論文も発表した。彼の見解によれば、優位・劣位関係とは研究者に動物行動を説明しやすくさせる「媒介変数」とみなされるべきだという。ＡとＢがある資源をめぐって競争するようになる時、両者の相対的年齢差、体の大きさ、両者の母親の社会的順位、両者のホルモンのレベル、両者の以前の相互関係（独立変数）が、AがBより優位に立ったり、BがAに毛繕いしたり、AがBを攻撃したり、BがAに屈従したり、Aが自分の望む物（従属変数）を得たりするといった相互関係に至ることがある。ハインドの主張によると、研究者が五つの独立変数を五つの従属変数と結びつける二五本の線を分析しようとせず、動物行動を説明しようとする場合、真ん中に媒介変数を、この場合は優位・劣位関係を置くことの方が簡単だという。研究者たちは行動を説明するのにたくさんの媒介変数を作り出している、とハインドは考えた。ハインドによれば、具体的意味で感情がどちらにも存在していない。不安感は、自信がないことと支えてくれる大人のいないことが、新しい環境にいる子どもに、他の子どもたちとの社会的な触れ合いを見つける時間を減らし、その子どもたちとの触れ合いを探し求めさせる理由を説明するのに使える媒介変数である。

現代のほとんどの霊長類学者は、アルトマンとハインドの見解に同調しておらず、優位・劣位関係が実際に存在すると認めている。またほとんどの者が、不安感が実際に存在することも認める。さもなければ、どうしてそれほど多くの精神科医が患者に向精神薬のザナックスを処方するだろうか。だが優位・劣位関係とは実際にどういうものであるかをめぐっては、依然として不一致は存在している。例えば霊長類学者のアーウィン・バーンスタインによると、優位・劣位関係は**学術的な**関係性だという。この見解によれば優位・劣位関係は、最初に出遭ってから何度も繰り返される喧嘩によって二個体間で出来上がるもの、となる。喧嘩ではっきりした勝者と敗者が生まれて優位・劣位関係が出来ると、前の喧嘩が記憶され、第三者に優位・劣位関係が承認され、尊重されるよう告知するシグナルが交換される。後述するように、以前の経験は一般に優位・劣位関係の重要な要素だが、意見と学習は優位・劣位関係の成立にその役割を果たさない状況も存在する。

霊長類学者は早い段階で――前に説明したように――二個体間の優位・劣位関係は様々なやり方で表現されることを認識していた。すなわち資源入手の優先権、攻撃行動と服従行動の方向性、行動と空間での居場所の自由度、毛繕い交換、視覚的な監視、注意の受け方の偏り、などである。優位・劣位関係は多元性を備えた現象だと認識するだけではなく、一部の霊長類学者は様々な類型の優位・劣位関係があるとも主張する。例えばフランス・ドゥ・ヴァールは、霊長類は二種類の優位・劣位関係を持つ、と唱えている。すなわち誰が喧嘩に勝つかを説明する**実際的優位・劣位関係**と従属個体が優位個体に送るシグナルの理由を説明する**形式的優位・劣位関係**である。またウィルソンらは、状況次第という様々な種類の優位・劣位関係がある、と提唱している。そうした優位・劣位関係の一つは、**絶対的優位・劣位関係**と呼ばれ、状況とは独立している。もし個体Aが個体Bに絶対的優位・劣位関係を持っているとすれば、AとBが食物、居場所、交尾をめぐって争っているかどうかにかかわらず、また喧嘩が行われる場所にかかわらず、Aはいつも優先権を持つのだ。それに対して**相対的優位・劣位関係**は、状況次第となる。例えばAとBが同じ食物を手に入れたいと望んでいる時にはAがBより優位者であることがあり得る一方で、両者ともが魅力的なメスと交尾したい望んでいる場合にはBがAよりも優位者であることもある。相対的優位・劣位関係の一つの特殊なタイプが縄張り意識である。この場合、優位・劣位関係は出遭った立地に左右される。巣を営んだり食物を採る縄張りを防衛する動物においては、Aの縄張りで両者の出遭いが起こると、AがBより優位者になるかもしれない。またBの縄張りでそれが起こると、BがAより優位者となることだろう。最近、霊長類学者のレベッカ・ルイスによってもう一つの分類が唱えられた。彼女は、二個体間の優位・劣位関係は、現実には**権力関係**と呼ぶべきで、権力が実力か実力行使の威嚇に基づく場合の**優位・劣位関係**と権力が実力によって手にできない資源に基づく場合の**影響力**との違いを識別すべきだと主張した。
様々な種類の優位・劣位関係の間のこうした違いを、我々はどう考えるべきなのだろうか？　私見を述べれば、これらは正しいとは言えないし、混乱と誤解の元である。霊長類の優位・劣位関係を見えにくくしている濁り水を澄ませる最高のツールは、ゲーム理論なのである。ゲーム理論を使って優位・劣位関係を考察すると、優位・劣位関係が現実に存在するばかりではなく、それはいつもあり、全く同じものであることが明らかになってくる。

クマ、タカ、ハトについて

優位・劣位関係の検討にゲーム理論を使った先駆者は、イギリスの進化生物学者ジョン・メイナード・スミスであり、一九七〇年代初めの『動物の闘争の論理』と題した古典的論文の発表で先鞭が付けられた。この論文で彼は、どんな風にして二個体が喧嘩をするか優位・劣位関係を確立するかしてお互いの矛盾を決着するかを概観した。話を進める前に、たとえ「決定」とか「論理」というような用語を持ちいたしても、進化生物学者は動物の側の（ついでに言えば人間の側の）意識的な理性的思考を仮定しているのではないということを明確にしておこう。問題の決定や論理とは、自然淘汰の産物なのである。自然淘汰は、（行動の利得を増やし、そのコストを減らす方向に）適応的に振る舞うように生物の素因にもたらされたもので、必ずしも複雑な思考を必要としないし、行動の結末に配慮もしない。

優位・劣位関係へのゲーム理論の手法を説明するために、単純な仮定上の状況から始めよう。ヨギ（クマゴローし）とブーブー（ハンナ＝バーベラ・プロダクションに制作された有名な漫画のクマのキャラクター）

ある日、森の中で鉢合わせし、そこで一個のリンゴを見つけたとしよう。二匹は以前に出会ったこともないし、将来ともまた会うとは考えてもいない。二匹ともリンゴは欲しいが、そのリンゴは分け合えない。うんと単純化するために、ヨギとブーブーがリンゴをめぐって喧嘩するとすれば、勝つ公算が同じだけあると仮定してみよう。二匹が互いに顔を合わせ、リンゴを見つけた瞬間、両者とも全く同じ二つの選択肢を持つ。闘うか、それとも相手にリンゴを渡すか、だ。喧嘩が始まると、勝った方はリンゴを食べられるが、負けた方は何も得られない。どちらかが負けると、そのクマはどこか別の場所でリンゴを探すために、立ち去るだけだ。両者とも譲歩するなら、どちらがリンゴを食べ、どちらが我慢するか交渉しようと、顔の表情や身振りなどの和解のシグナルを送るだろう。この場合、一〇〇回出会えば五〇回はリンゴを食べられるというように、どちらのクマもリンゴを手に入れられる同じ可能性を持つ。

この観点で、ゲーム理論の術語は、この筋書きを議論するのを容易にするし、もっと別の状況にも広く適用できる。リンゴは、二匹が同時に欲しがる**品**（*commodity*）である。ゲーム理論の言語では、喧嘩を激しくしたり譲歩したりする選択肢は、タカ戦略とハト戦略と呼ばれる。二つの対抗者が同じ確率の勝つ見込みがある闘いは、**均衡した競合関係**（*symmetrical contest*）と呼ばれる。

ヨギとブーブーがタカ戦略とハト戦略のどちらを採るかは、リンゴの価値（それを利得、すなわちベネフィット、Bと呼ぼう）と闘いのコスト（すなわちC）次第で決まる。利得は、リンゴに備わった栄養価とリンゴがクマを餓えから防いでくれる可能性である。（同じ栄養価を持つ似たようなリンゴでも、一〇ポンドものハチミツを食べたばかりのクマよりも餓えで死にそうなクマにとっての方がはるかに価値がある。）闘いの大きなコストは、負傷し、ひょっとすると死ぬかもしれないリスクである。闘いには、この他にも二次的なコストがある。多くのエネルギーを浪費し、敵や捕食者を引き寄せかねない音をたて、別の食べ物や交尾相手を探す機会を逸したりするかもしれないことだ。（ヨギとブーブーには当てはまらないかもしれないが）友だち同士の二匹の場合だと、懸念されるコストは、友情にヒビが入る恐れと将来もたらされるかもしれない利得の逸失の心配である。リンゴを食べる利得が闘うコストよりも大きい（それは、二つの比率が1より大、すなわちB/C＞1と言うのと同じだ）時、二匹のクマはタカを演じ、闘いを始めるだろうとゲーム理論では予測される。

コストが利得より大きい時（B/C＜1）、状況はより複雑になる。五〇組のクマが同時に出会い、五〇個のリンゴをめぐってもめ事を起こしそうになる場合を想定してみよう。あるクマはタカを演じると予測される一方、他はハトを演じるとも期待される。タカ—ハト・ゲームを演じる想像上のこの一〇〇匹のクマ個体群では、タカの頻度は利得とコストの比率（B／C）と等しく、ハトの頻度は1マイナスB／Cに等しい、と数学的に示すことができる。例えばB／Cが〇・六〇である時、一〇〇匹のクマのうち六〇匹はタカを、残りの四〇匹はハトを演じるだろう。利得がコストとほぼ同じだけ高く、B／Cが一に限りなく近い時、集団内の大半のクマはタカとなり、ハトになるのはほんの数匹どまりだろう。利得がコストと比べて無視でき、B／Cがゼロに近い時、ほとんど全部のクマはハトになるに違いない。

タカ—ハト・ゲームは単純なモデルだが、現実生活ではそれほど単純ではない。現実生活では、本当に均衡した競合関係は存在しない。その代わり、二個体の一方は勝者になる見込みが他方よりも大きいというように、競合者の間にはいつも大きな違いがある。すなわち不均衡なのだ。実際にはヨギとブーブーがリンゴをめぐった対立する時、闘えば勝つか負けるかの見通しが半々ではないと二匹ともすぐに理解することになる。勝つチャンスが相手より大きいと考えるクマは、タカを演じ、喧嘩を挑発する——例えば相手を威嚇したりして——可能性が高い。その一方、敗者になる確率が高いと考えるクマは、ハトを演じ、闘わずにリンゴを諦めるだろう。二匹のクマが勝つ見込みと負ける見込みが同じでないことを認識し、それに応じて行動する時、両者の間に優位・劣位関係が成立する。一匹が優位者であり、もう一匹が服従者である。

優位・劣位関係の成立は、二匹が初めて会った時に——互いに相手を見つけたらすぐに——始まることがあるし、何度も遭遇を繰り返し、時には喧嘩もした後で出来上がることもある。闘いに勝つか負けるかの見込みが同じ程度と二匹にはすぐには明らかにならないこともある。経験的試行が必要だ。もしヨギがブーブーに一〇回連続して勝っていたとして、二匹が一一回目の出会いをした場合は、二匹とも次の闘いもヨギがブーブーより勝つチャンスが大きいと認識するだろう。この時点で、ブーブーはヨギに譲歩し、ヨギはブーブーを倒さなくてもリンゴを食べられる。優位・劣位関係が成立すると、争いは通常は終わるのだ。しかし二匹とも自分が勝つチャンスは同じだけあると考え続けるか、それぞれのクマが自分の方が優勢だとみなすようないくつかのケースでは、優位・劣位関係は成立しないので、クマは喧嘩を続けることになる。

重要なのは、優位・劣位関係の成立が両方にとって利益があり、喧嘩するよりもずっと望ましいという理解だ。優位・劣位関係の成立を伴ってのもめ事の解決は、喧嘩という代価を払わずにリンゴを手に入れられるだけに、ヨギ、つまり優位者のクマにとって良いことなのだ。これによる解決は、ヨギと同質の良いことではないけれども、服従者であるブーブーにとっても良いことだ。ヨギに譲歩することで、ブーブーはリンゴを食べられないので、利得はゼロである。しかしブーブーがヨギと喧嘩になり、負ければ、リンゴを食べられないだけでなく、怪我という肉体的な高い代価を支払うことにもなる。服従者になることで、ブーブーは自分が払う可能性のあるコストを引き下げているのだ。だから服従者にとって優位・劣位関係の成立のメリットは、損失を食い止めることである。

損失の食い止め？　本当にそうなのか？　そのとおり、実際は、服従はおもねることだ。だから私は、誰にでもそれを勧めたりはしない。しかしブーブーがヨギに譲歩することで、さらに利得が得られる可能性が二つある。第一に、ヨギが気前のいいクマで、ブーブーとの争いが互いに共有可能な品――まぁ、例えばアップルパイ――をめぐってだとすれば、ヨギはブーブーに取り上げたパイの一部を食べさせてくれるかもしれないし、譲歩への感謝の印として他の物をブーブーにくれることもあるだろう。服従の二つ目のメリットは、その日にヨギに譲歩することで、ブーブーは将来いつの日にか起こる攻撃を避けられる。いつの日か勝てるような状況でヨギに挑戦し、両者の優位・劣位関係を逆転できるようになる日まで、ブーブーは安全に待てるのだ。実際にブーブーが一度もヨギに挑戦さえしなかったとしたら、服従は相当に悪い選択だろう。忍耐は服従者にとって利得だが、一度も闘わずに服従するのは、災いのもとだ。優位・劣位関係の逆転に至るかもしれない諸要因を知るには、優位・劣位関係を決める不均衡要因を徹底的に掘り下げなければならない。

争いに向き合う二匹の間には、二種類の不均衡要因がある。その一つは、例えば身体的特徴などの個体の属性に関係する要因だ。ヨギは、ブーブーよりも大きくて体重も重く、強く、健康で、成熟している。ある個体が喧嘩に勝ちそうか負けそうかを決める特徴は、**潜在的に保有する資源**（*resource holding potential*　RHP）と呼ぶ。初めて出会った瞬間、二匹は自分たちの潜在的に保有する資源の差を認識できる。ヨギとブーブーが最初に会った時、二匹はすぐにヨギがブーブーよりも二倍も大きいと分かった。そのため二匹の間では、すぐに優位・劣位関係が成立する。ヨギはタカの役をし、闘うぞと威嚇した。ブーブーは、ハトを演じ、服従する行動を示す。このように以前に二匹が関わった過去は、必ずしも優位・

劣位関係を成立させるとは限らない。また優位・劣位関係は、必ずしも学習された関係でもない。

第一章で述べた実験で、これまで顔を合わせたこともなかった二匹一組みのサルでは、二匹のメスは互いに相手を品定めしているようだったと書いた。これらの中には、一匹がもう一匹に対し、服従の意を表す「笑顔をして」、相手の毛繕いを始めたペアもいた。二匹のサルは、ＲＨＰ、たぶん体の大きさで不均衡性があると認識したのだ。その上で自分は相手より劣ると考えた方が、恐れと服従のサイン、つまり歯を剥き出しにするディスプレーを示したのだ。優位・劣位関係がすぐに成立し、それによって毛繕い交換が始まった。予想したように、毛繕い交換の秤は大きく一方に傾いた。服従したサルはこの作業の大半を行い、一方で優位者の側はほとんどお返しの毛繕いをしなかった。互いに見知らない別のペアでは、ＲＨＰの明白な不均衡はお互いに知らされもせず、認知もされなかった。その結果、優位・劣位関係が成立せず、ほとんど毛繕い交換はなされなかった。ケージの中で一緒にいた時間が終わった時に、両方のサルとも「負け」、ストレスで疲労していた。それはおそらく、優位・劣位関係の確立をできなかったことに対して二匹が支払ったコストなのだ。それはまさに、両方とも譲歩を望まず、結婚の安定性と平和というコストを支払おうしない配偶者同士のようだ。

二匹の間の紛争の決着は、体の大きさの違いや身体的強靱さだけでなく、自分の身体を使い、リスクを取ろうとする**意欲**の違いによっても決まる。モチベーションの違いは、争われている品の価値の差違で起こるようだ。その品が一方により価値のある物だとすると、この個体はもう一方よりも懸命になって闘おうとするだろう。ゲーム理論の用語で、争っている二匹にとって品の価値の不均衡性は、**利得の不均衡性**と呼ばれている。勝って得られるものがより多い方が、闘おうというモチベーションもずっと大きいのだ。

すべてとは言えなくとも、よってきたる背景に依存した優位・劣位関係の大半は、利得の不均衡性の反映である。縄張りを作る動物では、縄張りのオーナー、つまり縄張りに棲む個体は、それが大きな問題なので、縄張りに入り込んでくる侵入者に対し、闘おうという意欲を、そうでない個体よりも大きくする。そうした縄張りとして、巣、採餌場があるが、交尾相手と子どもたちが含まれることもある。縄張りを失うことは、その個体にとってすべてを失うことだ。半面、侵入者は失うものは縄張りの持ち主よりかなり小さい。ここでうまくいかなかったとしても、侵入者にとっては次は隣のドアを開けて入っていけばいいだけのことだ。繰り返すが、闘うか譲歩するかの決断は、特定の行動について頭の中でのコストと利得の計量を必要としない。例えば、縄張りへの侵入者に対して所有者が闘うぞと威嚇するか闘いをエスカレートさせていくかは、状況次第、感情次第かもしれない。他者の縄張りへ不法侵入をした個体の振る舞いが縄張り所有者を激怒させるかもしれず、この激情が攻撃しようとする動機を強めるだろう。反対に、見知らぬ場所に居ることがかえって侵入者を恐れさせ、服従させる公算を大きくすることもある。

この観点から、多種類の優位・劣位関係が結局は存在しないことは明らかである。優位・劣位関係はいつも全く同一だが、その関係は競合相手とのＲＨＰやその結末の不均衡のためにいろいろと異なってくるのだ。ゲーム理論の研究者は、こうした不均衡を考慮してもっと複雑なタカ—ハト・ゲームの発展版を創ってきた。単純なタカ—ハト・ゲームのように、その関係の結果も奪い合う品の価値と闘いのコストによって予測される。明らかに、現実世界の個体の行動を説明するこうしたモデルの有用性は、両者にとってＢ（利得）とＣ（コスト）の正確な価値をどれだけ正しく把握できるかに左右される。両者の間の多数の不均衡性は、ＢとＣの見積もりをかなり微妙にすることがある。そればかりか、さらに複雑なこともある。できるだけ単純にするために、脈絡や背景にある不均衡性のゲーム理論モデルでは、対立する両者は自分と相手の不均衡性と喧嘩に勝つか負けるかの相対的な見込みについていつも正確な情報を持つもの、と想定する。さらにまた、現実の生活はほとんど単純でないことが多いので、問題となる情報がいつも正確とは限らない。

理論上のディスプレー

ヨギとブーブーが出会ってからリンゴをめぐって喧嘩になろうとした時、二匹はお互いに睨み合ったり、顔色をうかがって相手の力のほどや怒りのレベルを計ったりはしない。たぶんそれぞれのクマは、相手の瀬踏みに影響を与える行動を示すだけだ。推論すると、不均衡性が優位・劣位関係を成立させ、この関係が両方に有利だとすれば、不均衡性が効果を発揮するように意思表示され、また理解されると確認することにすべての個体が関心を抱くはずである。したがって二匹のクマが同じリンゴを欲しがる時は、それぞれがもう一方に正直にすべての不均衡性を表明し合うとすれば、それは両方の側に有益となるだろう。例えば、「オレは強いぞ」／「オレは弱い」、「オレは腹が減ってるんだ」／「オレはたった今、メシを食ったばかりだ」、「オレは最後まで闘うぞ」／「オレは今、頭が痛いんだ。喧嘩する場合じゃない」などといった不均衡性だ。ＲＨＰの意思表示と行動を通じてのやる気の盛り上がりが適応的だとすれば、自然淘汰はこの機能を持つ特別の行動のシグナル、すなわち**行動のディスプレー**が進化するのを助けた。それは、例えばオスジカの大きな角や雄ライオンの巨大な犬歯などのようなＲＨＰの身体的ディスプレーとは区別される。動物たちは、怒りとか恐れといった感情を伝え、闘うかそれとも逃げ出すかの動機付けについて何らかの情報を相手方に与える顔による表現を進化させてきたのだ。動物

（と人間）は、また力の誇示として悲鳴をあげたり、物を壊したりもする。

しかしこれはみんな、素直な意思伝達を前提としている。行動のディスプレーを通じての不均衡性の伝達がいつも本当だとすれば、不均衡のある競合者にタカ―ハト・モデルを適用すれば優位・劣位関係は予測可能だろう。またそうだとすれば、人間たちはみんな、親が子どもたちと口喧嘩をしないし、有名人カップルが喧嘩した姿のタブロイド紙の一面を飾ったりはしない。そうしたストレスなど全くない世界で暮らしていることだろう。問題は、不均衡性の伝達がいつも正直になされるとは限らないことだ。優位者である利得は服従者である利益よりもずっと大きいので、個体のＲＨＰについての情報と争いたいという意思をごまかし、また大げさに誇張したり、あからさまな虚偽を伝えたりすることが適応的である。したがって自然淘汰は、個体のはったりをかける性向の方に見返りを与えてきたし、はったりをかけることは優位者を決める重要な因子になった。また自然淘汰は、疑いを抱き、はったりに気がつける能力を持つ個体にも報酬を与えた。懐疑的な個体は、だまされやすい個体よりも優位者になるチャンスが大きいからだ。

二匹のクマが互いに初めて出会う時、はっきりした不均衡性が伝えられなかったり、認識されなかったり、また確信されなかったりしたとすれば、喧嘩は不可避である。その結果、喧嘩に勝つか負けるかすれば、それが不均衡性が存在するという明確な証明になる。優位・劣位関係を確立するのに一回、あるいは何回もの喧嘩が必要とする二匹にとって、優位・劣位関係は学習された関係となる。いったん優位・劣位関係が成立してしまえば、また会った際も、互いの記憶を呼び起こし、何も変わっていないこと、つまり過去の不均衡性は現在まで維持されていることを伝え合う。そんな時はいつでも、二匹は行動のディスプレーを交換する。優位者は服従者の記憶を呼び覚ますために、定期的な攻撃を加えることもある。学習理論の専門家の言葉を借りれば、服従者が学習した反応をすれば、定期的に強化することはその反応が無効になるのを防ぐのに必要だという。不均衡性の範囲や個体の暮らす社会システムにもよるが、優位・劣位関係の維持は、優位者から、あるいは服従者から、場合によっては両方からも推し進められることがある。争う二者の不均衡性が小さいと、優位・劣位関係は、大部分は優位者から度重なる威嚇や攻撃を加えられることで維持される。逆に不均衡性が大きいと、服従者はいつも恐怖に置かれた状態で暮らすことだろう。そして優位者に対し、要求もされない服従の意を繰り返して表すのは、服従者の方にも、ためになる。しかし最も不均衡な優位・劣位関係でさえも、劣位の服従者からの反抗がいつも起こりえる。二個体間の不均衡性は時とともに、また状況が変化すれば、変わりえるものだからだ。ある出来事が過去の不均衡から現在の不均衡を区別できるようになれば、新たな喧嘩が始まり、優位・劣位関係が逆転することもある。また劣位者は失う物が何もない所にまで追い込まれると、それがかえって喧嘩をしかける動機付けになるかもしれない。

ＲＨＰ、すなわち潜在的に保有する資源は、身体的な力や政治的能力を獲得することによって強化することもできる。ヒトを含む霊長類の多数の種では、初めは二個体で始まった競争がその個体の属する家系や群れを巻き込むほど急激にエスカレートすることがある。例えばアカゲザルのような母系社会では、メス間の優位・劣位関係はメスの血縁者による助けを基盤として確立される。したがってあるメスの家系の大きさと実力が、そのメスのＲＨＰ、重要な不均衡性の源泉の一部とみなすことができる。助けを得られることから起こる不均衡性は、それを認識し、勘定に入れる経験を必要とする。経験を通じて、劣位のアカゲザルのメスは、高順位のメスが自分よりも多くの、援助を得られる強力な同盟者を持っていることを学ぶのだ。だが他のどんな不均衡性とも同じだが、政治力を頼みにできる状況は、不断に監視している必要性を持つ。政治的同盟が思いがけなくひっくり返ることもあるからだ。

リーダーに生まれるか、敗者に生まれるか？

もう一つ、複雑さがある。優位・劣位関係が、個体のではなく、個体間の関係性の特質であることは確かだが、個体の生理的・心理的特徴がその個体のＲＨＰと闘いの動機付けに関与するということもまた確かである。優位者となるように機能すると考えられるものもあるし、劣位者になるように働くものもある。例えば脳内のセロトニンのレベルが低い状態で生まれる個体は、衝動的で攻撃的だと考えられ、体内にたくさんのテストステロンが分泌されていれば、人間は負けず嫌いで成功へと駆り立てられる。何かで気が動転した時にコルチゾールの急増を示す子どもは、後の人生で人と対立した時に覚えるストレスの処理をうまくできない。だから、そうしたもめ事を避けがちになる。

優位者となるか、それとも劣位者になるかの素質は、感情と生理作用だけでなく、認知とも関係がある。ヒトや一部の霊長類では、優位・劣位関係は社会的な知恵と政治的知力に左右される。優位・劣位関係へと導く認知の技能には、社会的集団内での行動を制約する規則を学ぶ能力も含まれる。他者の行動を解釈すること、それを予測すること、他者の行動をいいように操ること、そして相互義務に基づいた同盟を構築することなどだ。優位者になる個体は、集団の行動を支配する規則を、他の個体よりもうまく、素早く学んでいる。その一方、劣位者となる個体はこうした規則を破っている。ある場合には、規則が存在することさえ気がついていないからだ。人間でも、優位性は非言語的な行動を読み解け（表情や身体のどんな手掛かりも、その人間の感情と意欲を表している）、他人の心の中で何が起こっているかを推測でき（その人物が何を知っていて、何を知らないのか、何を望んでいて、何を望まないのか、何を信じていて、何を信じないのか、など）、そして人を欺ける能力に左右されている。優位者は、他の人の心を見抜き、策略を含め、あらゆる可能な手段で自分が有利になることをするように説得することに長けている。他人の心を引きつけ、仲良くなれる能力、親切な行為を通じてできるだけ多くの人たちと同盟を組める能力も、重要だ。自閉症スペクトラム障害――社会的知識技能に欠けることを伴う――がかなりの程度に遺伝性であることを考慮すれば、前述したスキルに優れた、人間社会の一方の端にいる人は、そうした才能のうちの一部の恩恵を受けられる遺伝子を持っているのかもしれない。

もちろん性格も、経験の産物である。また優位者や服従者の行動は、学習される。ある性格を備えて生まれたといっても、それは必ずしも遺伝子からストレートに由来したということではない。母胎の中で過ごした九カ月の間に、胎児に与えた環境からの影響がある。例えば胎児は、子宮内で様々な幅を持った量のテストステロンとコルチゾールに晒され、このことが胎児の脳の発達に影響を及ぼしている可能性がある。環境からの影響が遺伝子の仕組みで調節される時もある。特殊な環境に晒されると、特定の遺伝子が発現され、別の遺伝子の発現が抑えられることもあるだろう。明らかなのは、我々は生まれた後に、優位者や服従者として振る舞う性向の形成に影響を与えるたくさんの環境と経験に晒される機会があることだ。特に重要なタイプの経験は、対立を必要とし、またそれなりの結果も必要だ。

サル、類人猿、そしてヒトを含む多くの動物で、オスが闘いに勝てばテストステロンの分泌量が上がる一方、負ければ下がる。その後にはテストステロンの高低が、それぞれ次の闘いに勝つか負けるかの可能性を高めるのだ。もしブーブーがクマのプーさんを負かしたばかりだとすれば、彼は今度はヨギを負かす可能性が高くなる。ヨギがすでに別の喧嘩で負けていれば、彼はブーブーとの闘いで敗れる公算が大きくなるだろう。

前の勝ち・負けがその後の対立に及ぼす影響は、必ずしもテストステロンの量に左右されるわけではない。次の勝利なり敗北なりにつながる別の生理的・心理的な変化もある。誰にしろ対決は、緊張感を高める。前に述べたようにキイロヒヒの群れが、一部の個体がランクアップを求めて他のメンバーに喧嘩を仕掛けているような社会的に不安定になっている間、群れのメンバー全員の血中コルチゾール濃度が上がる。対立が終わった時点で、優位者のコルチゾール濃度は下がるが、劣位者たちでは、攻撃され、威嚇され続けると、高いままに留まる。社会経済的地位（ＳＥＳ）の低いオトナとコドモは、ＳＥＳの高い個体よりもコルチゾールの血中濃度は高く、また争いに応じてコルチゾール濃度と血圧が大きな変化を見せる。番いになっているカップルでも、相手を優位・劣位関係の劣位者だと見抜いた連れ合いは、番い関係の不一致の間、血圧の反応がより高くなる。喧嘩に勝った後に増加するテストステロン分泌量が、さらに喧嘩をするような動機付けと自信、野心を高める可能性があるように、繰り返された敗北の後の、あるいは習慣的な服従に関連して、テストステロンの減少とコルチゾールの増加は、気持ちの落ち込みや恥という結果を導くこともある。そしてそれが、服従的な行動、つまり目を合わせるのを避けること、背を丸める姿勢をとること、社会的回避などをとらせるようになる可能性もある。こうした生理的変化、行動上の変化が、服従の受容と服従への適応を促しているのだ。

現在までに、優位性と服従とは動物行動を調査する研究者の心の中だけに存在するのでなく、実はヒトの心とヒトの身体のみならずヒト以外のすべての動物の心と身体に深く根ざしていることは明らかになったはずだ。我々には、相手との対立に際して自らの能力を恒常的に評価でき、社会的な関係の中で自分は優位者なのかそれとも服従者なのかを知らせてくれ、また状況に合わせて自分を助けてくれる生理的、感情的な、学習する仕組みが備わっている。我々は、競争に勝ち、優位者になると、そのことに快感を覚え、さらに同じことがもっと起こって欲しいと思う。逆に競争に敗れ、服従者になると、不快に思い、敗北したことを忘れようとしてその状況に合わせるか、将来の挽回の機会を狙う準備を始める。

ある個体の持つ闘いに勝ち、負けた経験は、自分自身の有するＲＨＰという認識だけでなく、別の個体の持つＲＨＰへの評価と勝つか負けるかの可能性への見極めにも影響を及ぼす。惨敗した後なら、どんな相手だろうと、新しい対抗者は怖く見える。あるいはまたもし自分を打ち負かしたごろつきがグレイの顎髭を生やした筋肉隆々とした男だとしたら、将来、顎髭を蓄えた筋肉隆々男に出会ったら、どんな男にもぺこぺこした態度をとるかもしれない。人は自分の内面にある生理的状態と心理状況の変化を自分の行動を通して他人に伝えるので、自分自身の自己評価は、闘うための自分のＲＨＰとモチベーションがどのように他人から評価されるかの仕方にも影響する。

我々みんなが承知しているように、社会的関係とはかなり複雑なものである。個々人の持ち味、背景、以前の経験との間の相互作用のせいで、すべてそのフィードバックによる仕組みにより、競争の不均衡性の評価は難しくなる。しかし優位・劣位関係は、我々を取り巻くすべての社会的関係の中でも枢要な要素であり、毎日の社会生活のあらゆる面に広く見られる影響力を備えている。このことをすぐに認識できれば、なぜ人間関係がそのようになっているかをそれだけ上手に理解できるだろう。ヒトもそれ以外の霊長類も、必ずしもそれと意識しているわけではないが、優位・劣位関係にいつも捕らわれているのだ。優位・劣位関係は、人間の本性に定着しているので、それを考慮せずに社会的関係を営めるという考えは、非現実的である。その代わりに我々ができるのは、誰もが自分自身の持つ潜在能力——個人的生活でであれ、社会生活の中でであれ——を全開できるようにする仕組みを準備することだ。そうすれば、誰もが優位者への地位を求めて自分の能力を最高段階まで発揮できるだろう。日常生活では誰もが、ある時点での関係性で優位者でもあるし、服従者でもある。だから我々は、人生の現実として優位者になるか劣位者になるかの変化を受け入れねばならない。我々が成長し、やがて老いる変化のように。

我々はまた、人と人との関係、家族、会社、国家の中での生活の質の大部分は、これらのつながりの中の優位者の人柄や行動に左右されるという考えを認めねばならない。人が優位者になろうとすることを妨げることはできないが、優位者になることには責任が伴う点をこの人たちに教えることはできる。優位者は指導者としての義務を負う。そして服従者は優位者が成功した際に支払われるべき勘定を払わされているので、彼らは、寛容さ、気前の良さ、許しによって服従者を安楽にしてやる必要がある。つまるところ、優位・劣位関係は永久に続くものではない。だから時が来れば、我々はいつでも背後に退き、席を譲る準備をしていなければならないのだ。

第三章　俺たち、みんなマフィアの一員だ

ネポチズム

ネポチズム（縁者びいき）とは、ある意味ではそれなしではほとんど過ごしていけないものである。何しろ子どもの幸福を願う身内びいき感情は、資本主義体制のエンジンだからだ。それを取り除いてしまえば、技術革新と福利の創造への大きなインセンティブを壊してしまう。さらに私的な紐帯を除かれた能力主義社会は、十分な証拠が実証しているように非人間的である。なお最後に付け加えれば、個人レベルでは、ネポチズムは深く感情に根ざした関わりであり、社会的、文化的価値を伝え、世代間の健全な絆を形成するものだ。言い換えればネポチズムとは、有効に機能し、素晴らしく感じられ、一般的に正しい行動である。それは、ヒトの本性に起源を有し、人間の社会生活で欠くべからざる役割を持ち、文明の進歩に深く関与した記録を誇っているのである。

――アダム・ベロー、『ネポチズム礼賛：自然史（*In Praise of Nepotism: A Natural History*）』

ラコマンダチオーネ

カゼルマ・G・ロマニョーリ空軍基地は、ローマで最も賑やかな広場の一つであるアルド・モロ広場にある。この基地は、テルミニ駅――ローマの中央駅――からほんの数ブロックしか離れていない場所にあり、通りを隔てると、そこはローマ・ラ・サピエンツァ大学キャンパスだ。ローマ・ラ・サピエン

ツァ大は、ヨーロッパでも最大級の大学の一つで、一〇万人を超える学生が学んでいる。カゼルマ・ロマニョーリ空軍基地は、ちょっと変わった基地だ。すなわち航空機もヘリコプターも、そこでは一機も見られないし、軍用車両は一台もない。車と言えば、空軍のナンバープレートを付けた数台の青い乗用車があるだけだ。その代わりに、高い外壁に囲まれて数棟の建物と兵舎一棟が建っている。外からは覗いたとしても、何も見られない。外壁に沿った歩道に群がる多くの学生も、中に何があるのか知りもしない。

寒いある朝の七時、イタリア空軍の制服であるダークブルーのズボンとライトブルーのシャツを着た兵士二人が、カゼルマ基地のメインゲートにやってくる。その入口では、ブースの中で立っている歩哨が基地を出入りする歩行者を監視している。二人は、重そうな買い物袋をぶら下げているようだ。ブースの中の歩哨は、袋の中身を見せるように命じた。袋の一つは、生肉でいっぱいだ。ラムのあばら肉、豚肉のチョップ、あばら肉、厚切り身、それにソーセージもある。もう一つの袋には、処方薬が詰まっている。抗生物質の錠剤、鎮痛剤、抗炎症薬、抗うつ薬、血圧とコレステロールの調整薬、その他たくさんの薬剤。歩哨は頷き、忍び笑いをもらし、貴重な荷を持った二人を通す。明らかに歩哨の兵士は、この荷物を前に見たことがあり、それが何なのかも承知しているのだ。私は数フィート離れた所から一部始終を見ていて、何が起こっているのか見当もつかなかった。基地の兵士と将校は、これから大がかりなバーベキューでもするのか？　基地内の診療所には薬が尽きているのか？　数日後、別の兵士何人かと話した後で、私はようやくすべてを理解した。

その日、基地の入口で起こったことを説明するには、まずイタリア語で重要な単語の意味をはっきりさせておく必要がある。「推薦（状）」を意味するイタリア語が、「ラコマンダチオーネ（raccomandazione）」

である。推薦（状）を表す英語の「リコメンデーション（recommendation）」も「ラコマンダチオーネ」も、似たように聞こえる。辞書によると、二つとも同じことを意味している。アドバイスとかを考え、目標への支援とかという意味だ。二語はまた、同じような背景でも使用されている。例えばアメリカでもイタリアでも、仕事を求める人々は、誰かに推薦される、つまりラコマンダティされることだろう。しかしここで、両者の類似は終わる。アメリカでは、推薦状に仕事の応募者の資質の評価を記入し、その推薦状は学んだ学校の教師か以前の職場の上司といった応募者を良く知った年長者によって書かれるものだ。こうした推薦状が応募過程で必要になることは、よくある。応募希望者は、みんなそれを手にしている。そして理屈の上では彼らの資質が良いこともあるし悪いこともあり得るが、実際は一様に優秀、とされることが多い。その結果、折り紙付きの推薦状を得ても、それで必ずしも職を得る機会が大きくなるわけではない。推薦状は、中身が悪かった時に、最も大きな違いを作り出すだけだ。

さてイタリアである。ラコマンダチオーネは、職の応募の際に必須というわけではない。またそれは、候補者を推薦するが、必ずしも彼または彼女の資質の記載があるとは限らず、通常は手紙の代わりに電話でなされるうえ、ラコマンダチオーネが出されるのは一般に家族の一員か家族の友人からだ。ある職に応募する全員が、ラコマンダチオーネを得ているとは限らない。持たない者たちは、一般にチャンスはない。ラコマンダチオーネを持つ者たちにとって成功するチャンスは、ラコマンダチオーネがどれだけ優秀としているかではなく――ラコマンダチオーネには優秀とか資質不良とかは関係ない――、電話をかけた者の地位の高さと影響力に左右されるのである。ラコマンダチオーネは、応募者の資質にさらに情報を追加することによって応募の審査を容易にするというわけではなく、むしろ彼なり彼女なりの資質と無関係に、審査の過程を偽装し、特定の応募者の成功を保証するものという意味があるのだ。ラコマンダチオーネは、アドバイスでも支援でもない。それは要望・依頼であり、時には強要ですらある。つまりX君が職を得るのを確実にするように、という——。典型的な例ではX君は、推薦者の家族メンバーか弟子である。ラコマンダチオーネは、イタリアの公的な暮らしにネポチズムの影響力を振るう本質的な道具なのだ。

ここでカゼルマ・ロマニョーリ空軍基地と私がそこで目撃した肉と薬剤を用いた奇妙な取引に戻る前に、いくつかの歴史的な背景を見ておく必要がある。一九九五年までイタリアでは、義務兵役制だった。男子は一八歳になると、軍のどこか一つに徴兵され、二四カ月間の兵役に就いた。ある日、若者は割り当てられた軍部門の情報を載せた葉書を郵便で受け取るだけだった。大学生なら、学業を終えるまで徴兵猶予を願い出ることはできた。また重い医学的疾患を持っている者か良心的兵役拒否者なら、徴兵そのものを避けることができた。

私が一八歳になった一九八〇年代、義務兵役は誰にとっても魅力的ではなかった。イタリアは戦時ではなかったし、軍に入隊し、国を守らせようとする愛国的な要請もなかった。兵役は、金儲けのチャンスももたらさなかったし（兵士の日給はバカバカしいほどに安かった）、役に立つ新しい技術を学ぶ機会も、魅力的な場所を訪れる好機もなかった。良く言っても時間の大きな浪費に過ぎず、最悪、ストレスと新兵いじめという悪夢を見させられる、人生の一大中断期であった。陸軍に徴兵され、北イタリアの山岳地帯、例えばイタリアと旧ユーゴスラビアの国境地帯にあるどこかの基地に送られるのは、災厄の元だった。それこそ何にもない辺鄙な場所で、毎日、行軍し、週に五日間、徹夜の歩哨に就かねばならない。さらに新兵として、皮肉めいた通称の「ノンニ」（イタリア語で「爺さん」の意味）——満期に近い古兵——から、誰もが肉体的、精神的、そして性的に嫌がらせをされた。ブロンクスの刑務所にぶちこまれている常習犯にいじめられるように、である。それに比べると、空軍勤務はそれほど悪いものではなかった。イタリア空軍は小規模で、装備も貧弱で、実際の空軍力は全くなかったと言っていい。空軍の主任務は、陸軍と一部の民間組織への補給支援だ。多くの空軍基地は、魅力的な都市区域に位置し、兵士は全くと言っていいほど軍事訓練を受けない。兵士たちは日中の時間は基地で勤務し、夜は就寝に帰宅できるし、行軍も夜間の歩哨も求められず、ノンニによるいじめもないのだ。

徴兵の割当先は、建前上は無作為になされるとされている。友人たちも私も、国防省の中に、巨大なコンピューターが人の名前と配属先を宝くじのようにランダムに組み合わせた召集令状葉書を吐き出している秘密の部屋があるに違いないとよく冗談を飛ばしていたものだ。だがその一方、誰もが宝くじは不正操作されていることを知っていた。ラコマンダチオーネが存在したのだ。毎日、電算室にある謎めいた赤い電話が鳴り、天の声が「心臓の病気のためマリオ・ロッシを軍務から永久に免除するよう私は勧告する」（ラコマンダチオーネの結果、あるいはそれがないために、詐病の男子が兵役を免れ、他方で本当に命に関わる病気の者が徴兵されることになる）、あるいはまた「ダリオ・マエストリピエリは空軍に配属し、ローマ市内の某基地に送るように推薦する」と言っていると、我々は想像していた。電話に出た大地の精が、それから籤で選ばれた個人名を動かし、その人物は推薦された結果を確かなものにされる。おそらく毎年、数千、数万の若者が、ラコマンダチオーネの恩恵を受けているだろう。電話のベルの鳴らなかった別の数千、数万の若者は、そのラコマンダチオーネ無しの扱いを受けるだけだ。つまり彼らは、徴兵され、国境地帯に配属された。こうした若者の家族の絆は引き裂かれ、教育も職業キャリアも途中で挫折し、肉体的、精神的なトラウマの結果によって精神の健康を損ねて将来にわたって苦しむリスクを負ったのだ。

ラコマンダチオーネを伝える電話は、国防省の上の階にあるオフィスから——電算室の大地の精にいつも命令を下している高位の軍将校からかけられたと思われる。彼らは、自分の息子や甥っ子が徴兵を免れるか、さもなくば考えられる最高の処遇を受けられることを確実にするために電話をかけたのだ。彼ら将校はまた、政治家、実業家、家族の友人、隣人、さらには自分と何らかの関係のある人物それぞれの息子や甥を「推薦する」ために電話をかけた。

大学に行くために四年間、招集を延ばした後、私はうろたえ始めた。両親は、高校の数学教師であり、軍や政党、大企業の幹部に直接のコネが何もなかった。しかしある日、父の生徒の一人——彼女は数学の評価が良くなると期待したのだろう——が、自分の父はある陸軍大将を知っていて、しかもその将官は父に恩義があるのだ、と私の父に語った。私の健康状態は良好だったから、医学的理由で徴兵を完全に免れようとしても、それは大それたことに過ぎるように思えた。そこで私は父に、兵役を空軍で務め、ローマに配属されたいという希望を述べた。そこなら大学から通りを一つ隔てた所に基地があり、課題をやり終える時間があり、夜は家で過ごせるだろうからだ。私の希望は、すぐに聞き入れられた。その生徒の父は、その将軍に電話をかけ、私のためにラコマンダチオーネを出してくれたからだ。そしてぴったり一カ月後、私は、空軍に徴兵され、カゼルマ・ロマニョーリ空軍基地で勤務するよう通知する葉書を受け取った。

しかし軍務に就いた初日、どこかがおかしいことに気がついた。大学にいた私の学歴から考え、オフィスでの快適な任務に就けると期待していたのだ。ところが、空軍の車両運転手に私は配属されていた。これはかなり悪い知らせだった。オフィスに勤務する兵士なら九時から五時まで勤め、その後は帰宅できるが、運転手なら将官を自宅まで乗せていくので夜遅くまで働くことになる。時には、ローマの外から数百マイルも運転することもある。事態は悪くなっていた。私の推薦者は、私が空軍に徴兵され、ローマの基地に配属されるように依頼していたが、業務を明確に述べていなかったのだ。例によってラコマンダチオーネがない者は、不利益を受ける。つまりは予想される限り最悪の処遇を受けるということだ。カゼルマ・ロマニョーリ空軍基地で、考えられる限り最悪の任務は、運転手になることだったのだ。

さらに悪い知らせがもたらされた。その最初の日、新兵運転手——私のように「不完全な」、つまり抜かったラコマンダチオーネしかもらえなかった一〇〇人に近い敗者たち——は、一カ月以内に我々の中から一〇人ばかりがローマの不便な陸軍基地に転属になると、出し抜けに知らされたのだ。そこに行けば、夜間歩哨の義務の猶予や夜は自宅で過ごせる機会という空軍のすべての特権を失うことになる。我々を訓練する軍曹は、我々の中から一〇人を無作為に選び、カゼルマ・ロマニョーリ基地の監理担当の大尉にその名前を通知すると告げた。通知された後、直ちに大尉は一〇人を陸軍基地に移るよう命令を出すだろうというのだ。

全員がパニックになった。軍曹の発表があって数秒もたたないうちに我々みんなが、地獄への転属から自分を守ってくれる新しいラコマンダチオーネを求めて、両親に電話をかけた。最初は、ラコマンダチオーネは大尉にお願いされるべきものだろうと思ったが、軍曹もこのゲームに加わりたがっていることに、すぐに我々は気がついた。軍曹は我々一人一人の両親の職業を尋ねて回り、我々全員の名前と両親の職業を並べたリストを作った。それから彼は、もしこれらの親の誰かが自分の息子のために首を突っ込んできたら、その息子は陸軍基地への異動を免れるだろう、とそれとなく口にした。軍曹はカネで買収されたいと考えているのではなく——そうなると彼は実際的なトラブルに巻き込まれかねない——、もっと別の具体的な利益を望んでいることが明らかとなった。無作為の選抜などは諦めるしかない。

私が両親は高校の教師だと軍曹に伝えると、私の名前はすぐに軍曹のリストの下の方に落とされた。一番上に記載された兵士は、父親が銀行を保有していた。たまたま軍曹の息子は失業中だったので、その兵士の父親は自分の銀行に軍曹の息子を雇うことにしたようだ。上位にランクされた別の兵士の両親は、肉屋を経営していた。本章の初めの話に戻れば、これが肉とソーセージを持ってきた若者だった。彼は一カ月間もの間、ほとんど毎日、軍曹に新鮮な肉を持ち帰ったのである。もう一人の兵士――肉屋の息子の同僚――の親は、薬局経営者で、あらゆる種類の高価な薬をタダで軍曹に提供した。この三人の兵士は悩むことが何もないことが明らかになったが、一方で私の運命はかなり暗くなったように思えだした。ありがたいことに最終的には、私はもう一つのラコマンダチオーネによって助けられた。一、三回の電話が交わされ、私を空軍に入れるように口添えしてくれたあの同じ将軍が、大尉に私を陸軍基地に転属させずにカゼルマ・ロマニョーリ空軍基地に留まらせるように「命令」してくれたのだ。

ドラマを見るようなこうした出来事が明らかになりつつあったある日、私は大尉のオフィスの窓越しに中をのぞき込み、私も含めつい最近、基地に入営したばかりの一〇〇人の新兵の名前の記された机上のリストを瞥見した。それぞれの名前の隣に、大尉がラコマンダチオーネを受けていた軍の将校の名前が赤インクで書き込まれていた。リストにはたくさんの赤インクの名前が書き添えられ、一部の新兵運転手にいたっては様々な将校からいくつものラコマンダチオーネを受けていた。多くの推薦者は将官だったので、大尉はそれぞれの将官に階級の注を付けていた。ラコマンダチオーネの電話依頼に応え、それらに注を付けるのは、明らかに大尉の職務の重要な一面だったのだ。電話を受け漏らしたり、性根の悪い将官を怒らせたりするのは、大尉の座る安楽な座を失わせかねない。その大尉は、黒い革ツナギを着て、パワーのあるドゥカティ［訳注　イタリアの二輪車メーカー］のオートバイに乗って基地を出て行くことが、よくあった。何か重要な軍務で出かけているようにはとても見えなかった。

私にとって幸運だったのは、大尉のリストにある私の名前の隣には、五つ星の将官（元帥）の名前があった。ついに私は、自分の推薦者の身元を突きとめたのだ。そんなわけで結局、私は陸軍に転属という不運を免れたのである。それだけでなく、その後さらに何回かの後援者からの電話のおかげで、私はすべての運転義務からずっと解放され、一二カ月間の軍務の残りはオフィスで手紙をタイプする勤務で過ごせた。毎日、夕方の五時にはカゼルマ基地を徒歩で出て、論文の仕上げにかかれたし、友だちと会うこともできた。その後は毎晩、両親の居るアパートに戻って寝て、翌朝、カゼルマ基地に出勤した。ただ誰もが、そんなに運が良かったわけではない。不幸にも、大尉のリストに書かれた名前の隣にほとんどか全く赤インクの注のない一〇人がいたのだ。これらの勇敢な若者たちは、不当な処遇を受けた。つまり陸軍基地に転属させられ、軍務に服する残りの一一カ月間を地獄で過ごしたのだ。

コンコルシとバロニ

これまでの話でお分かりのように、ラコマンダチオーネはイタリアのネポチズムの核心的手段である。私の母国のネポチズムの内部構造をさらに明示するために、いくつもの実例を明らかにしたい。それにはもう一度、いくつかのイタリア語の単語の学習から始めよう。コンコルシ（*concorsi*）、バロニ（*baroni*）、フレガーレ（*fregare*）だ。コンコルシは、大学生が院に進む時にも公立大学で新任研究員や教授を雇う時にも用いられる全国的競争である。バロニ（英語で「男爵、有力者」の意味のイタリア語）は、大学生の院進学にも新しい大学教授を雇用時にも研究資金獲得にも大きな力と影響力を持つ大学教授を指すのに用いられる用語である。誰かを「フレガーレ」することとは、その人を偽るという意味だ。

一九八〇年までイタリアの大学は、ローレア（学位＝*laurea*）と呼ばれる一種類の学位しか出さなかった。ローレアは、学士号と修士号を組み合わせたものだった。ローレアの取得後に、博士課程に進んだ。博士課程に進むことを考慮されるために、学生はコンコルソ［訳注　単数］で競争しなければならなかった。つまり学生の大学での評価点と博士課程進学前の研究業績が審査され、口頭試問と筆記試験を受けるのだ。あらゆる地位は学位・資格で支えられているので、学生たちは入学許可とカネを求めて競争した。ところが、そこはイタリアである。ご想像のように、競争は偽装（フレガーレ）されていた。バロニたちはお互い同士で、自分たちが毎年博士課程に入学許可できる学生の数、そしてコンコルシを勝ち抜ける学生の数を協定していたのだ。入学への応募受付が始まる前からすでに、バロニたちは合格者を決めていたこともすらある。それ以外の学生は、応募できないと言われ、順番を待つか、ただ全面的に諦めるかのどちらかを告げられたのだ。

入学者決定の段では、もちろん家族が優先事項であった。バロニたちは自分の子どもや知り合いの家族の子どもを直接、博士課程に入学させるか、他のバロニたちに入学の推薦をした。バロニたちはまた、その子弟に入学の保証も行った。こうした庇護を受けた連中は、肉親のラコマンダチオーネのおかげでバロネ［訳注　単数］の援助で博士論文を完成させ、バロネに対する忠誠心のために拡大親族の地位を授与されていた博士課程大学院生だった。彼らは、擬似的養子になっていたのだ。さらにバロニたちは、自分の親族でもなく、被保護者でもない学生も受け入れたが、それは知らない学生であっても、政治家、財界人、友人や親しい隣人からラコマンダチオーネを受けていた学生だった。例によって、後の証拠が残らないようにラコマンダチオーネはすべて電話でなされた。入学審査を申し込みはしたが、上記の範疇に該当しないなら、たとえどんなに学問的資質があっても、ほとんどの学生はバロニたちに落とされた。私の指導教授も、要求水準にある家族の血筋に連ならない者やラコマンダチオーネを持たないたくさんの学生を落とした。たとえその学生が学問的に傑出していて、自分の研究室に空きポストがあったとしても、だ。彼は、そのポストを空きのままにしておく必要があったのだ。私の指導教授は、落とせない学生を採るようにという依頼を、いつ何時、電話で受けるかもしれなかったからだ。その結果、その教授の下で研究する学生や院生は、大部分が他の教授か政治家の息子や娘だった。それでは、私はどのようにしてそこに潜り込めたのか？

私がローマ大学の生物学研究室の博士課程への進学を申し込んだ年、そこに八つの空きがあった。そして例によって八人の勝者の名前は、審査委員会のバロニたちによってすでに合意されていた。私の名前は、その八人の中にはなかった。しかしコンコルソ（単数）の数週間前、国家学術研究会議がさらに二人分の研究員資格の予算を付けてくれたのだ。バロニたちに、この二つの追加採用枠を埋める協議をする時間がなかった。そこで履歴書が良好で入試に好成績を挙げた二人のアウトサイダー――私自身と私の友人――が入学を認められたというわけだ。私たち二人は、バロニとラコマンダチオーネのシステムに割れ目をこじ開けたのだ。それから奇妙なことが起こった。その友人と私は全優の学生で、すでに科学論文を発表していたのに、指導教授になろうとする教授を見つけられなかったのだ。新しい大学院生が指導教授を割り当てられることになった日、私たち二人は一団の教授たちとともにテーブルを囲んで座った。教授たちはそれぞれ、そして誰もが大いに困惑した表情で、自分が私たちの指導教授になれない理由の言い訳を繰り返した。

しかし本当のところは、ラコマンダチオーネも持たず、それにふさわしい家系にも属さないアウトサイダーで空きを埋めると、翌年に研究室に自分たちと首相らの子弟を入学させるチャンスを失いかねないからであった。博士課程大学院に二人のアウトサイダーの入学を認めたのは大きな過ちだったことが、今やバロニには明白になった。誰かがそのツケを払わねばならない。最終的には無理強いされた形で、ある指導教授が友人と私に付いた。しかし三年後にPhDを得た後、このシステムの割れ目から学界に入って行った人間は、絶対に成功できる見込みがないことが私の目にははっきり見えた。何度も何度も眼前でドアが閉められた後、私は荷物をまとめてアメリカに移住したのである。

当たり前のやり方で、つまりこの国で正常な経路を通ってシステムに入ったPhDを得た学生は、忠誠心が最後には永続的地位を得るという形で報いられるまで、何年もその指導教授の陰で生きることになる。こうしてバロニから庇護を受けている間、彼らは自分のパトロンとは別の研究に時間をほとんど使えない。彼らが将来、専門的職業に就けるかどうかは、バロニとの個人的結び付きの強さに左右されるからだ。また彼らは、その結び付きに不断に注意を振り向け、強化し続けなければならないことも分かっている。

博士課程への進学を支配するネポチズムは、学界での職と現金が動く時に起こることに比べれば、物の数ではない。イタリアの大学で常勤研究職や教授に就こうとするコンコルシはすべて、特に医学部の職に就こうとする場合、バロニの意向に左右される。その人物が適任であることがはっきりしている職位を不公正な手段ではねつけられた（要するにフレガティされた＝欺かれた）候補者からの民事告訴や不服申し立ては、数え切れないほどの刑事事件につながっているし、時にはバロニへの有罪判決になることもある。学界のネポチズムのこうした捜査から、バロニたちはまさにマフィアのように機能する門閥の中で行動してきたことが分かってきている。彼らは頂点に「ボス」の座る権力のヒエラルキーを持っていて、イタリア全国の学術的世界全体を支配しようと狙っており、自分たちの欲しいものを得るためには脅迫や強要も厭わない。不正なコンコルシに伴うスキャンダルは、イタリア・メディアの多くの注目を集めてきた。数知れぬ新聞、雑誌記事、また書籍でも、この問題が取り上げられている。数年前、ニュース週刊誌『レスプレッソ』は、イタリアの学界のネポチズムに関して「バロニたちのマフィア」と題した特集記事を掲載し、最も著名なスキャンダルをいくつか論評した。

記事で詳しく紹介された事件の中には、特に注目に値する二、三の事件がある。例えば一九八八年と一九九二年にイタリア全国で耳鼻咽喉科の二五の新しい教授職が埋まった。この二五の新任教授のうち、四つのポストは教授候補を審査する調査委員会に席を持つ教授の息子だった。有力なバロネであるジョヴァンニ・モッタ博士は、自分の息子である三二歳のガエタノ・モッタ博士を正教授に指名した。父親は、調査委員会の議長として、自分で息子の業績審査を行った。その研究業績には、父親と連名で執筆され、父親の学部で発行された科学論文が含まれていた。その際、父モッタ博士は、試験結果の報告書を偽造し、自分の息子が他の教授候補よりも適格性があり、試験にも良い成績を取ったように見せかけた。モッタ博士とこうした偽装したコンコルシでやはり自分の息子を教授に就けた別のバロニたちは、後にイカサマの罪を犯していたことが露見し、一年から二年の有期刑を宣告された。その任用は無効だとはっきりしたのに、ガエタノ・モッタ博士は、一九九二年に不法に得た教授職に、今日までなお居座ったままだ。

新聞ネタになったもう一つの事例は、カリヤリ大学の准教授のロベルト・プクセドゥ博士に関わるものだった。彼は、自分たちも不正なコンコルソ（単数）を通じて教授職を得ていた二人の教授を含む委員会――その委員長はロベルト・プクセドゥ博士の父親で有力なバロネ（単数）であった――から、その職に選任された。この場合も、父親のバロネは後に不正行為で有罪となり、息子の選任は無効とされたが、息子は大学の職務を維持し続けた。バリ大学医学部のさらに別の事例では、学部長になったある教授は、所属する学部の管理職の地位を三四歳の自分の息子に譲り渡した。そしてその息子が、その地位に充てられたただ一人の候補だったのだ。別の学部長は、教員職を公募して、他の複数の候補者と面接もせずに、自分の娘を採用するように大学に圧力をかけていた。

イタリア学界のマフィアの内部構造は、一部の大学の電話に警察の手で盗聴器が仕掛けられ、バロニ（複数）同士の会話が録音されてから暴き出された。二〇〇五年、バリ大学教授のパオロ・リゾン博士は、イタリア中のコンコルシを操る戦略を謀議していたのを録音された。そうした会話の一例に、自分の息子に都合のいい調査委員会を構成しようと協議しているものがあった。その息子は学部の職位に応募しており、その後で試験の一部として息子が書かねばならなくなる小論文の題目を相談していたのだ。別の録音されていた会話では、バロニたちの被保護者に対抗して応募したある有資格立候補者が、マフィアの二人の殺し屋からコンコルソから身を引かないと身体的暴力を振るうと脅されていたことが明らかになった。その二人の名前も分かった。二人とも、前科があった。もう一つの録音では、リゾン博士はある同僚に、自分の息子と別のバロニたちの縁者が教授職を得られるように手助けをするには、自分はアウトサイダーの候補者を欺けるほどかなり巧妙に事を運べるはずだと言って自慢していたという。なおその有資格者の成績は、彼が小細工した連中よりもはるかに優秀だったそうだ。

バロニたちにフレガティされた（騙された）有資格の成績優秀候補者たちは、しばしばこの国を後にし、外国でふさわしい専門的職業に就くべく出国する。この二〇年から三〇年の間に、数万人ものイタリア人研究者が国を後にした。バロニたちの門閥は、なおも勝手し放題であり、イタリアの学界を完全に支配している。そうしたネポチズムの結果、バリ大学経済学部では一時、八人もの同じ姓、つまりマッサリという姓を持つ教授がいたことがある。彼らはみんな親戚同士だったのだ。はっきりしているのはこの事例が、イタリアに新しい記録を打ち立てたことだ。それ以前の記録では、同一学部か同一研究所で同じ家系のメンバーが居た六人が最高だったからだ。もちろんネポチズムに関しては、イタリアの軍将校や学界のバロニどもは、政治家、裁判官、財界人、その他の社会で実力を持ち、影響力を振るう者どもに比べれば、シロウトに等しい。

アダム・ベロー――彼自身は、一九七六年のノーベル文学賞を受賞したアメリカの小説家ソウル・ベローの息子である――は、自著『ネポチズム礼賛』の中で、世界中でメディアの注目を集めたネポチズムの醜悪な例をいくつも挙げている。それなら何がベローにネポチズムを礼賛させるに至ったのか、と思うだろう。この問題に取り組む前に、ネポチズムの起源はその生物の本性（nature）にあるとする彼の主張をまず検討することにしたい。

動物と人間のネポチズムの本性

生物学者にとってネポチズムとは、血縁者が（性的なではなく）社会的パートナーとして好まれ、非血縁者を犠牲にして助けられるといった血縁者への単純な偏愛、を意味するに過ぎない。例えばディナーのためにいくつかの木の実を保存しておいた身内びいきのリスは、そのうちの一個を自分の餓えた兄弟に分け与えるが、隣にいる血縁関係のないリスには与えないだろう。生物学的に言い換えれば、ネポチズムは血縁関係のあるメンバーに向けられた利他主義ということである。しかしこの利他主義とは、ネポチズムとインチキっぽい。血縁のあるメンバーは遺伝子の一部を共有しているので、ネポチズムは集団内で血縁者を助けることによって実は自分自身のDNAを維持している。つまりネポチズムとは、実際は偽装した利己主義なのだ。多くの利己的行動は、そうした行動のおかげで個体が生き延び、繁殖するのに役立つので、自然淘汰によって進化してきた。利己的であることに有利に働く遺伝子は、利己的であった個体の子どもを通じて次の世代に伝えられる。同様に多くのネポチズムの行動は、血縁淘汰と呼ばれる特別の種類の自然淘汰を通じて進化した。こうした行動がその個体の血縁者を生存させ、繁殖させるのに有利だからである。ネポチズムに有利な遺伝子も、縁者びいき的な個体の家系メンバーを通じて次世代に伝えられるのだ。

ネポチズムは、普遍的な現象である。人間社会がまさにそうであるように、動物にも様々なレベルのネポチズムが見られる。ところが個体が血縁者に対してよりも非血縁者の利益になるように偏った行動をする例は、動物でも人間社会にも存在しない。動物や人間社会を多少なりともネポチズムにするものは、資源の得やすさに差があるのが普通だからだ。必要だったり欲しかったりする食物（や水、あるいはマネー）を誰もがみんな持っている場合、他者に気前よく振る舞う余裕がり、わざわざ血縁者と非血縁者を差別したりはしない。だが倹約が必要になると、家族の価値の重要性が上がる。ところが誰もが欲しがるマネーを人がみんな持っていることは、まずない。アダムとイヴがエデンの園から追い出されて以来、ネポチズムが人類史の一部となってきた、それが理由である。それ以来、人間はパンとバターを得るために懸命に働かねばならなくなった。そしてそうしている時に、人々はいつも家族の一員を助けていたのであり、非血縁者にはそうしなかったのだ。聖書にはたくさんのネポチズムの例が出てくるので、聖書を「ネポチズムの必読書、聖典」と呼んでもよいかもしれない。

だが動物は、アダムとイヴの時代よりずっと前から血縁者に依怙贔屓をしてきた。例えば、アリ、ミツバチ、狩りバチのような社会性昆虫は、数億年近くもこの行動を実践してきた。彼らの社会は血縁者から成る集団の内部での協力関係に大きく依存し、非血縁集団に対しては攻撃的な競争を行う関係にある。縁者びいき的な行動は、吸血コウモリ――彼らは犠牲者から吸った血を近い血縁者にだけ吐き戻して与える――から、地下に穴を掘って暮らす東アフリカ土着の齧歯類であるハダカデバネズミ――彼らの中でも多数のメスが繁殖を完全にやめて、群れの住む穴を掘ったり母親である女王のために食物を集めたりという苛酷な労働に従事している――に至るまで、どんな動物種にもほぼ例外なく見られる。人間にごく近いサルと類人猿の一部の種では、次の段階の縁者びいきを行う。彼らは採食で血縁者を助けるだけでなく、政治力を得て、それを維持できるように助けることもする。地球で最も政治的に振る舞い、また一番恥知らずな縁者びいきを行う動物が、たまたま私がとても親しくなったサルであるアカゲザルだ。

人間のようにアカゲザルは、かなりの競争社会で暮らしていて、また当然のことながら彼らも優位・劣位関係に取り憑かれている。第二章で述べたように、二匹のアカゲザルの間の優位・劣位関係は、彼らの潜在的に保有する資源（ＲＨＰ）が不均衡だということに原因がある。しかしアカゲザルのＲＨＰは、例えばシカ――彼らの中でより大きな角を持ったオスは、小さな角しか持たないオスよりも優位である――などのような動物のＲＨＰよりも、アメリカの連邦議会議員のそれのようにも見える。ワシントンの政治家のＲＨＰは、角がどれほど大きいかとは全く関係はないが、その政治家が所属党派からどれだけ多くの政治的支援を受けているか、党内でどれだけ政治力があるかがすべてである。同じことは、アカゲザルにも通用する。優位・劣位関係について言えば、重要なただ一つの不均衡性は、政治的支援である。成体メスとワカモノは、主に家系のメンバーから支援を受ける。そしてこの支援は、不自然な援助という形態をとる。アルファメスの娘が他の家系の成体メスに喧嘩を売ったりすると、アルファメスとその姉妹がすぐにその喧嘩に加勢し、自分たちの若い血縁個体が他の家系の成体メスとその一族を打ちのめすのを助けるのだ。同様に、トニー・ソプラノ（アメリカのテレビドラマの主人公でイタリア系マフィアのボス）の甥が自分の近所の麻薬取引の運営を取り仕切りたいと願った時、いったい何が起こっただろう？　彼のおじさんは、競争相手を打ち負かすために殺し屋を何人も派遣してくれるのだ。人間のネポチズムも、本性にその起源を持つのは明らかだ。実際にアカゲザルのネポチズムとヒトのネポチズムとは全く同じように見える。だがそれは本当か？

縁者びいきのアカゲザルの取引をもっと詳細に見てみよう。アカゲザルは、母権制社会で暮らしている。アカゲザルの群れにはいくつかの家系があるが、これらの家系は一匹の母親メス、一匹の父親オス、そしてその子どもたちという形の家族構成になっているのではない。アカゲザルのオスたちの主な貢献は、自分たちの子孫を作る精子であり、それで子どもたちの母親に妊娠させるのだ。彼らは、精子の提供にはできるだけ気前よくふるまおうと努める。六カ月後に一〇〇匹程度のアカンボウが生まれた時、父親はもはやそこにおらず、外のカジノのようなたまり場で仲間とたむろしている。父親がいつも居ないので、アカゲザルのファミリーは、母系制と呼ばれるが、メスの多世代の血縁者と子どもとから成る群れで構成される。例えば典型的な母系の群れには、一〇歳のメスを中心に、その母親、そして祖母、姉妹、叔母、従姉妹、子ども、孫、さらには姪や甥が含まれる。オスは、五歳くらいの思春期に達するまではファミリーの一員だ。それから群れから離れ、別の群れに入っていこうとする。メスは母親のエプロン紐にぶら下がるように、そのまま群れに留まる。

アカゲザルの群れの内部にある母系ファミリーは、政党やコルレオーネとソプラノのファミリーと同じような力を持っている。同じ母系内のメンバー数が増えれば増えるほど、その力は大きくなる。例を挙げれば、アカゲザルの群れでは力の強さで順位付けされる三つの母系ファミリーが存在し得る。最大の母系ファミリーが頂点に立ち、最も小さな母系ファミリーが底辺に位置付けられる。そして真ん中に中間的個体数のファミリーがいるのだ。母系ファミリーの権力は、力を競い合う対立の過程で縁者びいきの介入を通じ、年上から年若へと受け渡される。若い個体は成体だけでなく、他の若い個体にもいつも喧嘩を売っており、そのメスの母親が味方をしてその喧嘩に介入し続けるので、高順位の母親の息子や娘はどんどん力を強め、最終的には母親のすぐ下の優位的な順位を獲得する。低順位の母親の息子と娘も、最終的には自分の母親と似た順位に落ち着く。つまり彼らにとって不運にも、ファミリーの一員と同じように敗者になるということだ。

アカゲザルの社会では、少なくともメスの場合、運命は生まれた時に決まっている。サルの「貴族」として生まれたメスは、母親や他の血縁個体の縁者びいきのおかげでどんどん「貴族」になるように育っていく。低い階層に生まれた個体は、悲惨な生涯を送る覚悟を決めねばならない。だが最低ランクの母系ファミリーに属する低ランク個体よりもさらに悲惨なメスさえいる。あるメスが母親によって生まれてすぐ育児放棄され、哀れみの深い研究者の手で救出されて養育され、数年後に元の群れに戻されたとすれば、このメスはファミリーのないシンデレラになる。シンデレラは、縁者びいき体制の中ではうまくやっていけないのだ。アカゲザルのシンデレラがこの敵意に満ちた環境の中でどうにか生き延びられれば、幸運に恵まれ、低順位のオスに妊娠させられることもあるだろう。どんな王子様も彼女を舞踏会に連れて行かないだろうし、彼女が王妃になることはあり得ないのは確かだ。それでも彼女は、自分のファミリーを作るスタートに立つチャンスだけは得られる。そして数世代後に、彼女とその娘たち子孫が、何の楽しみもなくずっと面倒なことをやり続けるという重荷に耐えて生き延びられたとすれば、彼女のファミリーはアカゲザル社会でより良い地位を要求できるのに十分な数に拡大しているかもしれない。

多くの人間社会でもなされているように、アカゲザルのネポチズムが社会的地位とファミリー・メンバー間の強い絆を世代を超えて受け渡してきたことを、ここまで見てきた。だがそれでも今一度、問おう。サルの縁者びいきとヒトのネポチズムとは、全く同じものなのだろうか、と。

動物とヒトのネポチズムは、いくつか重要な点で異なる。一貫性を維持するために（それと私はアカゲザルが心底好きなので）、アカゲザルを例として用い続けよう。アカゲザルのネポチズムは、ほとんどはメスの問題、特に母系制の問題である。オスは自分の子どもを認識できない。また、仔に哺乳瓶もあてがったり、おむつを替えたりもしない（ヒトがやる似たこともしない）。さらに、人間の父親が子どもたちに与えようと努めるような、金持ちになる夢や世界に雄飛するなどの夢想を抱かせる助けもしない。したがってヒトとアカゲザル（そして他の動物も）との第一の重要な違いは、人間社会ではネポチズムはほとんどは男性の問題だということだ。人間社会では伝統的に、富と権力の大半を、常に男性が独占してきた。そのため男性の行動がかなり縁者びいきになりがちなことも驚くには当たらない。一方、家母長制社会は、哺乳類では珍しいことではない。例えばゾウの行動は、アカゲザルと非常に良く似ている。その点で人間は、家父長制家系が卓越することと父親のネポチズムが力を持っていることから見て、動物界では珍しいとも言える。イタリアの軍と学術界での私の個人的体験では、自分の子どもたちの利益になるように糸を引いていたのは、いつも父親であり、母親であったことは滅多にない。

アカゲザルとヒトのネポチズムのもう一つの大きな違いは、サルのネポチズムは生物学上の血縁者に限られるのに、ヒトではそうとは限らないことだ。これまで人間は、生物学上の家系の境界を拡張し、二つの面から非血縁者も含めてきた。すなわち婚姻と恩顧を通じて。誰もが同意するだろうが、結婚すると、我々は配偶者とその血縁者をまるで自分の遺伝子を共有する血縁者であるかのように遇する。人類史を通じて婚姻と妻の交換によって、男たちは他のムラや部族の男たちとも閨閥的な同盟を構築できた。アカゲザルの例がまさにそうであるように、人間の政治力も数にこそある。強い政治的野心を持った男と女にとって、拡大家族でさえ十分ではないのかもしれない。そこで、非血縁者が家族の中に招じ入れられ、親類縁者の地位が与えられるのに違いない。マフィアは、この現象に関して、好例を示してくれている。マフィア構成員は、自分の血縁者と強い絆を維持しているが、たくさんの仲間に目をかけてやることで自らのファミリーの構成員数と力を大きくさせる。ファミリーのボスは、仲間の子どもたちにゴッドファーザー（名付け親）としての役割を果たすことで、恩顧を与えて絆を固めるのだ。

どの人類社会も、よそ者に身内の地位を認めることでよそ者を取り込むという方策を発展させてきた。イタリアの学界では、バロンは適切なラコマンダチオーネを通じて自分の封建制の城の中に入りたい学生と研究者に恩顧を与える。見返りにバロンは、服従、忠誠心、そしてある場合には賄賂や性的奉仕をも期待するのだ。数年前、カメリーノ大学の六六歳の法学部教授エチオ・カピッツァーノが、長年、自分のオフィスの長いすで弟子の何人もの女子学生と性関係を持ち、しかも机の下に隠したビデオカメラでビデオを撮っていたことが明るみに出て、イタリアで全国的なニュースとなった。ビデオテープに写っていた女子学生たちは、いつも大成功のうちに彼の試験を通った。その教授は、若い愛人たちが他のバロンの授業を取らねばならない時には、彼女たちのためにバロンたちに好成績を付けるよう交渉さえした。カピッツァーノ教授が捕まった時、彼は女子学生たちとの性的関係はすべて合意の上だったと自己弁護した。新聞に載った写真から判断して、私は彼が特に魅力的だという感覚を受けなかった。だから女子学生たちは、「事業目的」で彼と性関係を持った公算が強い。つまり彼女たちは、性を提供して良い成績とラコマンダチオーネを交換したのだ。

マフィアのファミリーは、数世紀にわたって世界中の様々な国を支配してきた王朝と実態は全く変わらない。ベローは自著で、人類史の大部分は王朝ファミリーの興亡の歴史だと喝破している。彼は、人類は神の座にまで血縁者の地位を拡張さえしていることにも注目する。あらゆる原始宗教では、神々が信奉者たちに利得が得られるように遇するだろうと望んで、神と血縁関係を結ぶことが普通である。そしてこれらの宗教指導者は、同じ神の直接の子孫であると自分たちをみなすのが代表的だ。供物を供え、生け贄を捧げて、人々は神の恩寵を受ける関係を打ち立て、こうした贈り物を恩寵や精神的な支持で報いる義務があると感じさせるのである。

アカゲザルとヒトのネポチズムのもう一つの違いは、サルの方は自らの社会的地位を血縁者に移す――他の哺乳類の中には、巣や縄張りを自分の子どもたちに譲る種もいる――だけなのに対し、人間は自分の権力と特権だけでなく、財産、現金、知識、価値観をも子どもたちに移転することだ。したがって人間のネポチズムは文化的現象でもある。家族内での次の世代間への知識、規範、価値観の移転は、人類文化に大きく寄与するからである。しかし人間のネポチズムに伴う困難さは、血縁者が教育を授けられたり、援助されたりすることではなく、血縁者が**どのようにして**助けられるかということである。これが、アカゲザルと我々自身のネポチズムの最重要の違いの源泉だ。

自然界のすべての事柄と同様に、アカゲザルのネポチズムは――そしてすべての動物のネポチズムも――、良くも悪くもない。確かに、勝者も敗者もいる。アカゲザルの世界で、高順位のメスは勝者であり、低順位のメスは敗者である。アフリカのサバンナでガゼルを捕まえるライオンは勝者であり、ライオンの胃に納まるガゼルは敗者だ。けれどもライオンは悪い動物ではないし、カゼルを捕食することも悪い行為ではない。

人類も、これと同じように善悪に無関係に進化の旅を歩み始めた。その後、モーゼは人々に十戒を与え、神のお告げとして良いことと悪いこと、さらに正義と悪を教えた。あるいは多くの人々がテーブルを囲んで座り、人間社会で平和的に共存するための規則を決める社会契約にサインをしただけなのかもしれない。その契約にサインされたその日から、人間のネポチズムは動物のそれと違ったものになった。高順位のアカゲザルは、血縁関係のない低順位のサルを痛めつけるし、苦しめる。けれどもそうしている時も、彼らはルールは破らない。モーゼはサルたちに十戒は語らなかったし、サルも社会契約に署名はできない。あるいは、彼らにはそうできるだけの時間がまだなかったのだ。

少しだけ脱線することをお許しいただきたい。もし「無限の猿」定理が正しければ、十分な時間を与えられたアカゲザルは、自分たちの社会のための規範とルールを盛り込んだある種の社会契約を作り出したかもしれない。この定理は、タイプライターのキーボードのキーをいつまでも出任せに打ち続けるサルは、いつかはウィリアム・シェイクスピアの完全な作品を打ち出せるはずだということを述べている。しかしこの定理、さもなくば少なくともこの定理の単純化されたバージョンは、イギリスのペイントン動物園で行われた巧みな実験で誤りであることが証明された。動物園の飼育員が六匹のアカゲザルのケージの中に一カ月間、コンピューターのキーボードを置いてみたのである。定理に反してサルたちは、大部分がSという文字から成る五ページ分の文書しか作らなかった。その後、アルファオスが石でキーボードを強打し、他のサルも全員がそれに小便をかけ、排便してしまった。そんな風なので、サルには契約も規範も生まれないのである。

人々が一般の暮らしの中で露骨な縁者びいきを行うと、道徳的規範、社会的規則、法律を破ることにつながるのは、ほぼ避けようがない。誰もが規則に従って行動したとすれば、ネポチズムは役に立たなくなっていただろう。モラルを守ろうとする意思は強い――人により様々だが――が、血縁者のためになることをしようとする本能は、さらに強い。結局、規則はいつかは破られ、ネポチズムは不正、腐敗、その他多くの犯罪を伴うようになる。ローマ時代の人々は、規則に従って行動し、人を実績と能力に基づいてポストに就けるのではなく、自分たちの息子を不法に雇った。彼らはそうした存在を「私生児（nephews）」と呼んだ。ここからネポチズム、縁故採用（nepotism）という言葉が出来たのだ。そうすることで、彼らはより優れた有資格者を出し抜かねばならなかった。まさに、パオロ・リゾン教授が自分の息子にふさわしくない教授職を与えたのと同じように。ごまかされることがネポチズムの被害者になる結末だけだとすれば、事態はそれほど悪くはないだろう（ただしイタリアと旧ユーゴスラビアとの国境地帯にある陸軍基地に送られたり、相応の職を得られなかったりするのは、その人の人生を狂わすことにはなるが）。問題は、このペテン行為が人類史を通じてネポチズムと密接に結びつけられた犯罪のうち最も些細なものに過ぎないということだ。これまでに数百万人という人たちが、どんなことをしても自分たちの家系の者の持つ興味を満たしてやろうと決意した無慈悲な独裁者のネポチズム行動の結末として殺されてきたのだ。サダム・フセインの二人のどら息子であるウダイとクサイは、二〇〇三年にアメリカ軍との戦闘で銃撃されて死んだが、父親の残酷な支援と数百、数千人のイラク市民の流血がなければ、二人とも強大な権力と大きな富を得られなかっただろう。犯罪とも言えるネポチズムは、多くの人類社会で、特にアフリカ、アジア、南アメリカの独裁国では、依然として今もはびこっている。ベローによれば、ヨーロッパ人でもネポチズムに比較的肯定的で、寛容な見方をしているという。それに対してアメリカ社会とアメリカ人は、歴史的にネポチズムに対して抵抗感を示し、拒否反応を示してきたともいう。

アメリカは、世界で一番、実力主義的な社会を作り出すのに成功したように思われていたが、それと同じくらい、ネポチズムが以前よりずっと強力に再浮上してきている。二〇世紀が始まって以来、今日まで政界、実業界、音楽界と文学界で、我々は世襲の成功をずっと見てきた。これらの一族は、ヨーロッパのエリート層が採ってきたネポチズム戦略を用いて、次の世代に富と権力を委譲してきた。資本主義制度は、そうした一族の制約から個人の解放の大きな原動力になると考えられる。しかし一族の利害関係は、アメリカの経済社会の中で、依然として優位を占め続けている。実際、シカゴ大学ビジネススクールの経済学者で私の同僚であるルイジ・ジンガレスは、『*A Capitalism for the People: Recapturing the Lost Genius of American Prosperity*（人民のための資本主義：アメリカの成功の失われた才能の奪回）』と題した最新の著書で、公正な競争、機会の平等、実力主義に基づいているためにかつては世界でも並ぶもののない存在と考えられたアメリカ資本主義が、最近、徐々に変質しつつあり、縁故主義とネポチズムの支配するイタリアの資本主義と次第に似てきていると主張している。

実力を持つ一族は、自分たちの個人的生活でも自らの利害を守る。彼らが政界のエリートであろうが、実業界の有力者であろうが、あるいは知的世界の選ばれた者たちであろうが、上流階級の一員は、自分たち自身を隔離された地域コミュニティーで暮らし、自分の子どもたちを同じように排他的な学校に入れ、同じ階層の相手と結婚させ、他の人たちとは別のやり方で行動し、自分たちの富、力、特権を次の世代に受け渡す。ネポチズムがアメリカの学術界に忍び寄り、イタリアのバロン制のやり方と似たパターンになりつつあることを、私は個人的に証明できる。私は一九九二年にアメリカに移住したが、そこで初めて面接を受けた二つの大学職のうち、一つは同じ研究機関の有力教授の娘に提供され、もう一つは学部長の弟子の学部内候補の手に渡ったのだ。私の今在籍する研究機関であるシカゴ大学でも、一流の教授に指導される学生の多くは、図らずも別の一流教授の息子か娘である。実際、この章を執筆している時、私は同僚から次のeメールを受け取った。

ダリオ、
先週、ちょっと会ったね。今、私はこの学部の准教授で、貴方が現在、行っている研究に非常に感銘を受けた。
こうしてメールを書いている理由は、この夏の実習生に関心を持っているかどうかを尋ねたいから。私の息子がこの大学に在籍していて、私たちは貴方の研究について話し合っているところだ。そこでお願いだが、息子の履歴書を見てもらえないだろうか？ そのうえで夏の実務研修の採用の可能性を検討してもらえるとありがたい。息子がこの経験の場を得る支援を貴方がしていただけたら、大変ありがたく思うのだが。

イタリアのラコマンダチオーネのように思えないだろうか？ おそらくこれは、ラムの背肉やイタリアの何かのソーセージを私が入手するチャンスなのだろう。
以前に述べたように、生物学者たちは資源の利用可能性と競争の激しさを基に、動物種や社会にあるネポチズムの相対的強さや弱さを説明している。巨大な人口増に伴って起こっている資源の枯渇と経済危機というアメリカの最近の歴史で、社会的な競争は激化している。それでもなおアメリカは、機会均等の国だが、不平等な他人よりもずっと平等である人もいるのだ。現在、巨大な富と政治的な力が、一九四五年から一九六〇年にかけて生まれたベビーブーマーの手に集中している。そして彼らベビーブーマーが引退年齢に近づくと、その子どもたちが大挙して労働人口に流入している。ネポチズムのための完璧な仕組みのように思えないだろうか。老いつつあるベビーブーマーが、あらゆる手段を使って自分の富と力を意のままに子どもたちに委譲しようとしているのも驚くに値しない。

アメリカ社会がだんだん実力主義的でなくなり、反対にネポチズム的になりつつある現実に直面して、ベローはアメリカのネポチズムの愛国的防衛へと乗り出している。彼が我々に説明するところによれば、現代アメリカのネポチズムは、温和しくて高貴な種類の風変わりな動物だという。アカゲザルや世界中の独裁者、ヨーロッパ人たちが演じているネポチズムのようなものとは全く違うともいう。したがってベローは、アメリカでネポチズムが再興するのではないかという我々のどんな懸念も根拠がないと再確認する。彼はまた、悪いネポチズムは基本的には無害である一方、良いネポチズムは資本主義経済の発展を促し、保守的なモラルと家族の価値を高めるのに建設的な役割を果たしている、とも語るのである。

善、悪、そして醜悪

昔からネポチズムはトップダウン現象——例えば親が自分の子どもたちを助けるために尽力すること——だと見られているが、新しいアメリカのネポチズムはボトムアップ的な重要な要素も備えている。それは、子どもたちは親の歩んだ足跡をたどることを選び、それにより親の職業、富、政治的な力を受け継ぐという結果であり、決して親がルールを曲げて子どもたちに職業を得させるのではないということでもある。家名と親の富と影響力を活用する子どもたちのご都合主義は、上流階級に限られるわけではなく、コネを持つ者なら誰でも実践することだ。しかしネポチズムのボトムアップ的な一面については、新しい物は何もない。実際、ネポチズムのトップダウン的要素とボトムアップ的要素は、いつでもワンセットで密接に関連し合っているのだ。子どもたちが自分がネポチズムの世に生きていると気がつき、自分のためにネポチズムが役に立つことを学び、親が金、力、影響力を持っていると自覚するようになると、使えるものなら利益の得られるどんな機会もうまく利用しようと積極的に動こうとする。ネポチズムの受益者たちは、決して受け身の見物人ではないのだ。同じことは、サルの社会にもあてはまる。高順位のメスを母とする若いアカゲザルは、他のサルにひっきりなしに喧嘩を売り、その結果、助けを求めて悲鳴をあげ、積極的に母親の介入をせがむのだ。

ベビーブーマーの間でビジネスや富、影響力を自らの子どもたちに継がせることによって王朝的な系統を作ることの関心が復活しており、それは古い時代のネポチズムの表れへの逆戻りを伴っていることも、ベローは認める。彼は、次の例を挙げる。ある日、リチャード・ウィリアムズは、二人の娘——名前はヴィーナスとセリーナといった——を女子テニスのチャンピオンに育てるつもりであることを妻に告白した。それから彼は、二人の娘が手にラケットを握れる頃になるとすぐにテニスを教え始め、その後もずっとレッスンを続け、ついに二人は全米オープンで優勝した。ベローはこう言う。「父親としてウィリアムズは、古代のネポチズムへの先祖返りとしか呼べないことを示している。ウィリアムズの例は、子どもたちに関係することなら、やれることを人は何でもするという縁故主義の事実を示す証拠だ」。よろしい、これが古いネポチズムの復活を表す良い例だとすれば、我々は悩むことは何一つなかった。

テニスの仕方を自分の子に教えることは、ネポチズムでも何でもない。そのうえ一般に、自分の技能、ビジネス、資産を子どもに引き継がせる親については、何ら問題はない。ネポチズムは血縁者や弟子などに手助けする過程で個人がルールを破る時に起こるのだ。そして自分の子どもの人生に影響力を振おうとする親が増えれば増えるほど、彼らがルールを破る機会は大きくなる。老いつつあるベビーブーマーは、自分たちの親がかつて自分たちにやったよりもはるかに広く深く、子どもの人生に関与を強めつつある。そしてもちろん、この現象はネポチズムの復活に伴って起こっているのだ。ただし寛大で優しいところは――またその件にとって新しいことも――全くない。それは、年取った意地悪の獣と同じだ。公平に言えば、ネポチズムは上流階級の人たちだけでなく、今や下層階級の人たちによっても次第に実践されるようになっている。だがそれでもネポチズムは、富裕で有力な者たちが悪用すると、社会にとって大いに有害となる。下層階級の人たちは、ルールを曲げるための力を持っていない。そしてまた彼らが縁故主義的に振る舞っても、その行動は、社会にとって大した害をなさない。

血縁者をある職務に雇うというだけでなく、その職務によりふさわしい候補者をさしおいてひどい無能者を入職させるのを意味することと、ネポチズムを非常に狭く定義することは可能だ。ここでベローは、悪いネポチズムと良いネポチズムとの間の重要な違いを紹介する。無能な血縁者を職務に雇うというような悪いネポチズムは、その結果として期待外れになることが多いが、その職務に直接関係する人たち以外の人を傷つけないので、比較的に小さな罪悪だ。それに対して有能な血縁者を支援することを伴う良いネポチズムは、ほぼ間違いなく誰にも利益をもたらす。

そこでベローの結論は、以下のとおりだ。「歴史が示すように、ネポチズムそれ自体は良くもないし悪くもない。それがどのように行われているかが問題なのだ」。我々は、ネポチズムを排斥したり罰したりすべきではない。むしろそれを建設的な方向で生かし、それは能力であると認めるべきだ。それどころか我々の社会でネポチズムに前向きで有益な力を与えてきた慣習的な規則を守るべきである。こうした隠れた規則を順守する人たちは、見返りを与えられ、賞揚される。そしてそうでない人たちは、罰せられる。そして――どうぞ、太鼓を叩いて――以下は、そうした人の行動規範である。

まず第一に、**パトロンを困惑させるな。**庇護を受ける者の活動と振る舞いがパトロンに跳ね返るので、ネポチズムによる援助は受けても、パトロンに格好悪い思いをさせるな。第二に、**自分自身を困惑させるな。**もしあなたが他の誰かの犠牲で縁者びいきによる助けを受ける受益者であるなら、出し抜かれた犠牲者の恨みを弱めるべく切磋琢磨せよ。可能なら、慰謝の賞をその者に与えるべきだ。第三に、**ネポチズムを受け渡せ。**もしあなたが親から縁者びいきによる助けを得た受益者なら、自分の子どもたちに示すネポチズムという形で感謝の念を親に表せ。（もちろん家族内に援助を留めている限りはだが）あなたがその次に他の者にその援助を与えるのに寛大になるなら、惜しみない縁者びいきの助けを受けることは大いにかまわない。

マフィアのファミリー価値

このことが現実とは異なるという再確認がもたらされているにもかかわらず、ベローはネポチズムというテーマを家族の価値になぞらえる。彼が説くのは、我々は縁者びいきであることに道徳上の義務感を有しているということだ。つまり我々が家族を最優先することができなければ、人間社会の仕組みその物を壊してしまうかもしれないというのだ。したがって我々は核家族のつながりを強化し、人々に血縁者を助けるように勇気づけ、友人・仲間への引き立てを通して拡大親族関係を作り出すよう促すべきだという。血縁者を要職に雇うことは客観的に見れば差別的かもしれないが、人はいずれにしてもそうするのだから、我々は自分の血縁者の中でも最も優秀で能力の秀でた者を雇うことを確認してもいっこうに差し支えない、とベローは結論付けている。

「ネポチズムが血縁者を支援するだけなら、そのことに全く問題はないのは明らかだし、マフィアで具現されているネポチズムの価値感ですら長所があり正当性があるだろう」と、ベローは論じる。そして彼は、シリーズ物のテレビドラマ『ソプラノ家』の挿話を例に挙げる。そのドラマで、トニー・ソプラノの妻のカルメラは、全力を尽くして娘をブラウン大学に入れようとする。そしてカルメラは、次のように言い放つ。「今やみんなコネなのさ。それはお前も知ってる人さ。規則がみんなに適用されないならさ、どうしてそんな規則に従うんだ?」。そう、我々がカルメラ・ソプラノとアダム・ベローの見方に与するなら、つまるところ我々はみんなマフィアの一員なんだと断定するのが公正なところなのかもしれない。

第四章　梯子を登って

独りでやれ！

実の親や義理の親——我々がコネを持つバロンとか軍の将官や政治家など——からの縁故によるラコマンダチオーネは、我々のキャリアを高め、良好で安楽な生活を保障してくれる一つの手段だ。だが時には、縁者びいきからの援助が期待できないこともある。我々大多数にとって、生涯のうちに家族から離れて、自分に援助してくれるコネのない新しいグループに加わらねばならない時が必ず訪れる。この新しいグループに既にはっきりした権力構造があり、安定した優位・劣位関係の階梯の築かれていることもある。新しい環境で成功するには、この階梯をうまく登れる能力があるかないかによるし、自分自身以外、頼れるのは誰もいないのだ。

成体になる寸前のオスのアカゲザルは、まさにこの状況に直面する。オスのアカゲザルは思春期に達すると自分の家族の居る群れ——その群れには自分の遊び友だち、母親、妹、それ以外の母系の血縁個体が居る——から離れ、新しい、全く見ず知らずの群れに加わるのだ。自分が生まれた群れで繁殖という履歴を作れないことを知った若いオスのアカゲザルのように、大学卒業後に私も、家族、支え合うネットワーク、そして祖国を離れ、アメリカにやって来た。アカゲザルでもヒトでも、そうした移住は、決して繁殖歴や職歴の始まりだけに限られない。アカゲザルもヒトも、その後の生涯で、より良い繁殖機会と就職機会を求めて、「第二の」移住だって行う。けれどもこの第二の移住で出くわすいろいろな問題は、一般に最初に動いた時のそれとほとんど変わらない。

あなたがアカゲザルであれヒトであれ、おそらくは生涯に幾度か、新しいグループに移る経験をすることがあるだろう。そしてあなたは、誰も新参者のために赤い絨毯を敷き延べてくれないことも知るのだ。新しい職場に入った人は――それは、その人物がその組織の誰かに望まれ、歓迎されているということだ――たいていは雇われの身分だけれども、一般に変化に抵抗を示す既成の権力構造とそこで競わねばならない。第二章で述べたように、人間が働く職場は、それが巨大企業であれ、軍組織であれ、劇団であれ、学校や大学であれ、サルの群れと同じように優位・劣位の階層構造を持つ。その梯子を登ろうと懸命に働いてきた人は、最上段の行き着くところまで今や達している人であろうと、最下段からやっと一段登っただけの人であろうと、喜んで新参者のために身を引いたり、席を空けたりしてはくれない。アカゲザル社会でもヒトの社会でも、新参者は競争相手とみなされるのだ。したがってそのグループへ彼なり彼女なりが入っていくことは、冷遇、抵抗、あからさまな排斥に遭う可能性が高い。その時、新参者は見知らぬ個体との関係を培い、世話の交換やその他の手段を通して彼らの支持を得ようと努めねばならない。周囲に助けてくれる血縁者がいない場合、成功するかどうかはネポチズムではなく、政治力次第だ。だがヒトとアカゲザルでは、政治ゲームを演じる点でいくつか違いがあり、したがって梯子をよじ登っていく点でも違いがある。

本章で私は、人間でもオスのアカゲザルでも使われている梯子を登っていくための三種の戦略を探っていきたい。どの戦略も、物語で説明する。三人の話をすることから、始めよう。ジナ、マリオ、サラという名の架空の人物についての話だ。その後で、それぞれに対応した三匹のアカゲザルの話をする。ビリー、ランボー、マックスという名のオスのアカゲザルに関しての話だ。

これまで霊長類学者たちは、梯子を登るためのこれら様々な戦略がなぜ存在するか、そしてどんな環境ならそれぞれのうちどれが最も有効なのかを説明する理論的モデルを発展させてきた。彼らはまた、どんな時に他の個体との政治的同盟を形成するのに適応的利点があるのか、どんな種類の同盟が、どんな環境で、なぜ最も有利なのかも説明するモデルも構築してきた。既に見たようにこうしたモデルは、進化生物学から得られた原理を経済的なコスト・利得（ベネフィット）分析と結びつけて求められている。ヒトとサルが政治というゲームを演じる方法は、正確には同じではないが、人間の物語とサルの物語との間には、サルの行動を説明する理論は我々人間の行動も説明できると読者を信じさせるだけの類似性があるだろう。

人間の物語

善良な市民

マイクロソフト社のシステム分析者として勤め始めた最初の数年間、二七歳のジナは懸命に働き、ひたすら控えめな態度をとるように努めた。オフィスの廊下で仕事仲間と偶然出会った時はいつでも、笑顔を浮かべ、他愛のない話を交わしたものだ。彼女は、所属する部で行われる仕事上の会議の間、部屋の後ろの方に物静かに座り、議論のテーマに関して質問をしたり、進んで意見を述べたりはしなかった。同僚が反応を求めて彼女に話を振ると、いつも微笑を浮かべ、肯いたものだ。多数の仲間が支持した提案に直接、賛同を求められれば、彼女は即座に提案に賛成した。グループが二分された議論のあるテーマで意見を求められると、自分はこの会社ではまだ新米だし、議論の的になっている問題について意見を述べられるほどは知らないからと言って、彼女はそれについての立場をはっきりさせることを慎重に避けた。彼女は決して会議をすっぽかさなかったし、部の勤務時間後のイベントにはいつも顔を出していた。

ジナはよくボスの部屋に呼ばれ、特別の任務を与えられた。このようにジナの守備範囲の一部である通常の任務に加え、自分の職責以外の部のための余分な仕事も引き受けた。仕事の会議で、ボスが誰か特別な仕事を引き受ける気があるか、あるいはそれでちょっとしんどい時間を過ごしてくれるかどうかをよく尋ねたが、そんな時は誰もが今は忙しすぎるからとか、新しい職務を引き受けるには専門知識も資質もないからとか言い訳をして回避した。ところがジナは、言い訳もせず、進んで新しい仕事を志願した。そのうえ、ジナに余分な仕事を振っていたのはボスだけではなかった。他のジナの年上の同僚も、あれこれと彼女の助けを求めて、自分の好かない仕事を押しつけたのだ。もちろんジナは、「ノー」とは言えなかった。ただジナが、余分な仕事を頼まれるただ一人の従業員というわけではなかった。こうしたことは、この会社にまだ一、二年ほどしかいない他の若手にも起こったことだ。ジナのように、若手の同僚は余分な仕事から巧みに逃げることはできなかったが、違うのは余分な仕事を引き受ける時に彼らはジナのようには快い態度を示さなかったことだ。そして時には、大声で不平をならしたこともあった。彼らはしばしば会議をすっぽかしたり、勤務時間後のパーティーを欠席したりした。こうした機会に余分な仕事を与えられそうになるのを避けるためだけでなく、自分たちのボスと年上の同僚の側の「職業上の虐待」と彼らがみなすことに対する静かな抵抗姿勢を示すためであった。もちろんこうしたことは、ジナ——彼女は決して会議を欠席しなかった——に余分な仕事の大半が回されることを意味した。

うわべは微笑と満足感で取り繕ってはいたが、ジナは自分が余計な仕事を強制されることにひどく憤慨していた。年上の同僚からいろいろな要求が降りかかってきたけれども、会議に現れないことによってこうした要求の一部を回避している年下の同僚に対するほどには、ジナは彼らには腹を立てなかった。ジナと年若の同僚とは基本的には同じ舟に乗っているので、ジナと彼らの間では友好的で協力的な関係を築くことで利益を受けられる立場なのだが、自分と同じように大した力のない者同士で同盟を築いてもキャリアを伸ばせるとは考えていなかった。彼女は、仕事上の立場を改善できる最高の――もしくは唯一の――チャンスは、権力のヒエラルキーの頂点にいる人の支援と寛大さからもたらされると決めていたのだ。ジナは、自分の上司に気に入られ、上司の依頼にいつも応じることによって、最後には自分は上司から報われるだろうという予測に期待をかけていた。ただそのジナも、ボスから思いがけなくも大きな昇進・昇格とか大幅な昇給の申し出が自分にある見込みがほとんどないことは知っていた。だがそれでも良き市民であり、控えめに振る舞い続ければ、職階で遅いだろうけれども着実な昇進の栄に浴するチャンスはあると考えていた。この戦略を実践しているうえで、おおらかな人柄で、抑制的で激情に乏しい気性を持つことがジナを助けた。この新しい職場でそれを進めていけば、長い時間がかかるだろうとは彼女も分かっていた。それでも彼女は、事を荒立てることもなく喜んで待とうとしていたのだ。

わんぱく若僧

マリオは、博士号を得たばかりで、博士課程修了後の二年任期研究職をアリゾナ大学で得た二六歳の若手生物学者である。マリオの入ったのは、この分野では世界的な名声を持つ権威のマイケル・レヴィン教授が率いる研究グループだった。マリオは、大学院生としては一年の時からずっと全優で通し、学界で成功を収められるという自分の可能性について心中で疑ったことがなかった。大学院にいた間、彼はたくさんの研究を行い、批判的に考える能力を磨き、興味深い研究課題を面白くもない課題と識別し、また良い科学を悪い科学とを見分け、本当に優れた科学者と紛い物とを判別する能力も発展させた――もしくは自分はそうできたと考えた。マリオはついこの間、博士号を得たばかりだったのに、多数の論文を発表し、一流の科学者の集う会議で研究成果を発表するように招待されたことで、既に一部の研究者たちからは独立した科学者と認知されていた。

最初は小学校で、その後は大学で二〇年間、ずっと好成績を得てきたので、マリオは鼻持ちならない自信家となっていた。自分のアイデアの真価と研究の質の高さへの信念のために、マリオは自分以外の見解を尊重しないという態度をとり、それとともにとてつもない傲慢さもつちかった。彼は、極端なほどの執念と粘り強さで目標を追究するかなり激情的でやる気満々の若者であった。だから彼が社交術の乏しい自己陶酔型の人物であったとしても、驚くには当たらないだろう。彼は他人の感情を読むこと、そして相手の感情を傷つけずに討議をするということに呆れるほどに下手だったのだ。驚くほど負けず嫌いで、野心的な――一般に身体内のテストステロン濃度が高く、脳内セロトニン濃度の低いことに伴う性質である――マリオは、またひどく直上的でもあった。こうした人物は他人と、少なくとも学問的問題では、直接の対立に入り込むことを躊躇わないのだ。

マリオがレヴィン博士の研究グループに加わった時、自分の新しいボスがやってきた前の研究に精通していた。けれども彼は、ボスについて完全な専門的立場からの見解をまだ形成していなかったし、レヴィン博士のことを個人的に何も知らなかった。レヴィン博士の研究グループに加わったばかりの数週間のうちでも、マリオは自分の研究に集中し、成果を挙げることに熱中し、研究グループのメンバーと社交的に付き合う努力は一切しなかった。彼は、非社交的で、お高くとまっており、社会性に欠けているという印象を仲間に与えた。研究を始めると、いつもワンマンショーになり、他の研究者や学生と共同研究を組もうとも努めなかった。マリオは彼らの一部が行ってきた研究をよく知っていたし、敬服もしていたけれど、彼らとコミュニケーションがとれないことと自分がその研究を評価していることを同僚に知らせることができなかったため、マリオは自分たちを見下していると思われるようになった。同僚たちはマリオが他人とは関わろうとしないことを傲慢さの表れとみなした。その結果、彼は研究グループの誰からも嫌われ、誰の助けも得られなかった。社交性に欠けているので、マリオにとってこのことは全く不都合ではなかった。彼は研究グループの中に「友だち」を探そうとした時、誰かが自分を好いていてくれるのかそうではないのかさえ、しばしば分からなかったし、それ以外の時は、誰もが自分を好かず、関心も払っていないことを知るのだ。そのうえさらに、学校に進んで後に研究生活に入ると、自分が研究者として成功できるかどうかは、全面的に自分自身に、つまり自分の技量、熱意、そして研究の質の高さによるのだ、とマリオは固く信じるようになった。人脈作りや友情を育むなど、自分の職務経歴を高めていくことに何の関係もないと考えていた。名声と政治力だけで権威を備えた偉い研究者にほとんど敬意の念を持たなかったし、自分に対して権威をかさに着たように振る舞うことにも我慢できなかった。研究者活動で権威はアイデアによる論争から得られるはずであり、誰もそれに異議を申し立てることはできない、またすべきでもない、と考えていたのだ。

そこで、レヴィン博士の研究グループに入って研究を始めた事実上その日から、マリオはグループのディスカッションで、レヴィン博士の論文と自分の論文の長所と弱点を引用しながら、自分のボスにいつ終わるともしれない異論を唱え始めた。彼はレヴィン博士を自分と同じ学問レベルに置いて、自分のアイデアと研究成果の長所と質の高さをレヴィン博士のそれと直接に比較評価した。言うまでもないことだが、レヴィン博士は、この非礼極まりないご高説を苦虫をかみつぶすようにして聞いていた。レヴィン博士は、この若者は少しは聡明だし、知識も豊富だが、独善的に過ぎ、過去の経験と業績の乏しさからも自信過剰だと考えた。レヴィン博士は、マリオとのディスカッションを時には面白いと感じることもあったが、大半の時間は苛立っていた。自分のような年上の研究者がこの傲慢な若僧から受けるに値する尊敬を今後も得られないとみなし、レヴィン博士は知的刺激を受けることにさえ関心を失った。

最初の数回のディスカッションの後、マリオは自分のアイデアと研究がレヴィン博士のものより素晴らしくとまでは言えなくとも、同じくらいは優れていると考えるようになった。そのうえ彼は、自分は薄給の若い研究者にすぎないのに、自分のボスは高い報酬をもらい、過大に尊敬されている教授だという不当で尖った感覚をつのらせた。ある日、特に過熱化した論争の最中、マリオはとうとうレヴィン博士に、貴方の思考と研究にはひどい欠陥があると公然と言い放った。彼はまたボスであるレヴィン博士に、自分なら貴方がやっているよりはるかにうまく研究室の運営業務ができると思っているとも言ってのけた。

それで、大騒ぎになった。レヴィン博士は、マリオを怒鳴りつけ、すぐに荷物をまとめて他の仕事を探しに行け、と宣言した。マリオは言い返し、レヴィン博士を無能者と決めつけた。しかしこの言葉が彼の口を突いて出ると、突然、彼は権威者に怖じ気づき、自分の未来に恐れを抱いた。その結果、マリオはレヴィン博士に謝罪した。その後で彼は、尻尾を巻いて部屋を出て行き、研究グループから去った。すぐに学部内の誰にも、何が起こったかが伝わった。そしてあたかもその激論が秘密裏に録音されていたかのように、論争中に交わされた具体的な言葉が細大漏らさず一言半句に至るまで口から口へと伝えられた。レヴィン博士のグループに属する一部の研究者の中には、自分たちのリーダーのアイデアと研究成果の質についてのマリオの懸念を共有する者もいたが、向こう見ずの若い無法者が出て行くのを見ることの方が愉快だったから、みんなボスの側についた。

　レヴィン博士の研究グループから追い出された後、マリオは自宅で研究し、別の研究職を見つけるまで長い時間を要した。マリオは自分の教訓を学び、将来の行動を再考することを誓ったのだろうか。全く、そうではなかった。けれども彼は、レヴィン研究室への自分のアプローチが良く考え抜いたものではなかったことは認めざるをえなかった。人生の後半に研究者として、より高い地位を求める闘いをしていると気づいていたとしたら、おそらくは彼の歩んだ道はうまくいっただろう。だがまだ自分のキャリアのほんの入口では、彼は辛抱強くあらねばならなかったのだ。

策略に長けた戦略家

ジナがマイクロソフト社に入って一年後に、中程度に経験を積んだ営業主任だったサラは、サンシステムズ社からマイクロソフトに転職してきた。サラは、ジナの部屋から二部屋離れた所にオフィスを与えられた。そこでジナは、新しい同僚――彼女はなかなかの野心家であり、これまでも実績を積んでいたという評判だった――が新職場の環境でどのように振る舞うかを観察する機会を得た。

　サラがマイクロソフトで働き始める一週間前、ジナの部の全員がサラからのｅメールを受け取った。メールでサラは簡単な自己紹介をし、自分の略歴と趣味を書き、マイクロソフトで働けること、特にジナの部に加われることに自分がどんなに興奮しているかを述べていた。また誰に対するメールにも、バックという名の年取ったシェパードを飼っていることも触れられていた。彼女のそのメールでは、自分はバックととても仲良しであり、一週間後の同僚の中にイヌへの愛情を共有し、一緒にイヌと散歩できる人がいることを期待すると述べられていた。どのメールにも、一行か二行の受取人に宛てた個人的な話題も添えられていた。例えばサラはジナに、私たちはヨガに共通の関心を持っているので、入社したらすぐに一緒にランチに行き、そこでヨガについて語れれば嬉しい、と述べた。新しい仕事を始めた数日後に、サラは自分に身近な同僚を一人ずつ、ランチに連れ出した。その中には社内序列が一番下の社員であるジナも含まれていた。ランチの間、サラは相手の言うことを細大漏らさず聞いていた。そして彼女は、新しい同僚と共通点を持つ仕事上の関心を詳しく述べ、二人とも仕事上の利益を得られそうな共同プロジェクトを追求する機会について論じ合った。

だが実際にはサラは、自分の新しい同僚の誰とも共有する――個人的にも仕事上でも――趣味・関心はなかった。確かに彼女は、バックという名の老犬を飼っていたが、毎日、プロのペットシッターに有料で散歩に連れ出してもらっており、遠くに旅行する間は、何日間も――時には数週間もペットホテルにバックを預けっ放しにしておくことに平気だった。しかもそれは、しょっちゅうだった。サラの目論見から、こうしたランチでの会話の本当の目的は、二つあった。一つは、誰にも良い第一印象を与えたいということだった。彼女は前の職場での体験から、誰からも好かれるとすれば、第一印象がいかに重要か、そして職場でどんなことをすればうまく運ぶかを学んでいたのだ。例えば人は誰でも、親切にされることを殊の外、喜ぶものなのだ。サラはまた自尊心が高かった。誰からも好かれるのが、彼女の望むことだった。誰であれ、だ。

ランチ会話の二つ目の、そしてさらに重要だった目的は、自分の新しい職場とそこで働く人たちについての情報収集だった。彼女は、誰がどれほどの能力と影響力を持っているかをすぐに見分けたいと考えていたし、権力の力学と主要プレーヤー、末端の役柄の人を見抜きたいと思っていたのだ。つまり誰が勝者か敗者か、誰がこれから上昇していく者か下積みに留まる者か、誰が友だちになり誰が敵になりそうか、ということだ。また彼女は、同僚たちの人柄とこれまでの履歴、個人的な強さと弱さ、仕事の上の長所と弱点についても知りたいと願っていた。そうすれば会社の人間をうまく利用できるし、その必要が起こったりしたら、将来、彼らからの攻撃をかわせるだろうというわけだ。彼女の戦略によるこの情報収集段階の間、飲み会であろうと夕食会であろうと、社内の仕事上のグループからのものであろうと、サラは同僚から受けるすべての招待を受諾した。彼女は、ただ自分がどれほど素敵な女性であり、良きチームプレーヤーであるかを示したかったし、同時に戦略の第二段階を準備するために必要な情報のすべてを得たいと狙っていたのだ。

サラは前に勤めていた会社を次々と転職し、戦略的なキャリア向上のためにこの情報収集段階がどれほど重要であるかを知ったのだ。彼女の目標は、マイクロソフトの高い地位の幹部になることだったが、ジナと違って、ひとりでにいずれそうなることをただ待っているつもりはなかった。サラは、自分の主導権で、自分の思うがままに物事を動かしたいと考えていたのだ。サラはかなり自己中心的だったし、他の者には冷たかったが、職場で敵を作るのはいつも拙いことだとは学んでいた。ある日、誰が必要となるかも分からないし、自分の周りの誰からも愛情と支えを得ているのはいつだっていいことだ。周囲からあまり重要視されていない人であっても、だ。経験からサラは、低い地位の同僚が悪意のある噂を広げて自分の好かない人の経歴に多くの痛手を与えることもあることを学んでいた。そしてサラが最初に行ったわずかな投資でも、みんなから愛情を得られることを知っている人間も誰かいるのだ。サラはすぐにでもトップに昇進したかったし、彼女の人柄とスキルから考え、この可能性は政治を通じて達成するのがベストであるかもしれなかった。つまり同盟構築と社会的な操作である。

約一カ月後、サラは同僚全員とランチを共にし、社交的に付き合っていた。同僚たちは、サラがなんと素敵で仕事のできる女性であるかをすでに彼らの間で噂し合っていた。彼女はこの部と会社にとって何と大きな補強であることか！　自分たちの部の部長がサラのような人でありさえすれば、と彼らは溜息をついた。

この時点でサラは、自分の戦略を次の第二段階へと切り替えた。彼女は、部の枢要な人物二、三人――サラが速やかに上層部に昇進していくのに必要な支援をしてくれる人物――を見極めると、自分の努力を彼らに集中して注ぎ始めた。サラは、前のように丁寧な笑顔は絶やさなかったが、ジナのような同僚など自分の役に立ちそうもない他の部員にはすぐに興味を失った。また以前は様々な社交上、仕事上の会合やイベントに取り組んでいた関与のすべてから、彼女は目立たないように身を引いた。それらは貴重な時間の浪費以外の何物でもなかったのだ。

サラは、自分の使えるあらゆる手段を使って、積極的に最も権力を持つ上級管理職との同盟を追求した。例えば上級管理職に仕事上の便宜を供与することに始まり、社交的な付き合いをしたり、自分に関心を寄せていると思われた男には少しばかりモーションをかけたりということにまで及んだ。こうした管理職は、自分の部の部長にも様々な関心を持っていることを知った。サラは、以前在籍した会社で耳にした部長についての良くない噂を話すことによって、彼らの関心をくすぐった。部の他の社員たちは、サラの行動の変化に気がついていないようだった。彼女はずっと良い第一印象を植え付け続けていたし、明らかに誰一人として彼女のランチの誘いがこれからも続くだろうとは期待していなかった。サラは自分の新しい仕事でいっそう忙しくなったので、彼女が前にやっていた若手との社交に関与することから身を引くだろうと理解できたからだ。またほどなく誰もがバックというイヌのことを忘れ、イヌを通じた交わりが必要とされることも放念した。権力を求める攻勢の途中、彼女はジナや他の低い身分の社員を傷つける決定に実際に関与したが、ジナも他の社員もそのことに気がつかなかったし、信じたいとも思わなかった。

とうとうサラの政治的戦略は、効果を生んだ。彼女がマイクロソフトに入社して一年足らずで、部長が、今の地位で仕事を続けられる能力があるかどうかに疑いを差し挟むことにつながるスキャンダルに巻き込まれた。その部の多くの部員は彼を支持したが、彼女の親密な同盟者たちには部長はその職務にふさわしくなく、地位を去らねばならないと確信させることに成功した。会議でサラと同盟者たちは一致して部長の攻撃に乗り出し、とうとう強引に彼に部長ポストから降り、会社を退職することを認めさせた。後任の候補者の名前が論議された時、当然のようにサラの名前が真っ先に挙がった。そして彼女は直ちに部長職を提示された。彼女は慎ましげに部長の指名を受諾した。それにはたくさんの新しい決定権限とそれまでの三倍の給与がついてきた。この時に至り、サラは自分の戦略の第三段階に乗り出した。すなわちマイクロソフト社のＣＥＯのスティーヴ・バルマー［訳注　二〇一四年二月に退任］と彼の欠点についての噂を広め始めたのである。

サルの物語

控えめな移入者

ビリーは、プエルトリコ沖に浮かぶ小島であるカヨ・サンチャゴ島に暮らす四歳のオスのアカゲザルであった。この島のサルの個体数は約一〇〇〇匹にものぼり、彼らは六つの群れに分かれて暮らしている。サルたちは線形の順位制で順位付けられている。すなわちほぼ三〇〇匹を擁する最大の群れであるアルファ群れが最高位の群れである。その一方、わずか三八匹しかいないオメガ群れが最低位に位置する。小さな群れは、できるだけ高順位の群れの邪魔にならない場所に居ようと努めているが、時には大きな群れとの遭遇も起こる。群れ同士の遭遇は、時には激しい争いに発展することがあるが、若いオスに他の群れの魅力的なメスを物色する機会ももたらし、これらの群れの中から数年前に群れを出て行った血縁者を見つけ、若オスたちが群れを離れる時に入って行ける群れについて、若オスたちに出る決断を下す助けとなる情報を集めることもできるのだ。

ビリーは、順位が五番目の群れに属していた。そしてこの低順位の群れの中で、ビリーは群れの中の順位制では最下層になる母系に生まれた。四回目の誕生日が近づくと、事態は悪化しつつあるように思われた。彼の母親は、彼に一切、関わろうとしなくなり、いつも彼を避けるようになった。ビリーの姉妹たちも、彼を無視するようになった。姉妹たちは、自分たちの母親と叔母、従姉妹のそばでうろちょろし、群れのアカンボウと遊ぶのに忙しかった。ビリーには二匹の兄がいたが、両方とも二年より前に群れを出て行ってしまった。ビリーは一度だけオメガ群れと束の間の遭遇の際に兄たちを見かけたが、それ以来、兄たちに会うことはなかった。

ビリーは、思春期に近づきつつあった。血管の中でテストステロンが煮えたぎり、それで頭をボーッとなっていたので、どうしてもメスをいつも熱っぽく凝視するのが避けられなかった。ある時、自分の群れの中で最上位の順位の母系に生まれた魅力的な若いメスにちょっかいを出すという破滅的なことをしでかした。ビリーがそのメスに歩いて近づき、かつて成体オスがそうやっていたのを見た真似をして舌鼓を打った（発情期のアカゲザルのメスに舌鼓を打つのは、人間のセックスの前戯に相当する）。その時、そのメスは笑い転げ、次いでそのメスの血縁のオス、すなわち群れのアルファオスと数匹のその仲間から何時間も島中を追い回される結果になった。ビリーにとって、これは群れを出て行く時が来たという合図だった。彼は群れを後にし、どこかほかの場所で運命を切り開かねばならなかったのだ。

数週間、単独で行動した後、ビリーはオメガ群れの後を付いていくようになった。そこには、今も自分の兄たちがいると考えたのだ。群れの周辺にビリーがいることは、オメガ群れのサルたちにさほど注目されなかった。ただ彼が群れのメンバーに近寄ろうとする度に群れのアルファオスと何匹かのその仲間がビリーを威嚇し、いつもビリーは追い払われた。ほとんどの成体メスは、彼が前に居た群れのメスがやっていたように、ビリーを嘲笑った。前よりもここでの状況が良くなるようにも思えなかった。だがビリーにとって、この群れに兄たちが居るのは幸いだった。何かの機会に兄たちがビリーに近づき、しばらくの間、ビリーの毛繕いを行ったことがあった。それが、彼を心地よくさせた。さらにオメガ群れにいるまだ成熟しきっていない一匹のメスが、ビリーに興味を抱いたようだった。そのうえそのメスは何回か、自分の尻尾を立て、自分の鮮やかに赤い尻をビリーの目の前にちらつかせさえした。

この間ずっと、ビリーはオメガ群れの全員に対し、服従的態度をとり続けた。半径一マイルの円内の誰に対しても、右に左に「恐れの歯を剥き出す表情」を示し続けた。誰かが彼に近づくと、すぐに後ずさりして、身をかがめたり、藪の背後に隠れたりした。こうした忍従の時が数週間も続き、ついにオメガ群れのサルたちはみんながみんなビリーを威嚇することに飽きてしまった。群れが休息して餌を採っている間、ビリーが周りでうろついても気にしなくなった。そして群れが島の中を移動する時は、いつも群れの後ろに居るようにしていたけれども、ビリーも群れに付いていった。

ビリーは、オメガ群れの誰に対しても恐れを抱いていた。アカンボウに対しても。アカンボウでも、母親の用心深い視線がビリーを監視していることがあるのだ。ビリーが順位制の最底辺にいることは、どのサルの心中でも疑問の余地のない現実だった。既に彼は、群れの中に受け入れられていたが、順位制の梯子で一番下の段に居るにすぎなかった。事態は、新しい若オスが群れに入ってくるまで、一年間ずっとそんな状態で留まっていた。新規参入のその若オスは、ビリーが最初そうであったように、怯え、かつうろたえているようだった。この時にやっと、ビリーは最下層のオスの位置から脱したのだ。次の四年間のうちに、二匹のアルファオスが群れを追い出されるか死ぬかして、代わってその二匹のすぐ下の順位のオスが繰り上がった。その一方で、別の中間順位のオスと低順位のオスが、謎の理由で群れから消えた。（その理由はサルたちには謎だったろうが、我々には分かっている。彼ら消えたサルは、人間に捕まえられ、研究所のラボに売られたのだ。）群れに入って六年後には、オメガ群れでのビリーの地位は大きく向上していた。彼は毎年、群れのメスと交尾し、数匹のやんちゃな仔ザルの父親になった。さらに彼は、群れの中の何匹かとも友だちになった。そして群れが移動する時、今やビリーは真ん中を歩き、もはや遠く端っこを歩くことはなかった。高順位のオスが何匹も死んだり姿を消したりした他、毎年、新しく若オスや劣位のオスが群れの中に流入してきたおかげで、ビリーの順位は次第に繰り上がっていき、その結果、群れに入って七年で、誰もが是が非でも自分との喧嘩を避けようとし、自分の大声を恐れられさえするオスという凄い地位に上ったことに、彼は気がつくに至った。つまりビリーは、アルファオスに次ぐ第二順位の地位に登っていたのである。信じられないような話だが、彼は今や群れのベータオスであった。

その後、思いがけないことが起こった。島で実験をしている研究者がオメガ群れのアルファオスを捕まえ、彼を永久に群れから隔離したのである。これはまさに、ビリーがアルファオスになる好機だった。ところがビリーにとって運の悪いことに、事態はそれほどスムーズに進まなかった。ビリーの生涯で初めて尻尾を立てて歩き回り、周囲の他のメスとオスを威嚇するなどアルファオスのように振る舞っていた時、優位な母系を出自とする成体メスの群れが彼を集団で攻撃し、情け容赦なく何日間も彼を追いかけ回したのだ。ビリーのすぐ下の順位のオスが、地位を上げるチャンスとばかり、攻撃するメスの一群に加わった。いくつかの理由から、そのメスたちはこのオスがビリーよりもマシなアルファオスになるだろうと考えたようだった。その結果、ビリーはアルファオスになるチャンスを逸したばかりか、オメガ群れから追放される憂き目を見たのである。それから一年間、寂しく失意のうちに独りで島を放浪した後、ビリーは肺炎に罹った。そしてある日、偶然、研究者が彼の死体を発見したのである。

不幸な結末は別として、ビリーの物語はアカゲザルが自分の生まれた群れを去り、順位制の最底辺の立場で新しい群れに入り、少しずつ順位を上げていく典型な例を示している。この過程は、野生のニホンザルとオナガザル――マカク属のアカゲザルに近縁な種――でも観察されていて、ビリーのようなオスは「控えめな流入者」と呼ばれている。こうしたオスザルは、順位制のもとでの「年功序列」制による昇格システムを受け入れている。このシステムで、オスザルの地位は群れの中で過ごす期間が長くなり、高順位のオスが群れからいなくなるか、死ぬかすると、少しずつ上がっていく。この取り決めみたいなシステムは、オスが高順位になる番を一列になって我慢強く待つという意味を伝えられるように、「継承制」とか「待機制」とも呼ばれる。オスたちが十分長い間、群れの中に留まり、運がよいか特殊技能を磨くかすると、頂点まで何とかやり通せる可能性がある。ただビリーのように、オスの中にも運が悪かったか不作法な振る舞いのせいでアルファオスになれない者も出る。

後述する様々な理由で、この年功序列制はマカク属の大きな群れではどこでも見られる社会システムとなっている。ただこうした群れでは、アルファオスは下位のオスから何年間もの間は決して自らの地位を脅かされないし、それを維持し続ける。カヨ・サンチャゴ島のオスの中には、よぼよぼに見え始めるまで、実に二〇年間もアルファオスとしての地位を保った者もいた。こうしたことは、野生では起こらないものだ。野生のマカク属のオスは、一〇年か一二年かそこら生きられるとしたらラッキーだからだ。マカク属の暮らしているアジアの熱帯雨林ではアルファオスは、老齢となって死ぬまで群れを出て行かないが、その代わり――セルジオ・レオーネ監督とクリント・イーストウッドの主演する「マカロニウェスタン」映画で描かれた開拓時代のアメリカ西部でのように――話し合いや政治で時間を稼ぎはするけれども、いずこから白馬に乗って現れ、保安官と保安官代理人を射殺して街を乗っ取るような独り者の放浪者との闘いで地位を脅かされるのだ。

挑戦する移入者

一九七五年、霊長類学者のブルース・ウィートリーは、インドネシア、ボルネオ島の東カリマンタン州でオナガザルの一群の行動を数カ月間、観察し続けた。ウィートリーが追跡し続けたその群れには、三匹の成体オス、二匹の亜成熟のオス、様々な年齢の子どもを持った一〇匹の成体メスがいた。三月一〇日、彼は以下に述べる事件を観察した。三匹の見知らぬ成体オスと一匹の未成熟オスが、ウィートリーの観察しているオナガザルの群れの眠っている木に侵入し、群れのメンバーを脅かしたのだ。ランボーという名の（ウィートリーは、実際にはこのオスザルにGLというコードネームを付けていたが、ランボーの方が実態を表すように思えるので）、侵入者四匹のうちの一匹が、この木の誰もが彼の振る舞いを見られる部分で何度も枝の揺さぶり行動を行った。翌朝、群れが森の中に採餌に出かけると、四匹のよそ者オスたちは群れについていった。そして相変わらずランボーは、肩を真っ直ぐにし、尻尾を上げて歩き回って、居丈高かつ挑戦的に振る舞った。群れが樹上で休憩すべく停止したその日の午後、ランボーは群れのアルファオスにいきなり攻撃を仕掛け、樹上を上へ下へと追いかけ回した。そしてついにアルファオスは、木と群れの両方を捨ててしまった。たった二日で、しかも流血もなく（また誰の助けも得ず）、ランボーは群れの新しいアルファオスになったのだ。群れを追われたかつての王は、二度と姿が見られなかった。

　ランボーは、おそらく七～八歳の、肉体的に全盛期にあった大柄なオスだ。自信過剰で喧嘩の腕がたち、またメスにとっては魅力的だった。そのことが、群れがすぐに彼をアルファオスとして受け入れた理由の説明となる。彼はその群れで二年間、アルファオスの座を保った。その間、彼はたくさんのメスと交尾し、多くの子どもの父親となった。ところが二年後に、新しい放浪するよそ者が馬に乗って街にやってきた。そのよそ者は、ランボーがかつてやったようにランボーに喧嘩を仕掛けた。その闘いでランボーは深傷を負い、その結果、彼は群れを追い出された。傷が癒えた後、ランボーは別の群れに近づき、もう一度、その群れのアルファオスに挑戦した。ところがこの群れは、一〇匹以上の成体オスを含む八〇匹以上もいる大きな群れだった。群れに留まっていたオスたちは、ランボーの挑戦に立ち向かうアルファオスを支援したから、彼はまたもコテンパンにやられてしまった。数日間、ランボーは森の中をうろつき回った末、傷の一つが膿み始めた。その翌日、ランボーは藪の陰で静かに息を引き取った。

　ランボーのような**挑戦する移入者**——**しばしば虚勢を張る移入者**とも呼ばれる——は、肉体的に全盛期のオスである。彼らは強く、直情的であり、列を作って順番を待つことに我慢できない。彼らが小さな群れに入るつもりなら、その挑戦もうまくいくだろう。しかし大きな群れに関わると、彼らはほとんどの場合——これから説明する理由で——、いつも必ず失敗する。オスの移入者が大きな群れで順位を上げていく最も一般的なやり方は、順番に繰り上がっていくことだ。だが誰もがビリーのような野心のないオスではない。順番を我慢できないオスには、次に述べる生え抜きの挑戦者マックスの物語で示されるように、もう一つの選択肢がある。

生え抜きの挑戦者

オランダの霊長類学者、マリオ・ファン・ノールトワイクとカレル・ファン・シャイクは、一九八〇年代初頭にインドネシア、スマトラ島の熱帯雨林でオナガザルを観察調査した。数年間、二人は毎日、オナガザルの幾つかの群れを追跡していた。これらの群れの一つに、二人がマックスと名づけた一匹の成体オスがいた。マックスは、群れのアルファオスに挑戦し、そのアルファオスを追い出すことに成功したのだ。

ランボーと異なり、マックスは群れに加わろうと試みたすぐ次の日にアルファオスに闘いを挑もうとはしなかった。マックスは、亜成熟であり、まだ完全な成体オスの体格に達していなかった数年前にすでに群れに加わっていたのだ。彼は目立たないように群れに入り、順位制の下層ランクという立場を受け入れた。生え抜きのオスには屈従的に振る舞い、メスたちには友好的関係になろうと努めたために、彼は群れからは受容されていた。メスたちが彼のことを良く知るようになると、メスの中には群れの高順位のオスよりも彼の方にずっと気にかけるメス個体も現れた。マックスは、良質な食物を食べ、夜は良く眠ることに専念し、彼を憎からぬ相手と思われた数匹のメスと時には交尾をして、数年間は控えめな態度を保ち続けた。彼は、アルファオスの目の届く範囲では決してメスと交尾しないように注意していたので、大きなトラブルになるようなことはなかった。この数年間、おそらく彼は注意深くアルファオスや他の成体オスとメスの行動を観察していたのだろう。そうやって彼は、誰が友だちであり、誰が敵になるかを頭の中に記憶していった。

ついにある朝、マックスはアルファオスに攻撃を仕掛けられるだけの十分な自信を得た。アルファオスは、突然のマックスの図々しい振る舞いに動揺した。そしておそらく怒り心頭に発したのだろう、喧嘩になった。その過程でアルファオスはベータオスの支援を得た。その結果、二匹の反撃は、最初は成功した。しかしマックスは、群れの支配権を握るという野心を諦めなかった。マックスは、二カ月間もアルファオスに来る日も来る日も挑戦し続けた。そしてついにアルファオスは降参し、尻尾を巻いて群れを出て行った。

挑戦する移入者のように、成功した**生え抜きの挑戦者**は、肉体的に全盛期を迎えた完全な成体に育っていた者だ。生え抜きの挑戦者は、一般に挑戦する移入者よりも群れの権力継承をうまくやる。たぶん彼らが蓄積できた社会性の知識の量が多いからなのだろう。群れで一年以上を過ごすことで、生え抜きの挑戦者は他の個体のことを知り、他の個体からも良く知られるからだ。生え抜きの挑戦者は、その地位に就いたばかりのアルファオスには決して挑戦しようとしない。そうしたアルファオスが強いことを知っているからだ。読者が敵対者の地位を狙って闘いを挑もうとするなら、その力を把握しておくことは重要だ。生え抜きの挑戦者も、誰の攻撃を無視できるのか、誰となら強力な防衛同盟を構築できる見込みがあるか、さらに誰をまず最初に負かすべきかを見極めているだろう。

アルファオスは、真剣勝負をしないままに自らの地位を降りることは決してない。そして挑戦者からは、時には数週間、場合によっては数カ月間も喧嘩が仕掛けられる。それでも知識を蓄え、戦略を構築していたために、生え抜きの挑戦者はしばしば勝利を収めるのだ。彼らは成功のチャンスが最大化した時を狙って、挑戦に乗り出す。例えばアルファオスが一年以上もずっと優位者であり続け、自らの群れの内部に何匹かの敵が現れ、ガードが弱まってきた時、である。

梯子登り戦略のモデル

ビリー、ランボー、マックスの物語は、マイクロソフト社の新人社員や科学者としてのスタートを切った若手研究者のように、オスのマカク属サルが新しい群れの中に移入した後に高い順位を獲得するために採る少なくとも三通りの戦略を示している。しかしそれでは、まず最初にこれらの戦略がなぜ存在するのだろうかを考えてみよう。そしてまたサルは、どの戦略を採用するのかをどのようにして決めているのだろうか。通常はその答えは、費用（コスト）対効果（利得）に関係する。ある特定の戦略の効果（利得）が費用（コスト）より上回り、この戦略の費用（コスト）に対する効果（利得）の割合が他の効果対費用よりも高い場合は、サルはその戦略を採る。

サルにとってアルファオスの地位を奪う挑戦の主な費用（コスト）は、怪我を負ったり、場合によっては死ぬリスクである。アルファオスの座に居る利益、あるいはまた一般に高順位である利益を知るために、マカク界の雄間競争の本質を理解する必要がある。人間がカネを得るために互いに競争するように、オスのマカクはメスと交尾するために互いに激しい競争を行い、交尾できたオスだけが子どもを残せる。霊長類学者は、二種類の競争を区別する。争いと奪い合いである。一〇匹の成体オスと繁殖可能な五〇匹のメスのいる一〇〇匹のマカクの群れを想像してみよう。一〇匹のオスが競争して五〇匹のメスに交尾できる一つの方法は、互いに喧嘩をし、メスと交尾する機会を制御できる優位な順位を構築することによってだ。その結果、順位が最高位のオスはたくさんのメスと交尾でき、それ以外のオスはそれだけ交尾できる機会が少なくなるのだ。順位が下になればなるほど、そのオスはそれだけ交尾できなくなる。これが、**争いを伴う競争**である。もう一つ、それに代わるのが、オスが他のオスたちの交尾を直接に妨害することも闘うこともなく、できるだけ多くのメスと交尾し、妊娠させようとするものだ。これが**奪い合いの競争**である。

争いによってか奪い合いによってかの雄間競争の幅は、霊長類の種ごとに、また同一種内の群れごとによっても様々である。そうした幅の広がりの一方の端に、「超競争」がある。これは、基本的に勝者総取りのマーケットである。すなわちアルファオスはすべてのメスと交尾できるが、他のオスはほとんど、あるいは全くメスに近づけないのだ。人間での勝者総取りマーケットの好例は、ハリウッド映画産業である。この世界では、選ばれたわずかの俳優と女優が、制作される映画の出演に対して数百万ドルもの高額報酬を得る一方、そうでない何千人もの大部屋俳優はずっと出演機会もなく、出たとしても最低限のギャラしか得られない。（これは出版業界にも該当する。ここでは一握りのベストセラー本が数百万ドルも稼ぐ一方、それこそ数万ものベストセラー願望の本がたった数百部しか売れないかそもそも全く出版の機会がない。）勝者総取りマーケットでは、トップに立てる確率は極端に小さいが、頂点に立てることの利得は非常に高いので、多くの人たちは——また多くのマカクも——喜んで賭けをしようとする。すべての俳優と女優は、ジョージ・クルーニーやアンジェリーナ・ジョリーのように有名になりたいと夢見るし、すべてのオスのマカクはアルファオスになる夢を見るのである。

雄間競争の幅の反対の端にあるのが、「超奪い合い」である。これは、どの順位のオスも全員がメスに仔を作らせる可能性を等しく持っているために、高い順位も交尾できる利得が全くないという状況である。雄間競争が超奪い合いである群れでは、（順位が、より良い食物を食べられ、それだけ長く、健康な生活を送れるといった別の優位性をもたらさないとすれば）その利得が明確でないので、優位・劣位関係のヒエラルキーは存在しない。人間社会の奪い合いの競争の一つの例を挙げるとすると、人の群れが籠を持って森を歩き回り、各人が他の人の邪魔をしないでできるだけたくさんの漿果を摘もうとしている漿果摘み競争がある。

カレル・ファン・シャイクと彼の共同研究者は、雄間競争が超競争から超奪い合いへと移る時、オスによる高順位の獲得戦略にそれに合わせた変化が起こることを示す数学的モデルを発展させた。このモデルで彼らは、種内や群内の競争が争いであるか奪い合いであるのか、その幅を示す変数――ギリシャ文字のベータ（β）で表される――を用いている。モデルのベータは、1から0までの間の数字だ。ベータが1に等しいと超競争であり、ベータが0なら超奪い合いとなる。ベータ値は、主に群れにどれだけのメスがいて、一年のうちいつでも交尾できるのか、それとも特定の繁殖期の間だけかに左右される。現実の群れでは、ベータはすべての成体オスと群れの中で生まれた全アカンボウのDNAを検査して推定できる。もしアカンボウ全部がアルファオスと同じDNAを持っていれば、ベータ値は1となる。その一方、DNA分析でアカンボウの父親が群れの多くのオスにばらけていれば、ベータは小さい。

勝者総取りマーケットでのように、ベータが1に近づくと、アルファオスになれると見込める利得が大きいために、高順位獲得のためにハイリスクの戦術を採る方向に強力な圧力が生じる。ベータが0に近くて、サルたちみんながおのおのの籠に漿果を摘んでいれば、ローリスクの年功序列制が人気が高い。勝者総取りマーケットでは全権力を保持するアルファオスにだけ喧嘩を仕掛ける甲斐があり、他の個体にそれがないということをはっきりさせておくのも重要だ。これこそが、挑戦する移入者が新しい群れに入る場合、彼らがアルファオスと闘うのが不可避であることの理由なのである。挑戦する移入者も、低順位のオスの誰かに喧嘩を仕掛けて、オスの順位制の中間あたりに入ろうとはしない。アルファオス以外のオスに喧嘩を売って、それで負傷するリスクは、勝った場合の利得がかなり低いので、喧嘩を売る価値すらない。しかし勝者総取りマーケットの中で生きる間でも、必ずしもオスはどんな場所、どんな時にも出合ったアルファオスに挑戦しないということにはならない。賢いオスは、勝つ公算が大きい時だけ、挑戦しようと決めるのだ。

ハイリスクの争いを伴う競争で群れに入りたいと願うマカクのオスは、アルファオスとすぐに闘うべきかそれともしばらく様子を見るべきかを決めなければならない。二つの事柄が、この決断に影響するようだ。移入するオス自身の持つ潜在的に保有する資源（ＲＨＰ＝第二章参照）とアルファオスのＲＨＰである。アルファオスとの闘いを通して最高位の順位に就くのに成功するには、移入オスは最高の身体条件にある必要がある。移入オスは、自分の年齢と体格――自分が大柄で強力か、それとも小さく非力なのか――から、さらに自分に自信があるかそれともないのかという自問からも、自らのＲＨＰを評価できる。興味深いことに、出自の群れの高順位のメスのもとに生まれたオスのマカクは、出自群れの低順位のメスの息子であったオスよりも、挑戦する移入者としてはアルファオスの地位獲得に成功しやすいようだ。アルファオスへの挑戦に際して自分を助けてくれる母親がそこにはいないけれども、高順位のメスの息子は良好な身体条件に恵まれているからと思われるし（なぜなら彼らは良質な食物をたくさん食べて育ったから）、他の個体よりも強い自信を持っているかららしいのだ。

すぐにアルファオスに闘いを仕掛けようと考えるオスの移入者にとって、現実の問題はそのアルファオスがどれだけのＲＨＰを持っているかを計ることだ。すなわちそのアルファオスは屈強なのか弱いのか、だ。霊長類学者のジョー・マンソンは、移入オスは群れのアルファオスのＲＨＰを測る目安として群れの中のオスの個体数を使うことがあると説いている。マンソンは一つの計量モデルを開発したが、そのモデルは群れにいるオスの数が多ければ多いほどアルファオスは強力であることを示すというものだ。さらにアルファオスのＲＨＰは、群れのオスの数が増えるにつれてゆるやかに高まっているのだが、そう、三匹から一〇匹の生え抜きのオスの居る小さな群れではかなり急に高まる。したがって算術を理解し、マンソンのモデルになじむマカク移入オスは、もし群れに三匹しかオスがいないとすれば、アルファオスはそれほど強くはなく、すぐにでも喧嘩を仕掛ける価値があるかもしれないと察知するはずだ。群れに五匹か六匹のオスの居る場合、アルファオスは前者よりも強く、他のオスから多くの助けを受ける可能性が高い。この場合、すぐに喧嘩を仕掛けるのは、かなりリスキーである。移入オスは、喧嘩を仕掛けるまで、数カ月は待った方が得策かもしれない。待つことによって移入オスは、自分が乗っ取りを目指したら群れの他のメンバーから政治的な支持を受けられかどうか（あるいは少なくとも彼らが自分に対する対抗同盟に加わるのを差し控えるのかどうか）について手掛かりを集める機会も得られるのだ。

さらにまた高順位のメスの息子は、低順位のメスの息子よりも生え抜きの挑戦者として成功する可能性が高いようだ。たぶん生まれた群れで積んだ経験に基づき、アルファオスとの喧嘩となったとしたら効果的な支持を得られるという見込みが持てるからだろう。一五匹から二〇匹以上のオスから成る群れでは、アルファオスのＲＨＰは議論にすらならない。群れにそれほど多数のオスを従えているので、アルファオスがどれほど強力であっても、交尾のマーケットを独占することは事実上、不可能だ。このことは、交尾に対しては奪い合いの競争——ベータ値は小さい——になるということだ。そしてアルファオスであることは特に有益というわけでもない。したがってアルファオスの地位を求めてすぐに挑戦するのは、コストをかける甲斐すらないことになる。この状況では、オスどもはリスクを取らないし、むしろ控えめにメスと交尾することを求められる。

このことはマカクの大型群れのオスは、アルファオスの地位に登れる番を、列を作って――しばしば何年も――待つ以外の選択肢はないことを意味するのだろうか。必ずしも、そうとは限らない。オスは移入時に順位獲得のための様々な戦略を選択しなければならないけれども、新しい群れに加わってそこに居る間、いつでも順位を上げる機会――順番から自らを切り離し、すぐにも、場合によっては一夜にしてアルファオスの地位に達する機会――があるからだ。選ばれた戦略にかかわらず、一般的には移入オスは単独で行動するが、長い間群れに居た生え抜きオスは、群れの他のメンバーの、一般的には他のオスの支援を得られやすい。人間の場合と同じように、マカクのオスで政治的にうまくやる個体は、他のオスと連携するなり政治的同盟を構築するなりできる。そしてこうした連携なり同盟なりは、オスが群間を移動するサルの種、例えばマカク属やヒヒだけでなく、チンパンジーのような種においても構築される。チンパンジーの成体オスは、生まれた群れに生涯、留まる。そしてチンプのオスは、他のオスと――時には兄弟と、または血縁関係のないオスと――政治的同盟を築くのだ。その目的は、勢力を得て群れの順位の梯子を登ったり、他の個体が勢力をつけることを助けるためだったり、すでに得た勢力を維持するためだったりする。人間社会でのように、チンパンジーは個体間で権力を求めての奮闘に、単独で行動することは滅多にない。高順位への野心を持ち、それに成功する個体は、いつでも政治的な支援という強力な基礎のもとに活動するのである。

サルの政治学

霊長類のオスとオスの同盟について述べていく前に、いくつかの用語定義を案内しておくのが役立つだろう。**同盟**は、二匹以上のオスがある**標的**に対して一緒になって闘うことだ。この標的は、多くの場合、単独の個体だが、時には二匹以上の個体と別の同盟を結んでいることもある。あるオスが攻撃を受け、別のオスが彼の防衛に加わり、一緒になって攻撃をするオスに対して闘うとすれば、この二匹のオスは**防衛的**同盟を結んでいたことになる。それと異なり、二匹のオスが協力して、以前にはどちらも攻撃されたことのなかった一匹のオスに対して攻撃を仕掛けるとしたら、この連携は**攻撃的**と呼ばれる。

さて差し当たっては、防衛的同盟については忘れ、今は攻撃的同盟に取り組むことにしよう。攻撃的同盟は、様々な理由で構築される。第二章で見たように、高順位のヒヒのオスは、発情期のメスの近くで多くの時間を費やしている時、それ以外のオスたちが高順位オスに対する攻撃的同盟をすることがある。そうやれば、そのうちの誰か一匹がメスと交尾するチャンスを得られるかもしれないからだ。別の状況では、オスたちは標的との優位・劣位関係を維持したり変えたりしたいために攻撃的同盟を結ぶことがある。こうした場合、喧嘩は権力をめぐってなされる。攻撃的同盟には三つの基本的類型がある。すなわち連携する二匹のオスが標的よりも高順位であるもの（**保守の同盟**）、同盟する一匹が高順位オスで、もう一匹は標的よりも低順位であるもの（**橋渡しの同盟**）、そして二匹とも標的よりも低順位のオスであるものだ（**革命の同盟**）。そして後者は、当然ながら、結果的に最も興味深いものとなる。

革命の同盟がどのように機能するのかを、以下に示そう。二〇〇九年六月、私の研究仲間であるジェームズ・ハイアムは、カヨ・サンチャゴ島のアカゲザルの大きな群れを観察していた。その時、彼は群れ内部のオスの順位制が大きく変わることになる一連の革命の同盟行動を目にしたのである。二カ月半以上にわたって、中順位のオスたちの一団は、自分たちより順位が上のオス四匹に対し、繰り返して攻撃をしかけ、ついに順位を変更させ、標的の四匹より上位になった。同盟による攻撃が始まる前の標的四匹の順位は、一位、二位、七位、一〇位であった。つまりアルファオスとベータオスが混じっていたわけだ。数匹の下位のオスと場合によっては数匹のメスの支援を受けた時があったけれども、主な「革命家」は一〇位オスより下位に居た五匹のオスであった。

革命は、目で見ても分かるほどの怪我に耐えていた七位オスへの、連携した攻撃として二〇〇九年六月一日に始まった。この攻撃の二日後には、一〇位オスへの反復攻撃が続いた。これらの攻撃は、四週間以上にわたって続いた。その攻撃を受けて、一〇位オスは何回も負傷した。六月二一日になると、ベータオスも攻撃を受けた。彼はほどなく姿を消し、ハイアムは島のどこからも彼の姿を見つけることはできなくなった。二日後、ハイアムはついに海で彼を見つけた。攻撃したオスたちは、彼を海中まで追いかけ、彼が岸辺に泳いで戻ってくるのを妨害するために、何時間も浜辺から彼を威嚇し続けた。しかし最後には、彼は何とか浜辺に戻った。ベータオスへの追跡と攻撃は、約二週間続いた。その間、彼は無数の傷を負った。

最後は、アルファオスへの攻撃である。その結果、彼はひどい怪我を負い、八月一〇日に海中に追い立てられた。アルファオスは群れから叩き出され、二度と姿を見ることはなかった。彼以外の三匹は群れには留まったものの、順位は一〇位以下に落とされ、一方で攻撃をしかけたオスたちはトップ級の順位に繰り上がった。フィールドノートを見た後でハイアムは、革命家のオスたちは、過去に同じ群れの中に同じくらいの間居て、「友だち」同士であったことに気がついた。その間、多くの時間をみんなで一緒にたむろして過ごし、お互いに毛繕いし合っていた。だからこれらの連携し合った攻撃が好結果をもたらした一つの理由は、攻撃するオスたちが互いに「信頼し」合っていて、チームとしてうまく機能したことなのだ。

オスたちが他のオスに対抗する一種の同盟を形成することを決める理由と時期を説明する理論的モデ

ルは、移入オスに用いられる高順位獲得のための様々な戦略を説明するモデルと似ている。もう一度我々は、同盟形成の費用（コスト）と効果（利得）を考察しなければならない。大きなコストは、常に負傷したり死亡したりするリスクである。同盟形成による利得は――目標が自分の順位を維持し強化することであれ、標的を犠牲にして自分の順位を上げることであれ――、一般に高い順位を持つことの利益と等しい。この場合もやはり、これはオスが自分は勝者総取りマーケット――そこではトップ順位にいる利益が大きく偏るほど高い――にいるのか、それとも順位が問題にならない漿果摘み競争にいるのかを知ることによって左右される。ファン・シャイクとさらに別の頭のいい霊長類学者たちは、なぜ、いつ、どのようにしてサルのオスは同盟を形成するのかを説明してくれる数学的モデルを発展させた。

ある種内やある群内の競争が主に争いであるのかそれとも奪い合いであるのかを教えてくれるベータと呼ばれる変数思い出して欲しい。ベータはまた**専制度**、すなわち特定の社会システムの内部にある優位・劣位関係の梯子の傾きにも影響を与えることが分かっている。専制度の高い社会システムでの梯子は、垂直に設置されており、踏み段と踏み段との間には大きな空間が存在している。つまり最頂部ランクの個体と底辺の個体との間の力の差は顕著であり、各個体は自分より下位にランクされる個体をそう優しくは扱ってはくれず、その梯子を登ることも難しいということだ。それに対して専制度の低い社会システムでは、梯子は緩やかな角度で設置されていて、踏み段も互いに近くにあって、梯子が地上に水平に設置されていることさえもある。順位の梯子がない場合、それは社会システムが平等主義的であるということだ。つまりすべての個体には喧嘩に勝つ等しいチャンスがあるか、そもそもそれほど争いはないかのどちらかだ。

したがってある群れでベータが高いか低いかは、順位制があるかないかとその階段がどれだけ傾斜しているかによって決まる。ベータ値とある社会システムの専制度は、トップランクを得るために移入オスに用いられる戦略（とアルファオスの平均年齢にも）、さらに連携した攻撃の頻度にも影響を与える。ベータ値が高い時は——例えばアルファオスが交尾をすべて独占する小さな群れで——、アルファオスは身体的な盛期にある若いオスである。移入オスは、一位にランクされているアルファオスに挑戦して打ち負かし、トップの地位を得る。大きな群れになるとベータ値は小さくなるから、平均的にアルファオスはやや年をくっているし、ベータ値の低いかなり大きな群れになると、アルファオスは順番にトップの地位に上り詰め、それまでには相当に長い時間がかかっているために、かなり老齢である。ベータ値の高い専制的な社会システムなら、変わり得る優位な順位を得るための攻撃的同盟が、特に高順位のオスと中順位のオスの間にかなり普遍的に見られると予期できるだろう。こうした状況下では、低順位のオスは、交尾の機会から排除されるので、群れを離れたいと思うようになる。別の群れに入って新たなスタートを切った方がずっと良いからだ。ベータ値の低く、専制度が小さいか全くない群れでは、攻撃的同盟は稀か全く存在しないはずだ。

攻撃的同盟が頻繁に行われる時、その同盟は**実現可能性**のあるものであると同時に**実益**もあるということになる。同盟が標的を打倒できるだけ強力だとするなら、それは実現可能性のある同盟だ。同盟のそれぞれの成員にとって、闘いによる負傷や死を引き起こしかねない費用（コスト）よりも交尾の機会が増えるという点で得られる効果（利得）が大きいなら、その同盟は実益のあるものだ。二個体間で闘うには怪我をするリスクは避けられないが、同盟が形成された時に、同盟のパートナーが喧嘩の最中に逃げ出したりしたらこのリスクがはるかに大きくなることに留意することは重要だ。したがって同盟のパートナーは、互いに闘いの最中にも同盟に留まる必要がある。ファン・シャイクらによって発展されたモデルは、攻撃的同盟の有効性と費用（コスト）と効果（利得）に左右されるが、その同盟の各類型——保守の同盟、橋渡しの同盟、革命の同盟——が実現可能性があり、実益もあるものかどうか、したがって様々な社会的状況の中で、その同盟が頻繁に形成されるのかそれとも稀にしかないのかを教えてくれるのだ。

現状を維持するための**保守の同盟**は、常に実現可能性のある同盟である。定義上、同盟を結んだオスたちはそれ以外のオスたちよりも高順位であり、標的よりも強力だからだ。しかしこの同盟は、同盟を結んだオスたちに大きな利益をもたらすとは限らないため、大いに実益のある同盟とまでは言い切れない。彼らは既に手にしているランクとそれに伴う利益を維持するだけだからだ。それでも保守の同盟は、重要な予防的機能をもたらす。同盟を結んだ高順位のオスたちは、下位のオスたちを抑えつけた状態にしておけて、気まぐれな攻撃行動をとれ、したがって下位のオスたちが高順位のオスたちへ挑戦をしかけようと誘惑される公算が小さくなるのだ。ただその代わりに、より危険な先制攻撃の実行の同盟となる可能性もある。言い換えれば高順位のオスたちは、決して自分たちを攻撃する可能性のない弱い標的に対しても団結して攻撃するかもしれない。この保守の同盟のハイリスクな盟約に加わる同盟パートナーの意思を単に試すだけのために、だ。保守の同盟は、ベータ値の高い専制的な社会システムで広く見られるはずで、主として順位制の頂点に近いオスたちで形成される。ただし、必ずしもアルファオスによってではない。

一匹の同盟オスが標的より順位は高いが、それ以外のオスは低順位である時に結ばれる**橋渡しの同盟**は、同盟の高順位のメンバーがいつでも独力で標的を叩くことができるので、常に実現可能性のある同盟である。しかしこの同盟は、高順位の同盟メンバーにとって自分の盟約相手が血縁者でなければ実益はない。したがって橋渡しの同盟を説明するとすれば、その代表的理由は高順位のオスが弟の順位の上げるのを助けるため、だろう。例えばビリーは、新しく入った群れの順位制の中で自分の直上のオスに喧嘩を売る度胸を持ち、兄たちの一匹でも自分を助けてくれたとしたら、彼らの同盟は橋渡しの同盟であったことだろう。専制度の低下につれてその効果（利得）は減少するので、橋渡しの同盟は専制的体制を持つ種かベータ値が高い群れで特に広く見られるはずだ。さらにその同盟には、たいていの場合、アルファオスを含む高順位のオスを伴うことになるだろう。

ジェームズ・ハイアムによって観察された例のような**革命の同盟**は、例えばたくさんの成体オスの居る大きな群れのような、中間的なベータ値と専制度のある状況で現れると予測される。なぜなら同盟形成の費用（コスト）は変化しない一方、革命の同盟の実益は専制度が強まると増加するのに対し、実現可能性は減少するからである。革命の同盟は、それが順位の向上につながる時に、実現可能性があり実益のある同盟となり得るのだ。この同盟は、中ランクのオスたちによって形成される傾向がある。彼らは、例えばアルファオスとベータオスに対して反乱を起こす。こうした同盟の効果（利得）は、参加した個体にとって最高となるからだ。これは、まさにハイアムがカヨ・サンチャゴ島で観察したものである。しかし高順位のオスたちは、中ランクのオスたちが友だち同士でいることを防ぐことで——例えば彼らとの間の毛繕いの交換を妨害することによって、革命の同盟の形成を妨害するだろう。オスのチンパンジーは、そうした妨害をする専門家である。

マイクロソフト社を乗っ取るための霊長類の戦略

では、我々人間の例に戻ろう。もし読者がマイクロソフト社の新入社員となり、権力の階梯を頂点にまで上り詰めたいと思うなら、ベータ値の見積もりが重要だ。すなわちマイクロソフト社のCEOであるスティーヴ・バルマーが同社の社員に関してどれだけ多くの子どもたちの父親になっているかの評価である。もちろんバルマーも問題となっている社員も、社員であるという事実だけでは信用できない。したがって、バルマーが同社にいかに広く深く自己のDNAを広げてきたを確定するための父性を確かめる遺伝的分析をすることが重要となる。(一) バルマーが二〇〇〇年にCEOに就任して以来、マイクロソフトの社員に生まれた子どもたちすべての父親であるか、(二) 少なくとも同社社員の夫の一部が自分の妻か他の社員の妻を妊娠させることができたか、(三) バルマーとマイクロソフトの全男性社員ができるだけたくさんの女性を妊娠させることによって周りの他の誰よりも自分のバスケットを多くの漿果でいっぱいにするように努めてきたのかにもよるが、その場合、職階昇進のための最高の戦略は、(a) バルマーにすぐに闘いを挑むか、(b) しばらく待って、それからバルマーに挑戦するか、(c) 並んで待って、年功を積むことで職階を上げ、自分より上の者に攻撃的な挑戦を何もせずにCEOになるチャンスをじっと待つか、である。バルマーが自らのDNAをどれだけマイクロソフトの子どもたちに広げてきたかの範囲にもよるが、社員も自分たちが革命の同盟を結んだ場合の成功の公算、低い職階のファミリーのメンバーや庇護を受けている者たちとの橋渡しの同盟を形成して成功できるのかどうか、さらにCEOになるという自分たちの野心がバルマーと彼の仲間に率いられた保守の同盟に抑え込まれるのかどうか、を見積もれるのだ。

ところでここでは、私の言葉をどうか文字通りには受け取らないで欲しい。人間とサルの暮らしの間の類似性は、それほど直接的ではない。何しろ現代の労働環境で梯子を登るための社会戦略は、その会社のボスに種付けされた非嫡出子の数とは何の関係もないのだから。この環境に関係する変数は、権力の構造である。つまりそのシステムがどれだけ専制的か、それとも平等主義的なのか、あるいは言い換えれば順位制の梯子の傾斜がどれほど急なのかどうか、だ。霊長類社会では、権力と繁殖度には密接な関係がある。現代人が働く環境ではこのことが必ずしも当てはまらないが、つい最近まで人間社会も霊長類社会と同じモデル従っていた。進化人類学者のローラ・ベトチヒの著した『*Despotism and Differential Reproduction: A Darwinian View of History*（「専制と差別的繁殖：歴史のダーウィン主義的見方」）』の著書で、歴史的に男性の手中に握られてきた政治的な力と軍事力が繁殖に直接の関係を持っていたことを示している。すなわち王侯、皇帝、独裁官たちは女性を集めた巨大なハレムを持ち、その女たちとの間に数百人もの子を産ましていたのだ。専制君主も、自らの女たちに性的行為と繁殖行動を強制した。例えば中世の王は、自国の男と結婚した女性の誰にも初夜をまず自分と過ごすように命じた。いわゆるユス・プリマエ・ノクティス（*jus primae noctis*）、すなわち「初夜権」である。多くの女性は、初夜で自分の夫との間ではなく、王との間で子を妊った。

社会的専制が直接に繁殖の調節に直接読み替えられるかどうかは別にして、霊長類の社会戦略の理論は、種にとっての適切な補正をすれば、人間の社会的、政治的戦略をも説明できる。第一に、力を獲得するための様々な戦略の実行可能性はそれぞれの戦略の効果（利得）と費用（コスト）のバランス次第だという一般原理は、明らかに人間行動についての種を通しての有効性と応用可能性を備えている。経済学者は、このことを良く知っている。もっとはっきりした原理も当てはまる。群れや社会の専制度――それは資源がどの程度、単一個体によって独占されているか支配されているかということと、専制者がどの程度に自分の権力を低順位の個体に振るえるかによって決まる――は、高順位の効果（利得）とそれを達成するための戦略に影響を与えるのだ。

高度に専制度の高い群れだと、特に群れが小さく、アルファオスが自分の後ろに大きな支援を持たなければ、リーダーへ直接的な挑戦をするのも割が合う。年上の教授に直接挑戦したマリオの戦略は、環境が多少とも異なっていれば正しい行動だったのかもしれない。だがあの特殊な状況では、彼の行動はいくつもの理由で失敗だったのだ。つまりマリオは若すぎたし、経験も浅かった。また彼のＲＨＰは、ボスのそれに比べればなお低すぎた。さらにマリオは、自分の対抗者の政治的な強さと弱点を熟知することができなかったうえに、他の研究仲間の動向を知ろうともしなかったし、ましてや彼らから政治的支援を獲得することもできなかった。マリオは少なくとも二、三年は待ち、多くの政治的経験と政治力を蓄え、その後に移入者としてではなく生え抜きとしてボスに挑戦すべきだった。軍事的な体制は、指導者が他と比べて不均衡な力を備えている専制的システムの好例である。その指導者は、すぐ下の部下――軍の将軍か大佐――の一人からの挑戦、あるいは別の政治党派のリーダーからの闘い、さらには他国の侵略でのみ追われる可能性がある。挑戦者が高いＲＨＰを備えているとすれば、だが。

専制的体制よりも、権力と資源が階層化社会でも様々な段階の個人間に平等に配分されている人間たちの民主的な集団や社会では、年功を通じて順位の上がるのを待つことが割りに合う。特に多くの社会的惰性の存在する巨大集団では、そうである。階層の底辺で会社に入り、ひたすら控えめであることに努めるジナの戦略――良き市民に徹すること――は、彼女が若く、経験も乏しく、したがって低いＲＨＰしか持たず、また彼女の会社が複合的で多層的な権力構造を持つことからすれば、適切であった。しかし忍耐を重ね、屈従的でいることで、ジナが権力の梯子の頂点にまで行き着く可能性は決してないだろう。最も可能性のあるのは、ジナが年を重ねた末に中間管理職にたどりつき、そこで職歴を終えるだろうということだ。競争の激しい環境で頂点まで昇進するには、政治的同盟を作り上げ、その力で別の同盟に挑戦しなければならない。そうしないなら、他の誰か、その会社の生え抜きかサラのような別の会社からの転職者が、より攻撃的な戦略を用いて追い抜くだろう。まさにアカゲザルのビリーに起こったことである。サラの戦略は、彼女の持つＲＨＰ――彼女の経験、スキル、自信――と会社の状況から考えて最適だった。サラは新しい部へ転入してきた後にしばらく待ち、それから生え抜きのような立場で部長に挑戦した。その前に彼女はぬかりなく適切な政治的同盟を作り上げていて、同盟からの重要な支援を確保し、さらに部長に不利な否定的噂を流して彼の力と支持者を掘り崩していったのだ。

上記の状況のすべてで――挑戦する移入者として梯子を登るか、それとも控えめな移入者として待つか、あるいは生え抜きの挑戦者として頂点を目指すかのどちらにしろ――、効果的な政治同盟のための社会的知識を得て、利用することが基本的に重要である。人間は政治的動物だが、人間社会と人間たちの相互関係は、他の霊長類のものと比べればずっと複雑である。第二章で述べたように、社会的知識、政治的同盟、順位制は、密接に関連し合っている。社会的なスキルは、強力な関係を築き、他の個体から協力したいと思われるほどに好かれるのには必須である。他の個体を引きつけ、彼らを指導する能力――カリスマ性と呼ばれるもの――は、有効な政治的同盟を構築するのに重要なスキルとなる。そして学界からビジネス界、さらには国家全体までのいかなる社会組織でも、強力な政治的同盟関係は、誰であれ、梯子の頂点にまで上り詰め、そこにしばらく留まり続けるのに必須要件である。高いＲＨＰを持つことが人類社会のどんな種類の組織でも指導者になるための必要条件となることは、はっきりしている。しかし人類では、優れた社会的スキル、政治的同盟を構築する能力、そしてこうした特性に付随する自信が、その人の持つ上腕二頭筋の強さや犬歯の鋭さなどよりもなおいっそう重要なＲＨＰの要素となる。他の霊長類の誇示する上腕二頭筋の強さや犬歯の鋭さなどは、ほとんど意味を持たないのだ。

第五章　明るい照明下での協力、暗闇の中の競争

コーヒー、お茶、そして人間の本性

シカゴ大学の私の研究室は、生物科学ビルの中にある。このビルのロビーの片隅に、流し台、冷蔵庫、電子レンジを備えた小さなキッチンが備わっている。この冷蔵庫の後ろに隠れるように、飲料ディスペンサーというよりはレーザー・プリンターに似た、大きくて超モダンなエスプレッソ・マシンが鎮座している。生物科学ビルのエスプレッソ愛好家たちは、二、三カ月に一度ずつ大量の高価なコーヒーを購入している。なのでコーヒー・メーカー／レーザー・プリンターは、いつもフル稼働で、準備オーケーの状態だ。お分かりだろうが、カフェインは多くの研究者たちの脳の活動を持続させる燃料である。研究者の中には、一杯のエスプレッソでもダブルとかトリプルとかいった形で高濃度のものを好む者もいるのだ。カフェインで脳を覚醒させていなければ、居眠りせずに何時間もコンピューターの画面を凝視しているのは不可能だろう。

このコーヒー・メーカーの上の壁には、エスプレッソ・クラブのメンバー全員の名前の載った表が掲げられている。このクラブのメンバーは、自分で一杯のコーヒーを作るたびに、自分の名前の隣に「×」のマークを付けている。月末にマークの数が数えられ、クラブの会計係に料金を払う。私の同僚や特別研究員のエスプレッソ愛飲家たちは、自分が飲むごとにマークを付ける正直な人たちだが、ごまかしたいと思えば、それを妨げる術はない。理屈の上ではエスプレッソ・マシンのそばにカメラを据え付け、

利用者が自分の飲んだ分を正直に記録しているかどうかを監視することはできる。だが我々は、それをしていない。我々にはもっと別の、例えば研究資金が減っているといったような頭を悩ませる重要な問題があるからだ。

（ちなみに監視カメラが最初に発明された時、その最初の応用策の一つは、コンピューターで作業中に、台所用レンジ上に置いた自分のコーヒーを確認するためにそれを用いた一人の男性によって考え出されたという。レンジのコーヒーメーカーを映し出していたウエブサイトはかなり評判になり、それを見た人々はパソコンとインターネットを利用して隣の部屋に目を光らせていたこの新技術にびっくりしたそうだ。）

エスプレッソの代金を払うために同僚と私が工夫した取り決めは、ごく普通なものだ。イギリス、ニューカッスル大学の研究者と学生は、紅茶やコーヒーを自分で入れ、ミルクを使うたびごとに「正直の箱」にコインを投入していた。彼らは飲み物代として正確な額の小銭（コーヒー一杯五〇ペンス、紅茶三〇ペンス、ミルク一〇ペンス）を箱に入れるか、特に気前よく振る舞いたいと思ったらそれ以上の額を投入するか、さらには手持ちの小銭がないか気前よく思えなかった時は全くカネを出さないかの選択権を持っていた。支払いの説明を書いた注意書きは、正直の箱とコーヒー＝紅茶メーカーが置かれているカウンターの上の壁に掲示されていた。

二〇〇六年、ニューカッスル大の二人の研究者、メリッサ・ベイトソンとダニエル・ネットルは、別のもう一人の研究者とともに、協力者と正直の箱を用いた独創的な実験の結果を報告した論文を発表した。支払いの説明書きの隣に彼らは、一枚の横長の画像を掲げておいたのだが、その意匠は一対の眼の絵と花の絵を描いたもので、それを毎週交換した。眼は性別や顔の向きをいろいろ変えられたが、すべて飲み物を作る人を直接、見つめているように選ばれていた。この実験のモルモットとされた紅茶やコーヒーの利用者は、その横長画像が貼られている理由も意匠が毎週交換される理由も知らされていなかった。彼らはたぶん、時間を持て余した研究仲間によって考えられた一種のゲームか何かだと考えたのだろう。ベイトソンらは、紅茶とコーヒーとミルクの需要に対して供給を切らさないように心がけ、また飲み物消費量全体を表すものとして毎週、ミルクの消費された量を計測した。それから彼らは、どの週も同じ量のミルクコーヒーやミルクティーが飲まれるわけではないという事実を考慮に入れようと、その週に消費されたミルクの量に対して正直の箱に納められた金額の比率を計算した。その結果、研究者たちは、箱に投入された金額が、画像が変わると週ごとに変動するという事実に気がついた。利用者たちは、横長の画像に眼の意匠が表示されていた週は、飲んだ量に対してほぼ三倍も多く支払っていたのだ。壁の眼は、飲み物に対してコインを投入する間、自分は監視されていると利用者に思わせるという何気ない、無意識の効果を発揮し、その結果、利用者に花の画像の掲げられる週よりも気前よく振る舞わせたと考えられる。

ニューカッスル大の正直の箱の実験は、実はこの数年前、ケヴィン・ヘイリーとダニエル・フェスラーという名の、カリフォルニア大学ロサンゼルス校の二人の研究者によってなされた研究に触発されたものだった。ヘイリーとフェスラーは、二〇〇人以上の大学院生に頼んで、自分たちの実験室に来てもらい、「独裁者ゲーム（Dictator Game）」という名のコンピューター経済ゲームをやってもらった。このゲームを始めるに当たって、プレイヤー1は一定の額の仮想マネーを受け取り、この額の一部をいくらでもいいからプレイヤー2に与えることができると告げられる。プレイヤー1は、マネーをどれだけ共有し合うかの決定権を完全に握っている（そんなわけで、このゲーム名となっている）。その一方、プレイヤー2は、その決定に及ぼせる実質的影響力を全く持たない。それは、囚人のジレンマのような現実世界のゲームではなく、人間の気前よさを引き出す意思決定テストだった。

考えてみていただきたい。利己的な人間なら、すべてのマネーを手元に留め、相手のプレイヤーには全く与えようとしないだろう。だが実際には、このゲームに加わった大半の大学院生たちは、自分の手持ちマネーの一部を相手と共有し合う選択をしたのだ。ヘイリーとフェスラーは、大学院生を別の大学院生と組ませ、二人組みのそれぞれをプレイヤー1とプレイヤー2に無作為に割り振った。プレイヤー1は一〇ドルを受け取り、その一部――〇ドルから一〇ドルまでのいくらでも――をプレイヤー2に与える一方、残りを自分の手元に置くための二〇秒の猶予を得た。プレイヤーたちは、予め自分の下した決定を誰も知ることはなく、ゲームは一回だけ行われる、と告げられていた。どの学生も、相手を視ることも意思交換することも禁じられていたので、ゲームは厳しい匿名性という条件下で行われた。学生たちに気づかれないまま、実験に使われたコンピューターのデスクトップの背景は研究者に操作されていた。プレイヤーがコンピューターに向き合う時間の半分は、そのデスクトップの背景に、二つの図案化された眼に似た形の絵（目玉模様）が表わされ、残りの半分の時間、目玉模様と同じ色彩組合せを用いて「CASSEL」という単語がスクリーンの同じ部分に表示された。

その結果、次のことが明らかになった。デスクトップの背景が目玉模様であった時、プレイヤー1を務めた院生は、他の条件の時（この時、プレイヤー1の学生は自分の持ち分の一〇ドルのうち平均して二・四五ドルを与えた）よりも相手に五五％も多くのマネーを与えていたのだ（平均して三・七九ドル与えた）。ニューカッスル大の実験のように、この研究の報告者は、視られているという無意識の思いが持ち金に関して気前よくさせているのだろうと推定した。最近の数年間で、さらに多くの研究がなされ、正直さ、気前よさ、協力に対する「目玉模様」効果が検証されている。少数の例外はあるものの、多くの研究はヘイリーとフェスラー、そしてベイトソンとその共同研究者らの研究で得られた結果を確証するものとなっている。

それではなぜ、眼の画像は——あるいは図案化された眼の意匠でさえ——、人に誰かに視られているという思いを抱かせるのか？　それは画像に過ぎないのだから、誰も実際には視られていないはずなのに、なぜ視られていないと言い切れないのか？　もちろん院生たちは、意識してそのことを考えれば、視られていないと言える。しかし彼らがわずかでも眼を意識するなら、彼らの決定に無意識のうちに影響する脳の反応を自動的に活性化させるのだ。ヒトも含めて多くの動物は、本能的に眼と視線の方向を同調させている。一部の動物にとって、捕食者の眼を感知することは生死の違いに直結するのだ。例えば魚は、捕食者の眼に似ている物から逃げようとする傾向がある。類似した物だが、捕食者の眼と全く似ていないよりも、はるかに避けようとしているのだ。一部のチョウは、羽に大きな斑点を持っている。鳥に補食されそうになったら、羽を広げてそれで大型動物の眼のように見える斑点で、鳥を驚かせ、捕食を躊躇わせることができるのだ。イヌやサル、類人猿のような高度に社会的な動物にとって、順位の高い個体の眼を感知し、その視線がどこを向いているのかを判断するのは、攻撃を避けるのに重要な役割を果たす。イヌは、人間が自分を視ていることに気がつけば、禁止された食物を盗んで食べるのを避けるが、人が眼を閉じたり、自分に背を向けたり、その他に自分を見ていないとみなせば、即座に盗む。アカゲザルは、群れの高順位のメンバーの視線や自分を視ている人間を感知すると、服従の印として、歯を剥き出しにして、すぐに舌なめずりをする。低順位のチンパンジーは、別の個体の顔と眼が見えれば、食べたいと思う食物に手を触れるのを避ける。

もちろんヒト——視力がものすごく良く、高度に社会的な動物である——は、他のすべての動物よりもずっと眼と視線方向を気にする。生後二、三日のヒトの赤ん坊は、他のどんな絵よりも顔の絵を見るのを好む。たとえその顔が眼だけしかないものだとしても、だ。毎日の社会生活で――そう、他の人とエレベーターを乗り合わせた時――、我々は絶え間なく他人の視線の先を意識し、その人物の人となり、表情、さらには感情や意欲といった情報も処理している。サルも人間も、眼と視線の先や眼に似ている物によって脳細胞が自動的に活性化されるのは確かであることが分かる。例えば一部の脳細胞は、眼を見開いた個体の画像に反応して電気的活動の急なピークを示す。マカク属のサルの脳内にある一部の細胞は、画像の中のサルがどこか別の所を見ている時よりも、別のサルが直接、カメラを見つめている画像を見ている時の方にさらに強く反応する。これらの脳細胞の大半は、脳の中の下紡錘状回、上側頭溝、扁桃体と呼ばれる領域に存在する。眼と視線に応じた脳の活性化は、概して自立的、不随意的である。この事実は、壁に貼られた眼の絵やコンピューターのデスクトップの背景に表される眼の画像でも、視られているという無意識の感覚につながることを物語る。

視られているという感覚は、なぜ人を気前よくさせたり、ごまかしを許さないようにするのだろうか？この問いに手短に答えるとすれば、視られているという感覚を処理する脳の領域が決定――正直であるべきか、それともごまかすかについての、あるいはまたどれだけたくさんのカネを他人に与えるかについての決定――を下すことに関わる別の領域と密接に相互連絡しているから、となる。だから壁に貼られた眼を見たり、コンピューターのデスクトップに表れた眼を見たりすると、我々の脳の視られていると処理する領域が、決定を下す領域に電気信号を送るのだ。

時間が長くかかる答えは、本章のこの後で探ることにしよう。その前半で私は、人が自分の身元が知られると察知したり考えたりすると、あの人は気前がいい、協力的だ、信用できるという評判を得たり強めたりするように、他者を助け、そのために行動する傾向があることを示していく。後半では、人が自分の身元は明かされないと知ったり考えたりすると、協力的であるよりも競争的になり、また他者を助けるよりも傷つける傾向のあることを語っていく。

前者の例として、進化生物学と経済学が、なぜ我々はみんな同じように振る舞うのかの理由を説明するのに役立つ。けれども決定過程に及ぼす社会的な影響力は、経済学者がつい最近、やっと自分たちのモデルを作ったばかりだ。ただ経済学者は、人は常に自己の利益を最大化させようと合理的選択をし、自分の行動のもたらす結果を何も考慮せず、自分の置かれた社会的状況から隔絶した中で選択を行うと考えがちだ。だが進化という視点で動物と人間の社会行動を学ぶ研究者たちは、個体の適応度を最大化させるのは――個体の利益を最大化させることのように――たいていの場合、第三者を考慮に入れるかどうかに左右されることを見出している。いずれ見るように、経済的モデルを進化論と統合することと動物と人間の行動研究で得られた知見は、人間の意思決定について洗練され、さらに予言的なモデルを作ることにつながり、最終的には行動についての経済学的な説明と生物学的な説明とをなお隔てる溝の橋渡しをする助力になり得るのだ。

スポットライトを浴びる利他主義者

協力可能な信頼に値するパートナーの選び方

直前の章で、ヒトでもそれ以外の霊長類でも、盟友を選ぶ時は信頼性の問題が最も重要だ、と述べた。群れのベータオスに対して協調して攻撃するのにアルファオスの手助けを懇請する中順位のマカク属のオスを想像してみてほしい（橋渡し同盟の例である）。構想をたて、計画を練った数週間後、中位のオスはついにベータオスに攻撃を仕掛け、アルファオスは初めはそのオスを手助けする。しかしアルファオスが攻撃中に心変わりをし、寝返ったとすれば、中位のオスに対する背信の結末は悲惨である。当然のことながらベータオスは報復をしたいと思い、今やベータオスの側に寝返ったアルファオスの手助けを得て、以前の挑戦者を死体に変えてしまうだろう。したがってマカクであろうとヒトであろうと、信頼できる同盟パートナー選びは、どんな政治的企てであろうと成功のためには不可欠である。問題は、その見つけ方である。

我々の場合、家族の一員は一般的には同盟のパートナーとして適任だ。ブッシュ家のメンバーがそれぞれの政治経歴を通じていかに互いに助け合ってきたかを考えてほしい。家族は遺伝的に繁栄するという関心を共有しているし、過去にそれぞれの成員がどのように振る舞ってきたかも知っているので、彼らが将来も信頼できるかどうか推測できるからだ。それでは、たった今出会ったばかりの血縁関係のない者を信頼できるかどうか、どうやったら知ることができるだろうか？　この問いに答えるには、第二章で述べた協力の議論と囚人のジレンマを振り返る必要がある。

我々が知らない者と囚人のジレンマのゲームを一回だけ演じるとすれば、その人物が以前、第三者に協力したことがあるか、それとも裏切ったことがあるのかを知ることは、我々の行動に大きく影響する。何も情報がなければ裏切る方が常により安全だが、相手も協力するだろうと考えさせるに至る情報を持っているとしたら、その時は両方とも大勝できるので、協力するのがベターだ――この論議を思い出して欲しい。したがって協力できそうな見込みのパートナーが信頼できるかどうかをはっきりさせようとすれば、彼か彼女の評判を知るのは大きな効果がある。もちろん自分自身の評判も、相手方にとって同じように重要だ。政治家になろうと野心を抱く者は誰でも――それには定義上、他の多数の人の協力が必要だ――、選挙に出馬する前に良い評判を確立すべく、できる努力はみんなするだろう。

囚人のジレンマでは、罪を犯したことの責任を問われている二人が、警察で別々に取調を受けている時、互いに協力して矛盾のない供述をすれば、二人とも懲役刑を免れることができる。協力のための評判の重要性は、別の経済ゲーム――例えばヘイリーとフェスラーの研究で使われた「独裁者ゲーム」――でも実証されている。そのゲームではプレイヤーは、相手とマネーを分け合う決定をする必要があった。プレイヤーは、相手が気前がいいという評判を持っていると教えられれば、知らない場合よりも気前よくなる。また相手にマネーを与えることでプレイヤーは気前がいいという評判を作れるかその評判を強められる場合――それは、将来の協力にとって役に立つかもしれない――、プレイヤーは相手にマネーを分け与える公算がさらに大きくなる。実際、囚人のジレンマでも独裁者ゲームでも、互いの身元を知っていれば、知らないままでいるよりも協力的になり、気前がよくなりそうだということが明らかになっている。後に見るように評判がいいか悪いかは、共同事業の企画から政治、さらには恋愛関係に至る様々な事柄に大きな役割を果たすのだ。

動物界でも、評判は重要だということが分かっている。サンゴ礁に棲む「掃除依頼」する大型お客様魚とその魚の口中を泳いで口内を掃除する小型の「掃除」魚との間の協力の例を挙げよう。動物行動を研究する進化生物学者にとって、これは、相利共生――両方が利益を受ける関係――の教科書的な例である。大型魚は自分の歯と歯肉を、法外な治療費を払わずに掃除してもらえるし、歯をきれいにする小型魚はお客様の大型魚に捕食されずにタダの食物を得られるのだ。両者の間に協力がある場合はいつもそのように運ぶが、利害関係に矛盾がある可能性もある。それが、ごまかしにつながることもある。例えば、お掃除魚がお客様である大型魚の口中の死んだ組織や寄生虫を食べる代わりに口中の粘膜から健全な組織片を齧り取るといったごまかしをすることもあり得るし、お掃除魚の口中衛生活動時間が終わるや否やお客様魚が口を閉じてお掃除魚を飲み込んでしまうことでお客様魚もごまかしをすることもあるだろう。ケンブリッジ大学――現在はスイス、ヌーシャテル大学――の生物学者のルドゥアン・ブシャリによれば、お掃除魚は実際にごまかしをする時があり、お客様魚が齧られたのに応じて短く振動した時に、このことが明らかになるという。読者の受診した歯科衛生士が歯肉を突いた時に――意図的でないことを希望するが――「いてっ！」と叫ぶのに似ている。

ブシャリによると、お客様魚は経験によってではなく評判によって、ごまかしをするお掃除魚よりも協力的なお掃除魚を選ぶのだという。お客様魚は、お掃除魚が他のお客様魚の口内で作業中の掃除魚を観察し、齧られてお客様魚が振動するかどうかを覚えておく。自分の番になると、お客様魚は誠実に仕事をしたお掃除魚に近づいていく。ごまかしをしたと観察で知ったお掃除魚は避けるのだそうだ。したがって協力的であるお掃除魚はお客様魚の間に良い評判を得ているのであり、ごまかしをするお掃除魚はお客様魚に悪い評判がたっているということになる。だがブシャリによれば、ごまかしをするお掃除魚は、自分の評判をごまかし、したがってこのシステムを出し抜く道を見つけているという。ごまかしお掃除魚は、口内衛生士として選ばれた後に大型のお客様魚をごまかすだけで、肉の厚い口中組織を持たない小さなお客様魚の口内では誠実に振る舞うのだそうだ。進化生物学者の用いる専門用語を用いれば、ごまかしお掃除魚は、低見返りの交流にあっては高見返りの交流の中で別の個体に選別してもらえるよう評判を立てるべく協力的に行動しているのだ。お掃除魚とお客様魚については第八章でもっと詳しく、そして協力関係を築く計画のための良きパートナーを見つけるさらに一般的な問題もそこで取り上げる。

環境を保護するのはなぜかくも難しいのか

ニューカッスル大で行われた正直の箱の実験で巧みに示されたように、日常の社会状況でも、エスプレッソ・マシンでコーヒーを購入する費用を分担し合う例のような公共的な企画に貢献したいとする人の性向は、それが自分の評判を向上させるのか、それとも毀損するのかを考える出来事や諸要素――気前よくお金を払ったり、ごまかしをしたりしている時に視られているといったこと――に影響されるだろう。囚人のジレンマで協力するか裏切るか、さらにはエスプレッソ・クラブに誠実に関与するかしないかを決めるのに伴う課題は類似しているが、この二つのシナリオには重要な違いがある。前者の場合、ジレンマは、二人の囚人の利益の間に潜在的対立があることだ。前に見たようにこのモデルは、例えば第三者に対する同盟の形成とか、お客様魚とお掃除魚との共生関係などのような二個体間で協力が必要となるすべての状況に適用できる。しかしエスプレッソ・クラブにお金を出すか出さないかを決めるのに関係するジレンマは、個人の利益とグループの利益との間の対立の中に存在する。クラブの全員が協力し合い、自分の飲むコーヒー代を全員がきちんと支払う時に、グループの利益が最大となるのは明らかだ。けれども経済学者と進化生物学者は、協力しない個体が特定されず、また罰せられもしないとすれば、誰もどんな公共的事業に貢献しようとしないだろうと述べている。彼らは、自分たちのゲーム理論モデルが正しく、自分たちの皮肉な言葉を正当化できることを証明するために、いわゆる「公共財ゲーム」で実験された結果を指摘する。

標準的な公共財ゲームは、四～五人のプレイヤーで行われる。彼らには、トークンを個人的利益――例えば自分のためにトークンを持ち続け、その価値全部を蓄えるなど――か、それともみんなのための共用施設にそれを寄付するといった公共の利益のどちらかに寄付するかの選択肢が与えられる。公共のための寄付がなされた後に、施設の価値は二倍になり——これが協力へと誘引するインセンティブとなる——、然る後にプレイヤーの人数で分けられ、プレイヤーの貢献度に関係なく均等に分配される。もしプレイヤー全員が自分のトークンを公共的施設へ寄付するとすれば、彼らは全員が勝者となり、その寄付から得られると見込めるリターンを最大化できる。しかしもし一人でも、あるいは複数のプレイヤーが利己的に振る舞い、自分のためにトークンを持ち続ければ（ゲーム理論の言葉では、こうした個体は「フリーライダー〈ただ乗り〉」と呼ばれる）、施設への寄付はバカバカしいのでもはや誰にも勧められないことになる。実際、数学者のジョン・フォーブス・ナッシュ——映画『ビューティフル・マインド（*Beautiful Mind*）』で主演のラッセル・クロウに演じられた登場人物——は、共有の施設に投じられたどのトークンも寄付者に半分しかリターンを戻さず、したがってやがて誰も共有施設に全く寄付しなくなることを示す数学的モデルを開発した。

　このモデルの予測と一致する形で、何回も行われた実験は次のことを証明した。つまり公共財ゲームが複数回にわたってなされると、最初のうちはプレイヤーは協力し合うが、そのうち次第にうまくごまかし、このシステムを悪用しようとする気にさせられるようになるので、誰もが段々と利己的になっていったのだ。人々が公共財に寄付しなくなることは、汚染されていない大気や水などの有限の人類共有の資源をうまく使っていくことが非常に難しいことの理由を説明している。ガーレット・ハーディンというアメリカのあるエコロジストは、一九六八年に『サイエンス』誌に発表した有力な論文で、適切にもこの現象を「公共の悲劇」と命名した。悲劇とは、こういうことだ。すなわち環境やそれと同じような物を保護するような場合、個人的利益の方が公共のそれを上回り、結局はみんなが損をするのだ。

それは、連邦政府や州に税金を払うのと同じだ。我々はすべて自発的に税金を納めている。納税は、我々自身の利益になるからだ。納税者の納めた税金は、道路や公立学校の建設や科学・医学研究のための資金、そして多くの国では――ありがたいことに合衆国も間もなくその中に含まれることになるだろう――国民皆保険制度の維持のために使われている〔訳注　オバマ政権による医療保険制度改革を指す。本書の執筆時点ではまだ議会を通過していなかった〕。しかしもし納税が強制されず、脱税者が罰せられもしないとすれば、ごくごく少数の人しか納税しないだろう。合衆国では誰もが、税金を払わないと脱税のかどでIRS（連邦国税庁）に税務査察され、重い罰金を払わなければならなくなったり、追徴課税分を納められない場合は刑務所に行かなければならなくなったりとかいう恐ろしい話を耳にしている。人々は何とかして納税を逃れようとする――特に大儲けして、脱税による見返りが大きければ――が、それでもイタリアほどひどくはない。イタリアでは納税の強制力は緩いから、誰も脱税で逮捕され、懲役刑になることを恐れていない。その結果、イタリア中に脱税が蔓延し、大半のイタリア人は自分のためにトークンを貯めているので豊かだが、国家はほとんど破産寸前であり〔訳注　二〇一一年から翌年にかけてのイタリアの経済危機をまさに予見している〕、結局はそれが国民を痛めつけている。まさに環境汚染と同じだ。

人間社会にはたくさんの「公共の悲劇」がある。けれどもこの状況も、人類に特異的というわけではない。例えば、何種もの微生物が同一の宿主――「公共の資源」である――の中で寄生している状況を想像してみればよい。それぞれの寄生者の利益は、できるだけ多くを宿主から搾り取ることだろう。だがすべての寄生生者がこのように振る舞えば、公共の資源は過剰搾取され、宿主は死に、やがて寄生者たちも宿主と運命を共にするのだ（そうでなければ、少なくとも新しい宿主を見つけねばならない）。

公共の悲劇は、納税と脱税で対処されるように、協力を強め、フリーライダーを罰するだけでなく、自発的に協力をしようとする個体に報酬を与えることによっても解決できる。例えば良い評判を得ることは、協力のコストを埋め合わせてくれる。なぜ、そしてどのようにして、評判が公共にとって善という状況で協力しようとする人の性向に影響を及ぼすことがあるかを知るためには、間接的な互酬という考えを取り入れる必要がある。進化生物学者は、直接的な互酬と間接的な互酬とを区別する。**直接的な互酬**とは、受益者はいずれお返しを得られるという期待感のもとに、ある個体が別の個体を利他的に助ける状況のことである。実際にお返しがあれば、両方の個体が利益を受ける。**間接的な互酬**では、ある個体が別の個体を利他的に助けるが、その助けは、助けを受けた元の享受者によってではなく、第三の個体によってお返しをされる。だいたいはそれに関与した第三の個体は、全員が同一のグループに属し、いくばくかの共通の利益を持っている。そのため間接的な互酬がグループ内部で広く実践されるようになれば、グループの全成員が利益を受けることになるのだ。しかし（例えば慈善団体に寄付をすることによって）支援が一つのグループ外の個体にも差し伸べられる時も、第三者が受けた支援を通して直接的にではないが、彼か彼女の評判を高めることを通じて寄付者は利益を得られるので、間接的な互酬は機能できる。このように将来、寄付した者を助けるという見返りを期待できない第三者への支援でも人々は良い評判を立てられる――ゲーム理論家の用語では、「肯定的イメージ得点」――一方、寄付を拒んだりした者は自らの評判に傷がつくことがあるのだ。

気前の良さで良い評判を得るか悪い評判が立つかということは、良い商売と悪い商売との違い、あるいは政治的な成功と失敗との間の違いと同義になることがある。例えばビル・ゲイツがまだマイクロソフト社のCEOであり、妻となるメリンダと結婚する前は、『フォーブス』誌の世界の大富豪番付のトップにしばしばランクされたけれども、彼はめったに慈善団体に寄付をしなかった。ビルがしみったれだという悪評は、マイクロソフトのビジネスにとっておそらくマイナスとなっていただろう。このソフトウエア業界の巨人は、非常に威勢が良く成功を収めていたので、結局のところ、その評判も取るに足りないものだったけれども。ビルがメリンダと結婚し、二人の創設した「ビル、メリンダ・ゲイツ財団」が慈善事業に巨額の寄付をするようになると、ビルの評判とマイクロソフトのイメージは大いに改善され、このビジネスにも良い結果となったはずだ。

ビル・ゲイツの例を説得力のあるケースとみなさない時は、評判についての気遣いが人々の公共的施設に寄付しようという意思にどれほど影響を及ぼすことがあるか、良い評判は金銭的利益や政治的な利益にいかに変換できるかを実証してきた実験研究を考えてみればよい。数年前、ウィスコンシン大学のジェームズ・アンドレオーニとジョージア州立大学のラーガン・ピートリーという二人の経済学者が、匿名性の程度をいろいろと変えるという条件で、一二〇〇人の学生にコンピューター公共財ゲームをさせた。学生たちは五つのグループに分かれてゲームを行った。あるグループのそれぞれのプレイヤーは、二〇個のトークンを与えられ、トークンは投資されたトークンそれぞれにつき投資家に二セントが支払われる個人資産にも、各投資家には投資トークンに対し一セントが支払われる公共財にも、どちらに投資してもよいとされた。ゲームには、実験条件が四つあった。**基本線**の条件のグループでは、五人のプレイヤー全員が自分たちのグループが公共財に寄付した総額を知らされていたが、誰が他のグループ・メンバーなのかを知らされず、個々人がどれだけのトークンを寄付していたかも知らなかった。**情報**の条件下で五人のプレイヤー全員は、グループのそれぞれのメンバーが公共財にどれだけ寄付したかを正確に把握しているが、それが誰なのかは知らされていなかった。**写真**の条件下の被験者は、他のグループ・メンバーの写真を見ているが、彼らの個人的な寄付に関しては何の情報も持っていなかった。最後の**情**

報と写真の条件では被験者は写真を見て、情報も受けており、したがって誰がグループ・メンバーを知っているし、各人がどれだけのトークンを寄付したかも知っていた。この実験が示したのは、情報と誰がという特定を一緒に与えられれば（情報と写真の条件）、基本線条件に比べて公共財への寄付は五九％増になるという結果だった。他の二人の経済学者のマリ・リージとキェティル・テレは、後にこの結果を、それ以前には会ったこともないオスロに住むノルウェーの学生たちが一ラウンドだけの公共財ゲームを行った研究で再現させてみせた。この場合も、見知らぬ者同士でも、評判を気にさせることによって公共財により多くを投資する方向にし向けられるのである。

ヘイリーとフェスラーが独裁者ゲームで実証した協力に際して視られているという意識の効果は、公共財ゲームでもやはり証明された。ハーヴァード大学の研究者であるテレンス・バーナムとブライアン・ヘアは、誰が誰かを知らせないという条件で、学生たちに公共財ゲームを複数回やらせてみた。ただし学生たちは、眼を持つ以外は特に人間のようには見えない、マサチューセッツ工科大学で作られたロボットのキスメットの画像をスクリーン上に表示させたコンピューターを用いるという条件下でゲームを行った。キスメットに視られていると感じたプレイヤーたちは、それを映さないスクリーンでゲームをやったプレイヤーたちよりも公共財に二九％も余分に寄付していることが明らかになった。

社会心理学者は、我々はみんな、他人から共感と尊敬を勝ち得ようと絶えず努めて、自尊心を守り、社会的な独自性を向上させているので、評判を非常に気にしている、と考える。彼らの見解では、良い評判が立つという心理的な報酬が人々が公共財にお金を出そうとする理由を説明していることになる。これは、たぶん当たっているだろう。だがもっと奥の深い、より利己的なインセンティブが作用している可能性もある。経済学者は、人間は個人的な金銭的利益を最大化させ、その損失を最低限にしようとして、評判に投資すると主張するが、一方で進化生物学者は、動物とは個体の適応的利益を最大化させ、その損失を最小化させるべくやっていると考えている。（ここで「金銭」とは「お金」を、「適応」とは「生き延びて繁殖すること」を意味する。）基本的に良い評判は、クレジットカードの使用限度額の拡大ということである。良い評判がなければ、他人から信用を得られないし、与信枠も持たない。協力という行動を通して我々は名声を確立するので、将来の事業取引の額をいっそう大きくするための与信枠を与えたいという他者の意思がそれに合わせて増えるのである。

名声が金銭的利益と政治的な利益を得る結果になり得ることは、これまでの実験で証明されている。例えばスイスの生物学者のマンフレッド・ミリンスキらの実施した一連の研究で、気前の良さに対してプレイヤーが間接的に見返りを受ける間接的互酬のゲームと公共財ゲームが交互に行われると、評判は公共財ゲームでの協力を強めることが明らかとなった。このように、ある事情で良い評判を得て、次に別の事情でその評判から利益を得たごまかしをするお掃除魚とちょっと似て、公共財ゲームでの気前の良さで得られた名声は、その後の間接的互酬ゲームで利益を得ることにつながる。しかしミリンスキが示したように、間接的互酬ゲームが除外されていたり、どちらかのゲームで確立された良い評判がもう一つのゲームに伝達できないようにされてプレイヤーが二種類のゲームで全く異なる役割を与えられていたりすれば、公共財への関与は直ちになくなる。このように、将来の社会状況でも自分が評価されるかどうか、そしてこの情報を使って自分の評判へと人が投資するかどうかに――そうすれば別の状況でも具体的な利益につながりそうだという時だけ――、人々は注意を払っているのだ。

これはずいぶんとシニカルに思えるが、それが実験で明らかになったことでもあるのだ。けれども、誰もがこうした結果を少し懐疑的に思うかもしれない。なぜならこれらの結果はすべて、仮想実験という条件で大学の学生から得られたものだからだ。おそらくリアルの社会の人間は、経済的実験の被験者としてボランティア的な参加で僅かな報酬を得た学生のようには行動しないだろう。

だが明確になっているように、リアルの社会でも支援者の素性と気前の良さを明らかにすることは、重要なのである。例えば慈善団体は、敬意を表して胸像を建てることから雑誌やウエブサイトでその名を広告することまで、寄付者にその人物の身元を広報する大きな機会をしばしば与えている。さらに寄付金を集める組織は、寄付した者に寄付した額に応じての割増の贈り物を申し出ることによって、寄付者がこれだけの額を寄付したと多くの人たちに広報することも許可する。寄付金の水準での比較は、寄付した者たちの中で良い評判と地位を高めるのに重要である。寄付金を集める側は、このことを熟知しているようだ。彼らがある特定の人物から寄付を求める場合、他の人たちがすでに寄付している事実を明かし、寄付した彼なり彼女なりと対抗できるだけの寄付金額をそれとなくほのめかすこともあるだろう。慈善団体は、カテゴリーごとの贈与契約を報告することによって、寄付をする人たちの寛大さの比較も積極的に進める、したがって名声を求めての競争を促す。例えば博物館や劇場は、寄付金の総額に基づいて「後援者」、「協賛者」、「会員」というカテゴリーに分類し、プログラムに寄付者の名前を載せる。施設ごとに注意深くなされるこうしたカテゴリー化は、より高いカテゴリーに上がろうとする寄付者を「かき集め」ようと意図している可能性が最も高い。

アンドレオーニとピートリーはさらに別の実験で、評判は寄付に重要な役割を演じる証拠を示した。この経済学者二人は、慈善団体への寄付を模倣したコンピューター・ゲームを学生たちに行わせた。プレイヤーには匿名性を守るという選択肢も与えられていたが、自分の身分を明らかにすることを選ぶと、贈与の額に基づいた気前の良さの違いによるカテゴリーを割り当てられた。自分の寄付を公表されるという選択肢を与えられた場合、プレイヤーはより多額の寄付を行った。カテゴリーの報告は、低いカテゴリーがより高いカテゴリーへと昇格をかなえるための贈与契約の上級への移行にも重要な効果があった。これと同じようにミリンスキらによるもう一つの実験によって、著名な世界的児童救済組織であるユニセフに公の場でなされた寄付が個人的な金銭的利益をもたらす結果になり（寄付者役のプレイヤーは自分のグループのメンバーからより多くのマネーを受け取った）、政治的な評判を高めることにもなる（彼らは自分のグループの利益を代表すべく選ばれた）ことを明らかにした。進化生物学者のリチャード・アリグザンダーは、自著『道徳体系の生物学（*The Biology of Moral Systems*）』に皮肉っぽく、こう書いた。「たくさんの互酬を伴う複雑な社会システムでは、互酬的交流にとって魅力的と判断されることは、成功するための必須の要素となるようだ」。

個人的関係における人の評判は、以前の交流の中での彼なり彼女なりの行動を直接に観察した結果に基づいて立つのがしばしばだが、その一方で公的生活での評判は、頻繁に宣伝される協力や気前の良さの行動を通じて形成されることが多い。両方とも第三者を通じての評判の伝達――言い換えればゴシップ話――は、重要でもある。ゴシップは良い評判を立てるにも悪評を広めるにも大きな役割を果たすことが多いので、協力や寄付をしようという人の思考にゴシップが影響することがあるという見解は当然だろう。実際、この点に関しての疑いを完全に振り払った実験がいくつもある。心理学者のジャレッド・ピアッツァとジェス・ベーリングによってなされた最近の実験に、匿名性を維持して独裁者ゲームを行わせたものがある。匿名だが、一部のプレイヤー1には、プレイヤー2は身元の知らされた第三者とマネーを分かち合おうという自分の決断を説明するだろうと伝えられていた。ゴシップの脅しと自分の評判についての関心によって、独裁者たちも自分のマネーを分かち合うのに前より気前良く振る舞うように促されたのである。

人間社会でゴシップがどのように広まっていくかを考えると――大学の食堂と田舎の村でのしゃべくりの中身を調べた研究によると、その五〇％以上はゴシップ話だと報告されている――、事業上の野心や政治的野心を持つ者なら誰でもネガティブなゴシップよりも肯定的な方の対象になりたいと努めるだろうことは明らかだ。しかし良い評判を高めるには当然に高い投資を伴うし、それが将来の利益に直結する好機となるのなら、そうすることも意味がある。だがゲーム理論の様々なモデルは、将来の利益に全くつながりそうもないことが明らかになると、人はすぐに自分の評判を広めようとする投資をやめるだろうという予測を示している。そして実験をすると、このことが本当だと確かに分かるのである。

裏切り者の罰

例えば一〇〇万ドルも寄付するといった気前の良さを誇示する派手な行動によって良い評判を広めることは、我々の大多数にとっての選択肢に入らない。一般的には良い評判を確保することは、多くの人たちに公共的施設に金を出させる誘因として十分ではない。こうした人たちに対しては公共的施設への関与を、法、そして罰金と刑期の威嚇で強制しなければならない。しかし外から来る要因は、人が行動を起こそうする内的な精神管理ほどに強力なものではない（し、コストに見合って効果的でもない）。規則が内在化されると――すなわち人々が当事者意識を感じ、規則に従うのが一番有利だと考えた時――、そうした人々は最も有能な執行者になる。人々は、規則を破る者があれば逮捕して、適切な処罰を与えるのを確実にするため、一斉に密告者、警官、裁判官のように機能し出すのだ。自己処罰は、厳しく、そして苛酷なことがある。中世カトリックの一部修道士の間で行われた鞭打ちの自己処罰を考えてみればよい。彼らは、淫らな考えや行いをやったことで自らを罰するために、自分の背中を鞭で打ったのである（小説『ダ・ヴィンチ・コード〈*The Da Vinci Code*〉』に登場する白子の修道士暗殺者によって我々が注意を向けられた現象だ）。また自分の行ったことで罪の意識から自殺を犯し、それが基で死刑を科されることもある。

人々に税を納めるように強制する法律は、内面化されないのが普通だ――誰一人としてＩＲＳ（連邦国税庁）を欺いたからといって自殺などはしない――が、宗教的規則や道徳律は違う。このことが、宗教と道徳は民主主義社会の法や法的強制機関、さらには圧政的な独裁体制の暴力や威嚇よりも、人間の行動を統御するずっと効果的な手段となる理由の説明なのだ。人によっては他人よりも規則の内面化が上手な人もいる。あるいはまたある状況下では他の場合より内面化がずっと容易だと思う人もいる。罪の意識が人々の利己的な行いやごまかそうという性向を抑制するように働かない場合、人は進化生物学者のロバート・トリヴァースが「倫理的攻撃」と名づけたことに手を貸す。

人々が協力的な相互行動の行われている中で裏切りを知ると――他の個人に関わることであれグループ全体であれ――、その行為を公に糾弾したり、ネガティブな噂を広めたりしてその個人やグループを罰するだろう。裏切り者に悪評を流すことで、他の人たちは将来の協力のパートナー――恋人同士の関係や夫婦の関係であろうと、さらにはビジネス上の協力関係であろうと政治活動であろうと――としての可能性を弱体化させ、それで彼らにコストを負わせるのだ。人々が無理してでも裏切り者を罰しようとするのは、人間の協力と信頼を伴う囚人のジレンマ、独裁者ゲーム、公共財ゲーム、その他の多くの経済学ゲームなどによる無数の実験からも実証されてきたところだ。だがここで、この実験から離れて、毎日の暮らしというもっと具体的な例を概観してみることにしよう。

悪意のある噂話が誰かの社会的、財政的、政治的な評判にダメージを与えることがあるのは、我々みんなが知っている。悪意のある噂話は、一種の刑罰とも言える。その刑罰によって道徳という警官は、報復のリスクに晒されることなく裏切り者たちに、致命的になりかねない痛手を与えられるのだ。場合によっては、罰せられている当の裏切り者もその噂に気がついていないことさえある。仕事や家庭のことが裏切り者にとって悪い方向に動くと、彼なり彼女なりはそれを運の悪さとか宿命のせいにすることもある。これは最も興味深いことだが、その他の種類の倫理的な刑罰は、上手に宣伝されるのである。

倫理的攻撃の目的は、ごまかしは見逃されずに注目されており、しかも賛同されていないことを周知させることだ。この穏やかな形態に、警告音を鳴らすものがある。例えば多くのイタリア人によく見られるが、私はとても上品とは言えないような運転をしている。カリフォルニアの道路で車を運転し、いくつかの交通規則を無視すると、たとえ他のドライバーが私の運転によって直接に影響を受けなくても、彼らは私に向けて警笛を鳴らす。しかし私のような交通規則の違反者に対しての倫理的攻撃は、配偶者への裏切りやスポーツ、ビジネス、政治のごまかしをする人たちへの倫理的攻撃に比べれば、どうということはない。一つだけ実例を挙げると、長い間、夫に騙されてきた妻たちの中には、途方もない金を支払って、夫の悪い噂を流し、他のどんな女性も将来、今の夫と確実に結婚しないようにするために、人通りの多い都会のど真ん中に貼られた巨大なポスターの上に自分を騙してきた夫の名前や顔を付け加えるようなことをする女性だっているのだ。

協力をしない個体への罰は、協力こそ重要である多くの動物社会にも存在することが明らかになっている。例えばアカゲザルは、森の中である個体が熟した果実がいっぱいなった木を発見すると、他の群れのメンバーに向けて通常は注意喚起の叫び声をあげる。霊長類学者のマルク・ハウザーは、一部のアカゲザルは群れの他のメンバーに呼びかけもせずに自分だけで果実をみんな食べてしまったが、後でそれが露見したら、群れの中で攻撃された事実を報告した。これを倫理的攻撃とは呼ぶつもりはない――アカゲザルには倫理・道徳は存在しない――が、この状況は人間の倫理的攻撃とそっくりである。

人間は倫理的な攻撃を恐れているし、間違いなくそうである。協力しないこと、規則を破ることで他人から負わされるコストは、相当に高い。したがって我々が視られていると感じたり、自分の素性が割れていると分かっていれば、協力し合う可能性の方が高い二つの理由があるのだ。さらに協力を得るための名声を確立すること――それは、将来の投資家から目に見える形の利益を受けることにつながるかもしれない――に加えて、ごまかしがばれても罰を受けることを避けたいとも考えている。人に協力してもらうことを期待する者をごまかすのは、いつも利己的であり、非道徳的か違法でもあるだろう。協力のゲームでの裏切り――ゲームの本質にもかかわらず――は、別のこと、すなわち競争をも表す。我々が相方やグループの者たちをごまかす時、彼らを上回るほどの利得を望んでいる。協力の代わりに競争するという意識的な選択をしているのだ。例えば利他的行動が良く知れ渡ればブラウニー〔訳注　夜間に現われてひそかに農家の手回り仕事をするスコットランドの伝説の小妖精〕が我々が積み上げた評判で示すように、まさに協力が利得となるように競争にはコストがあるから、もし我々が行う競争的／利己的な行動が匿名性という毛布の下に隠されるなら、こうしたコストは最小化できるし、避けることもできることになる。第三者との協力を選ぶ人がスポットライトを浴びるのを好む――そうやって誰もが自分の活動への報酬を目にし、報酬に感謝し、最後には希望する――ように、他の人たちを助けるよりもあざむき、傷つけることを選ぶ時は、彼らは闇の中で活動することを好むのである。

暗闇の中の競争

一九七七年のニューヨーク市での大停電

一九七七年六月一三日の午後八時半頃、度重なる落雷で引き起こされた送電線と中継局の障害によって、ニューヨーク市の広大な区域は約二四時間も続くことになる大停電に見舞われた。照明が消え、何百万人もの市民が暗闇の中に放置されると、津波級の犯罪の波が街を、特に貧困層の住む区域を襲った。漆黒の闇が匿名性を保証し、警官の介入を妨げたので、人々は店舗を襲い、アパートに強盗に入り、窓を打ち破り、ビル街全体に火を点けた。一晩でニューヨーク市全体で、一五〇〇軒以上の店舗が略奪にあった。窃盗と物的損害も、暴力犯罪の後に続いた。人々は街頭と自宅で強盗に遭い、銃で撃たれ、女性はレイプされ、五〇〇人以上の警官が負傷した。電力供給がやっと回復した翌日の夜半までに、ニューヨークの歴史上最多の逮捕者数である四〇〇〇人以上が逮捕された。しかしその夜に犯罪を行いながら逮捕を免れた犯罪者の数は、それよりはるかに多かっただろう。

その夜、店に押し入ったり、強盗を働いたり、女性をレイプしたり、殺人を犯した連中が全員、プロの犯罪者というわけではないことは明らかだ。彼らの多くは、おそらく犯歴を持っていなかっただろう。イタリアの諺に言う「*L'occasione fa l'uomo ladro*」、すなわち「機会さえあれば人は盗人に変わる」のである。この諺が示すのは、世界は盗みを働く悪人とそんなことをしない善人に分かれているのではなく、適当な環境が与えられれば誰もが盗人に――殺人者にさえ――早変わりし得るということだ。もう一つのイタリアの俚諺「*I proverbi sono la saggezza dei popoli*」に従えば、「諺とは人間の集合知である」。こうした俚諺は人間の本質について基本的な真理を表しているが、説明は全く付いていないのが普通だ。「機会さえあれば人は盗人に変わる」理由を説明するには、行動の合理的なモデルが必要だ。

経済学者と進化生物学者のモデルによると、盗みとは基本的に他人の犠牲の上に個々人が利益を得る競争の利己的活動だという。「良い」機会を掴めば、利得（ベネフィット）は高く、コストは低い。盗みをコストにするために、社会は人々の安全と財産を守る法を作り、その法で法を破る者たちを罰するのである。すべての市民に税を課す法のように、法に従うことは、公共財ゲームの公共的な基金にトークンを寄付するように強制されることと同じだ。寄付しないと——さらに悪いことに公共的な基金からトークンを盗むと——支払うべき代価がある。代価が取り除かれると、ごまかしの利得（ベネフィット）の方がもはやコストで埋め合わせられないほど大きくなる。

漆黒の闇で可能になる匿名性と摘発を免れることによって、人々は社会的な規約を破り、自分の利己心と他者——個人と社会全体の両方——を犠牲にしてもかまわないというエゴ丸出しの人間の性向を解き放つように促されるのだ。普通はそんなことをする連中は、それで最大の利益を受ける者たち、つまり貧困層や抑圧された層である。（大金持ちは新品のテレビを入手するために家電店に略奪に入る必要はない。）社会の取り決めで強制される協力ゲームの中で、自分は貧乏くじを引かされていると感じている人たちがいるのは確かなのだ。

スポーツのようなルールで規制されているか犯罪を抑止する法で規制されているかのいずれにせよ、エゴによる競争は、協力と同様に人間の本性の不可欠な一部である。そして利得（ベネフィット）とコストの間の比率の変動次第で、通常は抑制されている害悪のある行動が解き放たれることがある。牢屋にいるのは大部分が貧困層か無学の人たちなので、では協力ゲームで裏切ることが適応的である場合、そのように行動する人間の生物学的な性向はこうした人々での方が強い、と言えるのだろうか？　教育、富、安定した仕事は、社会に害悪を与える可能性のあるエゴによる競争に入る傾向から人間を守り、規則を破るのが有利となる場合でも規則に従って行動する可能性を高くするのだろうか？　残念ながら、私はそうは思わない。十分な教育を受け、富んだ人たちでも、裏切る方が適切な環境では、裏切る他の人たちと同じ傾向を示すのだ。ただこの傾向は、通常とは違った状況で表現されるけれども。例を挙げれば、闇の中にいて、匿名性に守られていることが、十分な教育を受けたある特殊な一集団を害悪をなすエゴ丸出しの競争という傾向に解き放つ。その集団とは、大学の教授たちである。

匿名の査読

市民の健康と福祉のみならず、一国の政治上、法律上、経済上の生活に関しての重要な決定の多くは、政治学や法学、経済学、社会学、生物学、医学といった学問で達成された知的進歩から影響を受ける。同様に今度はこれらの学問の進歩は、研究を行うための資金と発見した事実を専門誌や書籍に発表するのに依存している。研究費と論著発表は、研究がなされる大学の利益にもなる。合衆国の教授は、政府から大規模な研究助成金を得る場合、その半分以上の額が大学の財布に直接入ってくるからだ。イギリスの場合、教授が一流の専門誌に論文を発表すればするほど、その教授の所属する大学は政府の財政支援を受けられるようになっている。当然、研究資金を確保し、論文を出すのに大いに成功した教授は、大学から引き抜きのオファーを受けたり、早い昇進と高給で報いられたりする。かつてはペンと紙で気楽に本を書いていた学者の職業であった知の追究は、今ではビッグ・ビジネスとなっている。そのうえ多くの巨大大学は、次第に大企業のように活動するようになっている。

言うまでもないことだが、どれだけ多くの利害が絡んでくるかを考えれば、論文の発表と研究資金の獲得は、まさに競争的な活動だと言える。専門誌に投稿された論文のほんの一部しか採用・掲載はされないし、助成金に応募したさらに少ない研究しか財政支援を受けられない。では、どれを採用するのか、誰が決めるのだろうか？　政治家か？　それとも政府に雇用された専門家か？　いや、そうではなく、教授自身、である。「査読」と呼ばれるプロセスを用いて、教授たちは互いの研究者の成果を読み、受理か却下を勧めるのだ。こうして査読者が受理を勧告すると、その論文著者は、社会を助け、人類の未来を向上させることのできる、より上の研究計画を進めていけるし、そればかりでなく、彼なり彼女なりのキャリアが上がり、その銀行口座の残高が膨らんでいくのである。反対に論文や助成金の応募が却下された結果は、心理的にも財政的にも、研究者にとって破滅的である。自分の努力の成果を人々が互いに競い合っているどんな人間社会の事象でも、個人的関心は、知的で学術的な成果の査読にも顕著に関係してくるし、客観的な判定と決定を下す妨げにもなり得る。

査読を考案した人は誰でも――私はこの人物を「創案者」と呼びたい――、論文投稿や助成金応募を審査する度に、この執筆者の研究を受理するか却下するかを決める査読人の勧告が標準的な「囚人のジレンマ」ゲームでの協力か裏切りかの手と同じものであることを痛感したに違いない。もし教授たちがそれぞれの研究業績を研究歴を積む間に何度となく審査するとすれば、頻繁に及ぶ役割交代でそのゲームが繰り返し演じられる。審査する査読者は、執筆者の研究業績を受理するか却下するかを勧告して最初の手を打つことになる。もしその執筆者が予想されたように仕返しの手を打つとすれば、審査する査読者が次に役割が逆転した時に査読者となって対抗するだろう。

「創案者」は、教授たちが互いにこうしたゲームを演じるならば、査読過程でなされた決定がメリットがあるにもかかわらず、プレイヤーの行動の跡をたどるだけとなるだろうことを理解したに違いない。

これは、災厄だ。二流の人物が、きらびやかな学界の業績を持てる可能性があるからだ。多くの納税者にとっても、同じだ。納税者はさほど重要ではない研究プロジェクトに資金を浪費させられるからだ。さらにそれよりも深刻なのは、二人のプレイヤーが査読を引き受けたり執筆者の役に就いたりする頻度（例えば年季の入った教授は、若い同僚の研究を、その逆よりもはるかに頻繁に査読するだろう）と勧告の結果（例えば一人の査読者による一回だけの勧告が、執筆者の研究歴全体に影響するかもしれない）の非対称性である。そのことが、その決定に影響を及ぼそうとする企図につながるだろう。執筆者は賄賂を贈ることによって見返りに好意的な勧告を得ようと努めるかもしれない。もしくは逆に脅迫や暴力を使って、否定的な勧告を挫こうとしたり懲罰しようとしたりするかもしれない。そして大学の教授たちは、時には実際に否定的査読をしたかどで同僚を罰するために暴力に頼ることもあるのだ。そう古いことではないが、アラバマ州のある生物学教授（女性）は、同僚によって自らの終身在職権（テニュア）の申請が却下されたために、同僚教授を銃撃し、三人を殺害した。

査読者を守り、否定的結論を受けた執筆者の報復から査読者の安全を確保することは、「創案者」の主要な関心事であった。彼らは、これは査読者の身元を匿名にすることで有効に達成できると考えた。こうすれば、査読者は仕返しをされることにあれこれ頭を悩ませる必要はないし、贈賄の試みや報復の恐怖から免れられるだろう。査読者が外部からのあらゆる影響力によって束縛されることがなかったなら、それが正しい行動であるがゆえに（さらにその趣旨に予め合意していたので）執筆者の業績について誠実で客観的な審査をするだろう、と「創案者」は考えた。だが人の本性が執筆者の行動にどのように影響するのかについては大いに関係してくるから、この際に「創案者」は、査読者もまた人間であるという事実、そして匿名性の条件下で第三者の研究、キャリア、金銭的成功に決定権を与えられた者はどのような人物であれこの権限を自分の私欲のために使う誘惑にかられるだろう事実を見落としたのだ。

問題は、次のことだ。確かに教授たちは互いの研究業績を審査するには他の誰よりも適任だけれども、彼らもまたみんな同じコミュニティーに属し、研究助成金、権威ある研究誌への発表機会、高位の職といった限られた資源をめぐって競争しているのだ。このコミュニティーの目標を高めたいという利他的な動機——質の高い、重要な業績を出すことに専念して——は、競争相手を蹴落としても自らの個人的目標を達成したいという利己的な動機と避けようもなく混ざり合う。経済学と進化生物学から得られるモデルは、こうした利他的、利己的動機のうちどちらが相対的に突出するかも、協力と競争の利得と費用（コスト）のバランスいかんに左右されることを示している。匿名性は、競争に関与するこの費用・利得のバランスを劇的に変える。匿名性は、（協力することの誘因を下げるので）競争のコストを事実上、取り除くのだ。

これをもっと良く理解するには、他人と協力し、自らの属するコミュニティーに寄与することが良い評判を強め、将来、個人的利得の得られる見込みが高まるとすれば、そうでない場合よりも人はそのようにする傾向があることを思い起こそう。査読制のもとで、他の研究者の業績についての客観的で誠実な審査は、概してそのコミュニティーには利益となるが、匿名性は査読者から協力的な行動を通じて良い評判を得られる機会を奪うのだ。協力の間接的な利益を引き下げることに加えて、査読者が匿名であることは、競争のコストも大いに引き下げもする。経済学のモデルと進化生物学のモデルが予測するところでは、個体が代償を払わずに——それについて罰せられないということだ——自らの競争者を痛めつける機会を与えられれば、彼らは実際にそうする可能性が高い。一九七七年のニューヨーク市の大停電の間に人々のとった行動は、このモデルに合致する。同じことは、兵士が他国に侵略し、市民に犯罪を働く戦時にも起こるし、大地震や巨大ハリケーンに襲われたような自然災害の後にも起こる。こうしたことは、法の強制システムを破綻させてしまうので、その後に犯罪の急上昇をもたらすのだ。匿名の査読者の行動も、このモデルと一致するのだろうか？　闇の中に陥った時、大学教授は自らの同僚を殺し、同僚の財産を略奪するのだろうか？

好機が査読者を競争者に変える

査読の過程での査読者の匿名性の効果を調べれば、我々人間の本性をのぞく窓が得られる。特に大学教授は自分の仕事としてたくさんの研究を行い、査読システムは何百という研究のテーマだった。悲しいことに、これらの研究の結果と事例証拠が教えてくれるのは、匿名の査読者は自分が審査に当たる執筆者の知的財産をしばしば実際に盗むことがあるというものだ（どういう時かと言うと、査読に当たった論文執筆者のアイデアを盗み、その成果の発表を遅らせ、自分がそれを再現させる時間を稼いで、その成果を自らのものと主張する場合だ）。また（査読に当たった執筆者の論文を発表させなかったり、辛辣な否定的批評を付けて助成金応募による資金援助をやめさせたりして）執筆者の知的財産を永久に棄損するか破壊する場合もある。知的財産の窃盗や棄損に加えて、匿名の査読者は、同僚の終身在職権の応募を却下するよう勧告する場合などのように――結局、専門的職業人の「殺人」に等しい――、人に対する罪を犯すこともあり得る。

数年前に私は、多数の科学研究を財政支援する合衆国政府機関である全米科学財団（ＮＳＦ）に助成金応募を提出したことがある。特別な調査プロジェクトを実施すべく、その資金援助の要請をしたのだ。ＮＳＦは、ある教授から助成金応募を受けると、他の大学の同一分野の教授に匿名性査読を引き受け、受理か却下かを勧告してくれるよう、依頼する。査読者は、執筆者や執筆者の一般的な業績へ個人的な批評を下すのではなく、その提案書の科学的メリットと社会全体にもたらしそうなインパクトに関しての批評を出すようにＮＳＦに念入りに指示される。この忠告にもかかわらず、私の応募を審査した匿名の査読者は、以下の一節の見解で始めた。「執筆者（私のことだが）は過去に国立衛生研究所（ＮＩＨ＝ＮＳＦとは別の政府の資金提供機関）から多額の研究費を受けたことがある。この執筆者がＮＳＦからも資金を得られると思うようになれば、良くないことだ。」それだけであり、提案書の科学的メリットへの論評は、ほとんど無きに等しかった。

不当に厳しい批判と個人攻撃（それを我々はラテン語で「アド・ホミネム（*ad hominem*）」と呼んでいる）を書き込んだ匿名の査読を受けることは、却下そのものによる専門分野での痛手以上にその研究者を痛めつける精神的なトラウマ体験となる。匿名の査読制を生き延び、学界で成功するには、研究者は批判に鈍感になり、却下とそれに伴う職業上の後退を軽くあしらう能力を磨く必要がある。私はこれまでの研究者人生で何百回となく却下を受けてきたので、その過程で相当に打たれ強くなったと考えるようにしているが、それでもとげとげしい匿名の査読を受けると、研究者を辞め、その代わりにガーデニングを始めたいと思いたくさえなる。植物は一緒にいて、人間よりもずっと安全だし、元気をつけさせてくれるはずだ。

誰もが競争を中断させたり、少なくともずっと止めさせようと、匿名の査読制を利用しているわけではないのは明らかだ。多くの却下例は、それにふさわしいものだし、建設的な批判を提示し、執筆者にいかにしたら質の高い業績を挙げられるのかを学ぶのに役に立つ。だがよくあるのは、投稿論文や助成金応募に対する匿名の査読が、良い批評と悪質な非難とを混ぜ込んだ寄せ集めであることだ。イギリスの二人の医師、ピーター・ロスウェルとクリストファー・マーティンによってなされ、二〇〇〇年に雑誌『脳』に発表された研究結果によると、原稿が受理されるべきか、書き直しさせられべきか、それとも却下されるべきかについて、それぞれ独立した査読者間で一致することは、めったにないことが示された。たまたま一致したのだと予測されるよりも、実質的には多くはなかったのだ。仮に私の原稿が三回、匿名の査読を受けるとすると、ある査読者はこの原稿は驚くべき革新的なものだと評価し、次の査読者はまあ、いいんじゃないかと言い、三人目はこの原稿はこれまで書かれた中では最悪のものだと酷評するようなことが、事実としてしばしばあり得るだろう。（注　これは主に「良質の」投稿に起こることだ。質の低い投稿論文なら、通常は三人が三人とも否定的な審査結果を下す。）一部の学術誌では、寄せ集めの講評を得た原稿でも出版のチャンスのあるものもあるが、投稿原稿の大半を却下する学術誌では強硬な否定的査読結果は「死の接吻」となる。これはよくあることで、特にその学界のボス的な上級教授から出た審査結果であれば、なおさらだ。

匿名の査読制度を通じて論文を出版し、助成金を獲得しようとすることは、地雷原を歩くようなものだ。地雷はどこにでも埋まっており、誰かが足を踏み出すごとに爆発する恐れがあるからだ。ただ地雷の大部分は小さいから、爆発したとしても、致命的な怪我となることは少ない。後ずさりして傷をひと舐めした後に、前進を再開できる。しかしそれぞれの爆発の後に続く不安、恐れ、怒りとともに継続してなされるダメージは、ゆっくりと、左右にジグザグに進み、たいてい二、三歩は後退することを強いられるので、本人にとっては精神的な大打撃となり、時間と資源への重大なコストが課されることになる。

時々、何度となく起こる地雷爆発によるストレスと痛みを回避しながら、地雷原の中にまっすぐに、落ち着いた速度で進める安全な通路を確保してこのシステムを打ち壊してきた人物に学界でめぐり会うことがある。こうした人の中には、長い研究者歴の間に数百編もの論文を出版した人がいる。だがこうした論文のほとんどは、一つか二つだけの学術誌に発表されたものである。そうした研究者はその雑誌では、雑誌編集者との個人的なコネのおかげで決して却下をうけることがない。これまで私は彼らの一部が成功体験にうぬぼれて、安全な通路を外れて別の雑誌に原稿を提出しようと決意した例を見たことがある。そうした連中は、いつも決まって地雷を踏んで、他のみんなのようになぎ倒されるのである。

吸血鬼対人狼

査読システムにも数多くの主観的判断が存在することは、これまではっきりしたと思う。査読者が匿名であることは、何の責任も問われずに競争相手を斧で引き裂いて徹底的にぶちのめすことを可能にするのだ。しかし人間は、いつも一対一の土俵でだけ闘っているわけではない。人間は様々なグループにも属しているし、他のグループの利益よりも自らのグループの利益を上回るようにすべく競争もしているのだ。研究と学術との仕事では、様々な国の出身者を引き入れることがあるし、女性に対して男性を、若手に対して老練研究者を、ちっぽけな単科大学の教授に対して巨大な研究大学の教授を、動物を実験に使う研究者に対して人間を対象に調べている研究者を、ラボでネズミを相手にしている研究者に対してサルを調査している研究者を競争させている。したがって査読者と執筆者とが異なるグループに所属している場合、匿名での査読は査読者と競合するグループに対して得点を得るチャンスを与える。私はサルを研究するサル人間だから、助成金応募の査読を求めると、それがネズミを相手にしている人たちの手に落ちるのではないか、といつも恐れている。彼らは、それが誰であれ、我々の全員を絶滅させようと望んでいる（我々が扱う動物は、彼らが扱う動物よりも格好いいから）。そして彼らは、動物研究のための研究資金を全額、**自分たちの**所に持ってこようと望んでいる。それはまるで、連作青春小説『トワイライト（*Twilight*）』シリーズに出てくる吸血鬼ヴァンパイアと人狼のようだ。こうした争いが偏執病的な教授の心の中だけでなく現実の人生に起こることは、査読制に関する多くの研究によって明らかにされている。

さらに興味深い研究として、単純盲検法の査読で審査された投稿原稿と二重盲検法の査読で審査されたものとを比較したものがある。単純盲検の査読とは査読者は匿名だが執筆者は匿名ではないという伝統的なシステムで、もう一方の二重盲検法の査読では執筆者名も匿名のままに審査される。執筆者を匿名にするために、投稿原稿や助成金申請書の最初のページ——そこには執筆者の名前や所属などの個人情報が記載されている——は、査読者に送られる前に取り除かれる。執筆者が女性や別の国の研究者、競争相手の機関に所属する教授であれば、査読者は、二重盲検法の査読よりも単純盲検法の査読での方がかなりの確率で却下の勧告を下す可能性が高くなる。言い換えれば、査読者が執筆者の身元を知っている場合、その査読者による審査は特定のグループの研究者に対して様々なバイアスがかかるということだ。（注：二重盲検法の査読は、単純盲検法によるものよりも良いことは間違いないが、完全さにはほど遠い。多くの場合、査読者は執筆者が誰であるかを推定できてしまうのだ。）女性研究者に対する偏見は、それが彼女たちを研究や学界から強制的に退出させてしまうことになりかねないため、特に深刻だ。女性研究者でPhD（学位）を取得し、学界で研究歴を積み始める人数は増えているけれども、それよりはるかに多数の女性研究者が男性研究者よりも学界から脱落してしまっていそうである。

私の知るところによれば、単純盲検と二重盲検との査読の比較で、年齢でのコホート効果は公式には研究されたことはない。しかし同じ年齢群に属するメンバーは——過去の結び付きのためなのか共通の関心によるからなのか――、他の年齢群を犠牲にしていつも互いのキャリアを援助し合っていることは学界ではよく知られている。例えば（一九四五年から一九六〇年に生まれた）ベビー・ブーム世代のメンバーは、アメリカの学界では影響力の強いグループだ。彼らの多くは、若い世代の専門的職歴と成功について生殺与奪の決定を下せる権限のある地位に就いている。（第三章ではベビー・ブーマーたちの依怙贔屓行動を述べた。）若い世代を支援する代わりに、多くのベビー・ブーマーは、自分の行使できるあらゆる手段を使って自己の権力と資源にしがみつき、それを離そうとしないことで自分たちの後に続く世代の希望と野心を打ち砕いているのだ。三〇年連続で、合衆国政府から研究資金を獲得し続ける一方、若い科学者たちの申請書に一貫して辛辣な匿名の査読を書いて、彼らの初めての政府助成金を受けようとする試みを妨害している年嵩の研究者を私は何人も知っている。数百もの助成金申請書の査読を監察している政府のある助成金監督官がかつて私に言ったように、「年長の科学者が若手を殺している」のだ。（もちろんその若手が自分の血筋の近親者か義理の縁者でなければ、だ。）

査読制に関するいくつもの研究は、執筆者が不正競争のための査読者になる可能性があるとして特定の研究者を査読者から排除するように求めた場合、その執筆者の投稿原稿や助成金申請書は、執筆者の関与がないままに査読者が選ばれる場合よりも受理される可能性が高くなるということも示している。この事実も、査読者の不公正が実際に起こっている現象であることを示すものだ。さらに査読者が自分の査読に署名して自分の身元を明かした場合は、その査読は執筆者の希望を打ち砕くような批判的なものとはならず、建設的な批評が含まれる傾向のあることを示す研究もある。最後に、却下率が九〇％以上と高い一流の科学誌に提出される投稿には厳しい匿名の査読のあることが普通だ。一部の執筆者は、一流の科学誌に質の最も高い原稿だけを投稿して、結局は生涯で最悪の酷評を受ける結果になることもある。最も新奇性が高く、最高にエキサイティングな発見を報告しているにもかかわらず、だ。

例えばもしあなたが『サイエンス』や『ネイチャー』のように権威ある科学誌から不公正な却下を受けた科学者だとすると、あなたには非常に良い味方がいる。スペイン、マドリードのアルカラ大学に在籍する物理学者のファン・ミゲル・カンパナリオは、次のような例を三〇以上も集めたオンライン・アーカイブを作っている。それによると、後にノーベル賞を授賞されることになる科学や医学の重要な発見を記載した論文が、権威ある雑誌に投稿したため匿名の査読者の査読で最初は「酷評され、却下された」という。カンパナリオはまた、ノーベル賞にふさわしい発見を報告した論文が、新発見を却下するように手紙と論評を書き送っていた研究者仲間によって出版直後に厳しく批判された幾つもの例も記録している。ノーベル賞受賞者が味わった却下と酷評の例を集めたカンパナリオの集成は、研究者たちが自分の最高の研究を発表し、仲間の研究者から認められるために乗り越えねばならないハードルの高さを巧まずして例証している。

カンパナリオのオンライン・アーカイブに挙げられた例は、氷山の一角に過ぎない。あらゆる学問の歴史は、最初は厳しく退けられるか長期にわたって無視されるかされた重要発見を報告した論文例で溢れている。本当のところは傑出した論文ほど、並みの質しかない論文よりも出版が困難なのだ。それは、独創的で革新的な研究プロジェクトほど、既になされた研究の小規模な改良しか必要としない保守的な研究プロジェクトより財政支援を受けるのが困難だということとちょうど同じだ。この現象を説明できそうな答えは多い。重要な発見だと主張する論文は、そうでない論文よりも念入りに精査される。またそうした主張の多くは根拠薄弱であることが明らかになるし、したがって却下も正当化される。新しい着想は、理解されにくいし、既存の科学的枠組みに合致しないことが多いからだ。さらにまた科学の発展の過程は、かなり保守的にしか進んでこなかったし、小さな歩みでしか発展して来なかった。上記の説明のすべては、一部は正しいけれども、やはり科学者間の不公正競争も大きな役割を果たしていると私は考えている。そして査読者の匿名制が不公正競争をいっそう前面に出させるのだ。

同僚の中には、査読制についての私の考えが悲観的に過ぎると考える者もいる。こうした人たちは、匿名の査読は時には杜撰で、悪いこともあり、執筆者を不公正な形で傷つけるかもしれないという所までは譲歩するが、この結果が意図的であることは稀であり、不公正競争とはほとんど関係がない、とも主張する。全般的には匿名の査読制は、多くの支持を得ているようだ。このことが、この制度がなぜ今も人気を集めているのかを説明してくれるだろう。査読者がこの制度を悪用する場合、彼らが論評したことに対する、報いを受けたりするという責任を引き受けさせるために、査読者は身元を明かすべきだという私の考えは学界内では少数派であり、いつも強い抵抗に直面している。異論のうち主なものは、人間の本性の議論、論拠である。誰もが、執筆者は自分の研究成果を却下した査読者にいつか報復するのではないかと恐れているのだ。たとえその却下が公正な審査の結果であり、正当化されるものだとしても、である。匿名の査読制の支持者は、査読者は常に誠実であり、職業倫理に徹していると疑わない。それでも、彼らは執筆者が個人的に恨みを抱いたりせずに規則に従って動くだろう、そして好意的でない査読者に復讐をしようとする衝動は抑制するだろうということにはあまり自信を持っていないようだ。

このことは、重要な疑問を引き起こす。すなわち執筆者の行動に及ぼす人間の本性の影響はそれほどたやすく認識されるのに、査読者に及ぼすそれはかくも容易に否定されるのはいったいなぜなのか、というものだ。ここに、説明となりそうなものがある。自分に好意的でなかった査読者への執筆者の報復は、一種の自己防衛と解釈できるのだ。そして我々はみんな、人間は自己防衛への強い本能を持っていることを受容している。しかし査読者が自分の競争相手に痛手を与えるのに匿名性を最大限に利用するかもしれないという考えは、我々が不当な行為、いわれのない攻撃を行う本能を備えているということを暗示しており、そしてまた匿名性が競争のコストと利得（ベネフィット）の均衡を変え、自らに有利にする場合、我々はそれを行動に表すことを意味するのだ。いわれなき攻撃を加える性向は、自己防衛本能や復讐心と同じように我々の脳の配線に生まれながらに組み込まれているけれども、自己防衛の方が道徳的な（そして法的な）見地から正当化が容易である。人は自らを傷つけた者たちを傷つけようとするだろうと我々は予期する（聖書でさえ「目には目を、歯には歯を」と推奨している）が、何も危害を加えてこなかった人たちを傷つけることは、単にそうすることができそうだし、個人的に有利だからにすぎないのだから、道徳的に非難されるべきこととみなされる。それゆえ査読者が自らの競争相手を傷つけるために匿名制を利用するだろうと認めることは、人間とは道徳的に堕落した（もしくは単に非道徳的な）動物だと承認することになる。世の中には無力化するのが可能な悪者はほんの数人しかいないと考えた方が心地よいのだ。

「人々の集合知」と経済学者と進化生物学者たちに発展させられた人間行動の合理的モデルは、「チャンスがあれば人間は盗人に変わる」ことを教えているけれども、多くの人たちは人間の本性を突いたこの見方を納得して受け入れることが困難だと知っている。人間とは道徳的原理と宗教的な信仰によって導かれると考える方が、費用対利得（コストーベネフィット）の比率が人間行動を決めるのに重要な要素となると認めることよりもはるかに心地よいのだ。人間行動についての合理的な説明は、そこに倫理観や宗教の入る余地がないために、ひねくれ論だとレッテルを貼られる。しかし最高に近代的で、文明化され、宗教心に満ちた社会ですら、協力と競争のコスト（費用）とベネフィット（利得）を操作することによって――例えば法による強制という制度を通じて、その社会の市民に互いに協力し合い、利己的な不公正競争に走ろうとする性向に歯止めをかけようと強いているではないか。我々が他人から物を盗んだり人を殺したりするような誘惑に屈しないことを確かなものにするために、そしてもしそんなことをしたらその者をすぐに捕まえ、処罰することを確実にするために、警察官は毎日、街頭にいるのだ。ところが多くの人たちは、世界は善人と悪人に分けられており、警察官は悪人から善人を守るために存在すると考える方を好んでいる。

大学教授のようなこの上ない学識を身につけた人たちも――それ以外のみんなのように――、匿名であることで引き起こされる費用対利得（コスト－ベネフィット）比率の変化に敏感に影響され、たとえ不公正競争の目的のために濫用しないと約束することに同意して署名したとしても、査読者は匿名での査読を濫用することがあるのだ。人間とは、監視されている場合とか、監視されていると思っている時だけに行儀良く振る舞い、他人に対して豪気に振る舞う傾向が強い。それは、人間は他人を助ける場合に報酬を得られ、他人を傷つけると罰せられると考えているからだ。けれども闇が襲いかかり、匿名性が支配すると、すべてが白紙に戻る。

もちろん暗闇の中でさえ一部の人は行儀良く振る舞い、他者を助けることを選ぶ。もしニューヨーク市で次に起こる大停電の時、真夜中にセントラルパークに自分がいたとしたら、私の周りにいる全員が良き市民を選ばれるよう、強く希望している。明かりが消えた時、自宅内にいた人々全員に対し、中に留まり、玄関に鍵をかけるように、私は強く勧める。協力を必要とする社会的活動に努めている間はいつであっても、私のアドバイスはこうだ。明かりを絶やさないようにし、他人には自分は視ているんだぞと知らせておくように、と。

第六章　愛についての経済学と進化生物学

ビバリーヒルズで何が間違ったのか？

タブロイド紙に書かれていたことを信じるとすれば、映画スターのジェニファー・アニストンとブラッド・ピットは、一九九八年に斡旋者の仲介でお見合いデートをして出遭ったという。二人とも美女・美男だし、映画界で成功していたので、ここらで安定した関係を築いて落ち着く準備をしていた。二年もしないうちに、二人はマリブで豪華な披露パーティーをして結婚した。二人は、完璧な愛の巣を九カ月間もかけて探し、ビバリーヒルズで一万二〇〇〇平方フィート（一一〇〇平方メートル以上）もある超豪邸を一三五〇万ドルで購入した。その家を、二年間もかけて完全にリフォームした。リフォームに際しては、子ども部屋まで付け加えた。そのことからも二人が、家族を作る計画があったことは明らかだ。ジェニファーとブラッドは、映画制作会社である「プラン・B・エンターテインメント」社を共同で設立し、ビジネス・パートナーにもなった。同社は、『トロイ（*Troy*）』や最新作の『チャーリーとチョコレート工場（*Charlie and the Chocolate Factory*）』を含む何本ものヒット作を制作した。このカップルは、（ハリウッドの基準だが）長い幸せな婚姻期間をエンジョイした。この間、二人は『ピープル』誌や『USウィークリー』誌の表紙を、幸福な夫婦の呼び物記事としてそれこそ何度となく飾った。その回数は、浮気、配偶者間暴行、その他のセレブの事件といった類の雑誌の通常記事よりもずっと多かった。しかし二〇〇三年一一月、ブラッドが新作映画『Mr. & Mrs. スミス（*Mr. & Mrs. Smith*）』で共演したアンジェリーナ・ジョリーと映画セットで出遭うと、すぐに二人は恋に落ちた。ブラッドとジェニファーは、二〇〇五年一月に離婚を発表し、同年一〇月、離婚が成立した。その時までに、アンジェリーナはすでにブラッドの子を妊娠していたことを明かした。

何が間違っていたのか？　ブラッドとジェニファーの愛は、本物ではなかったのか？　二人の誓約は、それほど十分には強くなかったのか？　二人は、結婚生活に同じことを望まなかったのか？　一緒に暮らすことで二人を変心させるに至った物事をお互いに見つけたのか？　ジェニファーが自分にとって完璧な結婚相手であるとブラッドが確信できず、アンジェリーナのような女性を捜していたのなら、どうしてブラッドはジェニファーと結婚しようと決めたのだろうか？

上記の疑問はすべて、これまでにタブロイド紙のリポーター、著名人作家、心理学者、精神分析医、占星術師、数百人もの関係者やセレブ専門家などによってすでに一〇〇万回も回答を下されている。だが私の知る限り、タブロイド紙リポーターは誰一人として、ブラッドとジェニファーの結婚の失敗について経済学者や進化生物学者に取材に行かなかった。そこで読者も質問するかもしれない。なぜ経済学者と進化生物学者なのか、と。経済学者と進化生物学者は、愛や結婚の関係について何か知っているのか、と。確かに、その質問はもっともだ。偶然だが経済学者と進化生物学者は、結婚と恋愛関係がなぜうまくいったり、いかなかったりするのかについて、たくさんの答えを持っている。彼らは、そもそも何が愛であり、どうして愛があるのかを定義しさえするのだ。

愛の経済学：二人の経済学者の見方

『家族に関する論考（*A Treatise on the Family*）』の著者で、シカゴ大学の経済学者ゲーリー・ベッカーによれば、物質的関心を最高に促進させ、その後に利得（ベネフィット）が費用（コスト）を上回っている限り関係を維持する結婚相手を選ぶという。コストが高くなり、利得が低くなると、我々は関係を終わらせるのだ。ベッカーから見れば、ブラッドとジェニファーとの間に起こったことについて不思議なことは何もない。二人が初めて会った時、二人が望む物はお互いに与え合うことができた。そうやって数年間、二人は与え合い続けた。それで二人とも一緒に暮らすことから利得を得ていた。だがその後に、環境が変わったのだ。片方かそれとも両方にとって、そのままの関係でいることの利得が十分ではなくなり、その一方でコストが上がり始めた（他の異性とデートをする機会を逸するコストなど）。コストが利得を上回った時、その関係は終わった。この分析は、経済学者が恋愛関係について考える一つの考え方を典型的に示している。人は、恋愛関係を始める合理的な決定を下し、然る後に終える。だから愛とは、単なる後知恵、結果論なのだ——というわけだ。だが、経済学者は全員がそれに同意するわけではない。

経済学者で著名な知識人であるロバート・フランクは、幅広い考え方を持った経済学者たちの広がりの中で恋愛重視の先端に居る。一九八八年出版の著書『オデッセウスの鎖——適応プログラムとしての感情（*Passions within Reason: The Strategic Role of the Emotions*）』（山岸俊男監訳、サイエンス社）で、彼は恋愛関係に関して感情のこもらない費用（コスト）—利得（ベネフィット）分析を否定し、経済的観点からの主張に立って愛の存在を説明しようと努めると同時に、愛こそ重要だ、と述べた。愛に関する彼の見方は、感情の起源というもっと広い理論の中に組み込まれている。その理論は、生物学と経済学とを融合して、なぜ人は感情を持ち、人の感情はどのように日常生活に起きる諸問題と取り組むのに役立っているかを説明しようとするものだ。

ベッカーら経済学者のように、フランクも恋愛関係を協力が必要な冒険的事業と見る。その中で、カップルが子どもを育てたり、資産を蓄積したり（ハリウッドのスターなら映画を制作したり）といった共同の目的を追求するために一緒に暮らすことを選択しているという。ただ他の経済学者たちと違うのは、フランクは楽観主義者だという点だ。フランクは、人々がいつも利己的な利益ばかりを追求しているということも人々の行動は必然的に理性的・合理的な選択の結果だということも信じていない。彼の主張によれば、恋愛関係の特徴は、たとえ費用（コスト）―利得（ベネフィット）比率が一方の側に、あるいは両方に不利になった時でも、互いに誓約して協力し合うということだ。それはどのようにしたら可能なのか？　前章までに見てきたように、血縁関係のない個体間での協力関係は、油断のならないやりとりのことが多い。経済学者の教えるところでは、長期に及ぶ協力関係は、経済学者がコミットメント問題（commitment problem）と呼ぶ事態を引き起こすという。

この問題を例示しようと、フランクは次の例を用いている。一緒にレストランを開きたいと思っている二人の男性――スミスとジョーンズ――を想像してみよう。二人の互いに補う合う才能と技術は、二人が協力することでメリットとなる。つまりスミスは、有能なコックで、ジョーンズは優れた店の運営者だ。二人がそれぞれ単独で働けば、二人の持つ潜在能力はかなり限定されてしまうだろう。だが一緒に働けば、それぞれのパートナーが不正をする機会も出てくる。スミスは、食材供給業者からリベートを受けることもできるし、またジョーンズも現金引き出し機からカネをくすねられる。二人のうちの一人が不正をすると、もう一人は大きな物を失う。その一方、両方ともゴマカシをすると、両方とも大きな損失を被る。それこそ典型的な「囚人のジレンマ」である。けれどもこの状況での仕返し行動は、選択肢ではない。二人のどちらかが不正行為で捕まると、それがレストランの終わりとなるからだ。したがってスミスとジョーンズは互いの行動をいつも監視し合い、ごまかされるのではないかという不安とともに暮らすのではなく、別の戦略を選ぶ。相手を決してごまかさないと誓いを立て（コミットメント）、それを書いた契約書に署名するのだ。

スミスとジョーンズが完全に理性的な人物で、協力対裏切りのコストと利得を比べて決定を下したのだったら、二人の約束は何の意味もないし、失敗へと運命付けられることになる。問題は、共同事業を最初に始めた時、二人にとって協力し合うことがどんなに都合が良かったとしても、遅かれ早かれ環境が変わり、一方にとって、おそらくは両方にとっても、ごまかしをする方が有利になるだろうということなのだ。特に露見することがありそうもないとなれば、ごまかしへの誘惑に抵抗するのは至難となる。裏切りに有利となる将来の環境が前もって占えるのだとしたら（例えば、ごまかしをする機会が一〇年ごとに起きると予測できるなら、スミスとジョーンズは一〇年間の契約書に署名できるだろう）、あるいはまたスミスとジョーンズが非合理的に行動し、ごまかしの機会が二人の前に現れた場合でもその機会を敢えて見送ろうとするならば、協力関係は有望かもしれない。ところが残念ながら、スミスとジョーンズはごまかしのできる将来の機会を予測できないし、環境が変わった時の互いの行動を予測できるのに十分なほどには互いを知り尽くしてもいないのだ。

協力し合うことの矛盾とそれを解決する戦略がヒトと動物とで同じだとしても、前章で見たように、裏切りをする方が有利となるだろう時でも、ヒトは個々人の協力の約束を確実にする創造的なやり方を考え出してきた。第一に、評判の効果である。他の人たち（将来の仕事仲間）のうち誰が協力してくれ、誰がごまかすかが分かった時、協力によってもたらされる評判とごまかしに由来するコストを高める後押しが、それにはある。第二に、ごまかした方が有利となる環境に変わったにもかかわらず、ごまかしを魅力のないものに変える制裁がある。最後の第三として、他の動物にはおそらく存在しないはずの倫理と思いやりを伴う調節という心の内部の仕組みがある。スミスとジョーンズは、単に相手を裏切るのは悪いことだと考え、ごまかしたら罪の意識を感じるからというだけで、互いに裏切らないという約束に忠誠を表しているのかもしれない。協業の契約にサインする人が、互いに良心に立った約束を交わし、適切な思いやりでそれを支持するなら、約束は実際に続くかもしれない機会がある。

一言で言えば、フランクの思いやり説は、コミットメント問題の解決に役立つためにある。彼の着想は、おそらく人類は自らの行動が費用（コスト）―利得（ベネフィット）の比率で完全に調整されている利己的動物として進化したけれども、人間の社会生活が非常に複雑になったので、自らが生存し、繁栄していくために、人々は非血縁者たちとも長期的な協力関係に頼る必要が生じたのだというものだ。こうした長期的な協力関係を続けるには、我々の持つ利己的な強い欲求を抑制し、たとえごまかすことが有利となったとしても裏切りへの誘惑を振り払うことが避けられない。我々が持つ善と悪の感情が自然淘汰によって進化した「生物学的な本能」であるにしろ、両親、社会、文化によって我々にもたらされた社会契約の内面化であるにしろ、道徳は人々を協力的にするのに効果的なのだ。この点で、思いやりが役立つこともある。約束を破るのは悪いことだと考えるばかりでなく、そのことに罪の意識も感じ、相手方にもたらした痛みに後悔させるからである。こうした否定的感情は、そうしたことに何も感じない反社会的人間にとってはその限りではないけれども、約束を破ることへの強力な抑止力となり得るのだ。我々は、初めに約束がなされる場合、好ましく感じる。さらに長期に、たぶん永遠にその約束が守られれば、いっそう好ましく感じられる。恋愛がらみの愛情が映画のテーマになるのは、ここにあるのだ。

愛：完璧な課題解決なのか？

経済学者の観点から見ると、すべての協力関係は事業上の提携である。その目標が子作りであれ、「プラネット・ハリウッド」レストラン・チェーン（俳優のアーノルド・シュワルツェネッガー、シルベスター・スタローン、そしてブルース・ウィリスが一九九一年に出資して始められた共同事業）を経営することであれ、本質的な違いはない。この関係が、目標の達成まで十分に長く続くのなら、ごく普通のコミットメント問題を提示することになるだろう。そしてこの問題は、評判の効果、他者から課される制裁、道徳、思いやりの組合せによっていつものように解決されるのだ。恋愛関係の場合、コミットメント問題の起こる前でも、事業相手同士の二人は互いに解決策を見つけ出すに違いない。ロバート・フランクは、別のビジネス上の比喩を使って、このプロセスがどのように働くのかを我々に理解させてくれる。

完全な恋愛相手を探すのは、賃貸マンション市場で完全な部屋を探すこと、あるいは読者が大家なら完全な賃借人を探すことと多くの特徴を共有する、とフランクは説く。借りられそうなマンションの部屋を探し、下見して回るには、時間がかかり、努力も要る。大家が賃借人になりそうな人と面接し、その人物の信頼性を品定めするのに時間がかかり、努力が要ることと、まさに同じだ。あらゆる空きマンションを下見して回ったり、賃借人になりそうな人を全員面接し終えてからやっと最終的な決断を下すというのは、永久に決断できないというのに等しい。そもそも世間には空き室も無数にあり、賃借人になりそうな人だってたくさんいる。そのうえ毎日、新しい賃貸マンションが市場にお目見えし、部屋を借りたいと望む新しい希望者が大家に電話しているのだ。だからそんな手間はかけず、部屋を探す人は幾つかの物件を内覧し、大家であれば人となりを何となく知るために数人の賃借希望者を面接するだけで済ましている。フランクによれば、それから両方の側が目的にかなったレベルの質を満たした時（つまり両方の側がそれで十分と感じられた時）、賃借希望者は部屋探しを、大家は賃借人探しをやめ、そこで一件落着する。この時点でコミットメント問題が発生することになるので、両方の側は賃貸借契約にサインすることでその問題を解決しようとする。

賃貸借契約にサインする行為は、二つの理由で必要だ。第一に、部屋探しをしている人は基準の質を満たせる部屋を持つ大家を、大家は自分の部屋の賃借人をそれぞれ見つけた時、両者とも相手の人物の過去についての必要な情報も良い選択をするのに必要となるその人物の将来の行動を占える能力も持たないということだ。賃借人は最初の数カ月間は期日までにきちんと賃料を払うかもしれないが、その後に賃料を滞納し始める恐れがある。また大家は最初のうちはいろいろと助けてくれるが、その後はマンションの必要な補修の要望をはねつけるかもしれない。

将来の行動を予測するのに必要な両者についての情報をすべて取得するのは、いつまでたっても終わらないほどの時間を要するだろう。賃貸借契約にサインされないなら、賃借人と大家の間の関係は、どちらかの側が悪いことや不愉快なことをすれば即座に崩壊するに違いない。

あのレストラン協業の例の類推から、それは明白だ。たとえ賃借人と大家のそれぞれが非の打ち所のないように行動し、両者の関係を壊すような理由が何もないとしても、どちらの側もそれが最善の取引であるということに確信を持てない。理屈の上では一カ月後には賃借人はもっと良い部屋を見つけることができるだろうし、大家もその次の月にはもっと高い家賃を払うという別の賃借人を見つけられるのだ。両方とも自分に都合の良い取引を探し続ければ、遅かれ早かれ両者の関係が終わることは確実だ。関係を続けるには、両方とも部屋探しと賃借人探しをやめなければならない。

賃貸借契約がなければ、大家と賃貸人との間の事業協力関係の継続は、不可能だろう。その関係をいつでも終わらせる懸念のある人物と協力していくことの不確実さは、ストレスが大きい。さらにどちらかの側が、協力関係をやめる利得が十分に高い時にいつでも関係を終わらせることができるとすれば、最終的に関係破綻に至った時のコストは双方共に非常に高くつくことだろう。そうならないように、両方の側は理性的な選択をする可能性に制限を課し、選択肢を狭めるようにした方がいい。賃貸借契約にサインすることで、どんなことが起ころうと、それぞれの側の相手方への忠誠が保証されるのだ。そして契約書でカバーされた期間、ひょっとするといつでも乗れるかもしれない今以上の好条件の取引ができる機会を諦めるだろう。このように両方の環境が安定し、関係の破綻から起こるかもしれない予測不能なコストを回避することで、両方とも得をするのだ。

この例のような部屋探しをしている人や大家のように、人々は安定した、長期の関係を望むが、その代わり相手を探す時間と機会は制約される。人々はパートナーとなりそうな人を試し、自分の求める質の基準に合う人を誰か探せた時は、それで一件落着を決める。しかし一度、相手が選ばれても、環境は頻繁に変わる。以前はさほど注目もしなかった自分のパートナーの人柄や行動の新しい側面やパートナーの行動の変化を発見したり、さらにはもっと魅力的な人が現れたりすることがある。いずれにせよ遅かれ早かれ、ごまかしをする機会と破綻は起きる。その時までの関係作りに投じられた大きな投資を考えると、このことは非常に犠牲が大きく、その関係で目指した共同目標にとって潜在的に災厄になりかねない。この出来事の可能性を最小限にするために、人々は夫婦関係を破った相手側に巨額の金銭的ペナルティーを課す結婚の契約書にサインするのである。高額な弁護士費用、相手に支払う離婚手当て、養育費などだ（これについてさらに知りたい方は、どうかタイガー・ウッズに聞いていただきたい）。破綻の原因が別の人物との浮気だとすれば、評判という面で高いコストを支払わされる恐れもある。例えば、大型の屋外広告看板に自分の名前が大書きされ、一般大衆からモラルの面で非難の的になるということだ（第五章参照）。だがこうした抑止力も、関係破綻を防ぐには十分ではないかもしれない。

一緒に暮らすコストがかなり高くなったり、共同生活の利得が下がったりして、アンジェリーナ・ジョリーがある日独りになり、すべてが白紙に戻るというように、環境が大きく変化することはあり得るのだ。この場合、金銭的なペナルティーは問題ではないし、評判が傷つくことも関係はない。さらに道徳や罪の意識、他人の痛みへの共感も、問題ではない。他の何か――仲違いへの抑止力として機能せず、どんな環境になろうと、たとえ費用（コスト）―利得（ベネフィット）比率がどう変わろうと、そして他の人たちがどう思おうと、さらにはジェニファー・アニストンの感情をどれだけ傷つけようと、二人に一緒にいたいと思わせる非合理な力が必要とされるのだ。その力が、愛情だ。愛情は、理屈、お金、評判、道徳、共感より勝る。フランクによれば、愛情はコミットメント問題の究極的な解決策、二人が一緒に居ることを保証できる唯一のものなのだ。合理性を超えた愛で刺激された関係は、物質的な自己利益や物の交換、協力で刺激される関係よりもうまくいく、とフランクは言う。「愛という関係にある人は、物質的な自己利益を本当に拒否するのか？」と、フランクは問いかける。答えは、こうだ。「多くがそうだという証拠がある」。

著書『オデッセウスの鎖』でフランクは、人間行動を合理的に説明するモデルは不十分であること、そして人はしばしば自分の利己的な利益に反して行動することを証明しようと、同僚経済学者たちに反対する運動に乗り出した。「合理主義者が強調するように」と、フランクは次のように書く。

我々は物に溢れた世界に住んでいるのだから、結局のところは物質的な成功に最も結びつく行動が優位に立つはずだ。しかしながら我々は、一度ならず何度も、最も適応的な行動は、物質的な利益の追求から必ずしも直接には生じないことを見てきた。重要なコミットメント問題と履行の問題のために、その追求はしばしば自滅的であることが明らかとなるだろう。うまく運ぶために、時にはできる限りの最善を尽くすことを重視することをやめなければならない。

愛という関係でコミットメント問題の解決策としての愛情の存在は、合理性を超えて行動しなければならない「うまく運ぶこと」が、我々の決定に関与する費用（コスト）―利得（ベネフィット）の計算を無視し、純粋な利他主義とそのコストを受け入れるという究極的な証明である。

フランクの言うことは、正しいのか？　コミットメント問題の解決策として、本当に愛情が存在するのか？　それではフランクの考えをちょっとばかり批判的に検討してみよう。彼の考えについて、少なくとも三つの特殊な問題とそれよりは一般的な問題を考えることができる。

第一の問題は、次のことだ。すなわち、もし愛という関係がフランクが示唆するような協力し合う他のどの事業協力関係とも同じコミットメント問題を提示するなら、どうして事業協力者は、自らのコミットメント問題を解決するために愛に陥らないのだろうか？　マンションの賃貸借契約のサインが、協力関係を維持していく点で婚姻契約書に署名するように効果がないのだとすれば、どうして賃借人はその間ずっと大家と恋愛関係にならないのか？　それは、当たり前のことながら愛情は（いくつかの）恋愛関係に存在するが、人間の他のいかなるタイプの協力関係にもあり得ないからだ。そこで、二つの結論らしいものが導かれる。つまり、愛情はコミットメント問題の解決となるが、問題も解決策も恋愛関係る）、あるいは愛情は恋愛関係のコミットメント問題の解決とはならない、のどちらかだからだ。

第二の問題は、フランクが主張するように、合理性を超えた感情によって刺激された関係は、合理的な思考と物の交換の見込みによって刺激される関係よりも本質的に安定しているというのは本当なのか、だ。実際には、反対のことも主張できる。愛情の非合理性は、恋愛関係を移ろいやすく気まぐれなものにさせがちだが、一方で合理的な理由を基に築かれた協力関係は、その理由がある限り、長く維持される可能性がある、と。ビル・クリントンとヒラリー・クリントンが、今もなお互いに情熱的な愛情を感じ合っているかどうかは私には分からないが、その関係から二人とも、大いに、また職業的にも、さらには金銭的にも利得を得ていることは明らかだ。そして二人の関係は、非常に安定しているようにも見える。モニカ・ルインスキー嬢とのスキャンダルの発覚後、二人が離婚し、クリントンは大統領職を終えると予測した人たちは、みんな誤りであることが証明された。タブロイド紙によると、ブラッドとアンジェリーナは熱烈に愛し合っていたが、いつも喧嘩しているように見え、常に離婚の瀬戸際にいたという。たぶん、二人を一緒にさせていたものは、実際には二人の愛ではなく、子どもたちや共同財産を含む二人の共有する利益がすべてだったのかもしれない。

愛がコミットメント問題を解決してくれるのが事実だとしたら、その解決はどれくらい長く続くものなのか？　これがこのモデルに関する第三の問題である。つまりこのモデルは、カップル間の愛がいつ、どのようにして、なぜ終わるのかを説明していないのだ。愛が、恋愛関係を持ち続けていることの費用（コスト）と利得（ベネフィット）とは全く独立に存在する合理性を超えた感情であるなら、費用（コスト）と利益（ベネフィット）の比率の変化が愛に終止符を打たせることにはならないだろう。普通の人間に通用する種類の愛は、情熱がピークにある恋愛関係の最初の頃が最も強く、徐々に弱まっていき、ついにはなくなってしまうケースが多いように思われる。しかしコミットメント問題モデルからは、正反対の一時的パターンも予示される。このモデルによれば、二人がある関係を始めた時、二人の関係は両方に利益のあるものだった。二人は共通の利益を持ち、共通の目標を追求したいと願う。単独で目標に向かうのは、不可能であるか、共同事業よりも効率が悪いからだ。言い換えれば、愛は本当に初めに必要とは限らない。このモデルによれば、愛は後に、環境が変化して、一緒にいることが片方か両方にもはや有益でなくなった時に必要となる。そこで愛は、合理的な説なら関係破綻に強く導くような時でも、この合理性を超えた感情が関係をつなぎとめることを確実にするために、時とともにどんどん強くなっていくだろう。では、このようなことは実際に起こることなのか？

愛のコミットメント問題モデルに関する、もう一つの、より一般的な論点がある。愛の目的は相手との親密さと約束を維持することばかりでなく、渇望の目的をもった（報われないことが多い）一つの関係の追求に関してでもあるという見解を説明してくれないのだ。この点を証明するために、ヨーロッパ文学の傑作の一つに目を向けよう。一八九七年に上演されたエドモン・ロスタン作の戯曲『シラノ・ド・ベルジュラック』である。簡単な要約を以下に書く。

一六四〇年のパリで、シラノ・ド・ベルジュラックという優れた詩人・剣豪が、美しくて知性的な従姉妹のロクサーヌに深く恋に落ちる。残念なことにシラノは、自分の大きくて醜い鼻に劣等感を抱き、拒否されることを恐れて自分の思いをロクサーヌに告白できない。

そのうちロクサーヌは、自分の士官学校の生徒で若くて見目麗しい（が知性的には劣る）クリスチャンを深く愛しているとシラノに告白し、クリスチャンを守って欲しいとシラノに頼む。ロクサーヌに頼まれた、ただクリスチャンを守る以上のことをシラノは行おうと奮起し、クリスチャンに代わってロクサーヌへのラブレターを書き始める。ロクサーヌはすぐにこの手紙はクリスチャンからだと推定し、この手紙の執筆者と恋に落ちる。ある晩、クリスチャンはロクサーヌの部屋のバルコニーの前に立ち、彼女に愛の言葉を語りかける。その間、シラノはバルコニーの下に隠れて、しゃべる言葉をクリスチャンに囁き続ける。ところがクリスチャンの愛の告白の無能力さにたまりかね、シラノはついに彼を脇へ押しのけ、闇に隠れてクリスチャンのふりをし、ロクサーヌに求婚する。

ロクサーヌとクリスチャンは結婚したが、そのすぐ後にクリスチャンもシラノも、スペインとの戦争の最前線に派遣されてしまう。長期に及ぶ前線の中でも、毎日一日も欠かさずクリスチャンの名でシラノはロクサーヌに手紙を書き、毎朝、命を危険にさらしつつスペイン軍の戦列をこっそりと突き抜け、その手紙を投函できる場所まで出かけていく。ロクサーヌがクリスチャンに面会に前線までやって来ると、クリスチャンはシラノに彼女に真実を話すよう、強く言い張る。シラノがそうしようとしたまさにその時、クリスチャンは銃撃されて死ぬ。そこでシラノは、ロクサーヌに真実を話せなくなる。

一五年後、ロクサーヌは修道院で暮らし、そのロクサーヌを、シラノは毎週、見舞いに訪ねる。ある日、生涯にたくさんの敵を作ってきたシラノは、敵に襲われ、頭を殴られる。彼は、痛みで苦悶の表情を浮かべ、よろめきながらも、前と変わりなく陽気な姿を装って修道院に現れる。夜が訪れると、シラノはクリスチャンの最後の手紙を読みたいと彼女に頼む。彼はその手紙を読み、完全な暗闇になっても、まるで手紙を暗記しているかのように彼は読み続ける。そこでロクサーヌは、シラノがすべての手紙を書いていたことを初めて知る。彼女は、ずっと自分が愛していた人が誰だったのかを知った。シラノは、帽子を脱いで、傷を見せる。貴方を愛しているから死なないで、とロクサーヌは大声で叫ぶ。だがシラノは深傷に耐えられず、倒れ込み、ロクサーヌが彼を腕に抱え、キスをするのを微笑みながら、息を引き取る。

ベッカーの経済学説もフランクのモデルも、シラノ・ド・ベルジュラックの思いと行動をいずれも説明できないとすれば、どう説明できるのか？　我々にそれを理解させてくれる愛に関する仮説が他にあるのか？

たぶん生物学が、その答えを与えてくれるだろう。

愛の進化生物学

性、愛、そしてハンマー

誰か街を歩いている人に無作為に愛とは何かを尋ねたとすれば、尋ねられた人は完全なパートナーを見つけ、性的魅力に溢れ、情熱的感情を発展させ、自分とともにこれからの人生を過ごせることなどについてあれこれ語る可能性がかなり高い。しかしたまたまそばを通りがかり、この会話を小耳に挟んだ進化生物学者は、愛は性的魅力やパートナー選びとほとんど関係がないと異議を唱えるかもしれない。進化の観点から言えば、性的魅力は性交を促すためにあり、性交は繁殖を可能にするために行う。生物学者と進化心理学者は、性的魅力がどのように機能し、どんなことが多様な民族に魅力的だと思わせ、それはなぜなのか、たくさんのことを知っている。性的魅力と恋情を伴う愛はしばしば相伴うが、これは必ずしもいつもそうとは限らない。同様に読者は、性的魅力も恋情を伴う愛も配偶者選択に影響する、さらには決定的要因となると考えるだろうが、現実には長期的な関係を伴う配偶者選択は、性的魅力とも愛とも全く独立したものということが多い。なぜ人がある特定の異性と恋仲になり、他の異性とはそうならないのかは、複雑だ。それを知るには、人類学、生物学、経済学、心理学、社会学を含む様々な多くの学問領域から導かれる仮説と知見を組合せることが必要だ。だが人が互いに恋に落ちる理由の理解に、性的魅力や配偶者選択について知ることは必要ではない。

あらゆる人類文化に愛をテーマとした物が存在する事実、人類史のどの段階でも詩と歌が同じように愛を奏でてきた事実は、恋愛感情を体感できる我々の能力が遺伝的基礎を持ち、我々の脳内にその配線が築かれていることを物語っている。事実、人類学者のヘレン・フィッシャーらによってなされている最近の神経画像研究は、ヒトの脳内に「愛の回路」の位置を正確に特定している。

ウォルト・ディズニーのアニメ映画は互いに愛し合う動物や自分の主人を愛するペットが主役を演じるが、動物の内面生活を描くこの擬人化された映像は、決して現実ではない。思うに恋情を伴う愛は我々ヒトに特有なものであって、我々の祖先がチンパンジーなどの類人猿祖先から分岐した後のここ数百万年間で進化したものだろう。この他のヒトの多くの心理学的、精神的、肉体的特徴のように、異性を愛するヒトの能力はおそらく自然淘汰によって進化したのだろう。そうは言っても特定の機能を果たすために自然淘汰によって進化した特徴も、後には元の機能と無関係の土壌に現れることもある。

例えば、性的欲望を例にとってみよう。性的欲望も性的魅力も、繁殖を促すべく進化したことを誰も疑問に思わないだろう。ところが人間社会では、子をたくさん産めそうな異性にだけでなく、同性個体やまだ性成熟していない子どもにも性的に魅惑される者もいる。この理由は、いろいろと複雑だ。こうした事実があるからと言って、異なった理由で進化した多種類の性的魅力があるとは必ずしも言えない。同じように恋情を伴う愛も、無数の表現のされ方がある。つまり、子どもは他の子どもに恋をするし（私の初恋は七歳の年だった）、成人が同性の成人や異性に惚れ、子どもも大人もペットや時には玩具や車のような無生物にも恋をしたりするのだ。だがそれは、恋情を伴う愛にはたくさんの種類があり、それは様々な理由で進化したということではない。多くの表われ方があるが、恋に伴う愛は、いつも同一の現象であり、一つだけの特殊な機能を果たすために進化したのだろう。

この喩えを考えてみよう。ハンマーは、釘を打ったり、窓ガラスを割ったり、さらには人を殺すのにも使える。だからと言ってそれで、ハンマーには様々な用途があったり、様々な理由で発明されたりしたということにはならない。最初にハンマーを作った人は誰であれ、一つの機能だけ――釘を打つこと――を頭の中に思い描いていただろう。残りの機能は、後から付いてきたものだ。だから愛の進化的機能も、協力という関係でコミットメント問題を解決するためだったのではない、と予測される。そうではなく、子どもを一緒に育てられるよう、できるだけ長くその関係が続くような絆を男女に形成させるよう促すためだったのだろうと思うのだ。

一夫一婦関係の形成と子育て

我々に最も良く似た霊長類である類人猿を含め、ヒト以外の霊長類では、性的魅力、性交、そして出産は、人類と同じようにうまく機能しているが、母親と子どもの父親との間に番い関係は存在しない。例えばオランウータンを例にとってみよう。繁殖の時がやってくると、セックスをするほんの数分前に、オスとメスは初めて出会う。そしてコトが終わった後は、再び会うことはない。数カ月後にアカンボウが生まれると、母親は独りで子育てをする。シングルママに育てられるオランウータンや他の霊長類のアカンボウは、順調に育つ。もちろん中には病気になり、その結果、死ぬ個体もいる。だがそのことは、父親の不在とは無関係で、むしろアカンボウの全般的健康に関係がある。また、仮にアカンボウの成長に父親が介在していたとしても、必ずしも成体になるまで子どもをうまく成長させることはないだろう。他の多くの霊長類のオスのように、オランウータンのオスは、メスを妊娠させるが、生まれた子どもにとって全く助けにならない。このことに関して、オスとメスの間に悪い感情は全くないし、良い感情もない。オスとメスの間には、愛情もないし、絆もなく、恋に伴う愛とわずかに似た関係もない。

この配偶様式には、例外もある。霊長類の幾つかの種では、父親の援助は嬰児の生存にとって不可欠であるか、もしくはアカンボウがうまく育つことと育たないことに明確な差違を作り出すことがある。タマリンという南アメリカ産の小型のサルのメスは双子を生むが、メスはいつも双子を抱えて動き回れるほど力が強くない。父親が嬰児運搬の手助けをしないと、誕生後の一週間を乗り切れないだろう。父親がそばにいて、コドモへの支援を確かなものにするために、オスとメスは番いを形成し、生涯の大部分を一緒に過ごすのだ。タマリンとオランウータンは、霊長類の中だけでなく脊椎動物全体の中でも広く通用する単純な法則を実証している。すなわち片親だけでもコドモをうまく育てられる種でなら、片親だけで子育てするのが標準であり、オスとメスとは永続する番い関係を形成しない。（ほとんどの哺乳類では片親とは母親だが、魚類ではそれが父親である傾向がある。）しかしコドモが生き延びて成体になるのに両親を必要とする場合は、オスとメスは番いを作って協力して子育てをする。鳥類ではほとんどの種で番いを作る。ヒナは巣の中にいて餌をもらわなければならないが、片親だけではその給餌が困難だからだろう。

イリノイ大学アーバナ・シャンペーン校の心理学者クリス・フレイリーと他の二人の共同研究者は、大量の科学文献を調べて分析した。年代の経過による一雌一雄関係形成の進化史を復元しようと、彼らはまず四四科の哺乳類に注目し、次いで六六種の霊長類の文献を調べた。彼らの分析で、番いが多くの時間を一緒に過ごし、配偶者防衛、広範囲に及ぶ身体的接触と近づき合うこと、隔離されることの苦しみを表す証拠が備わっていれば、種は一雌一雄関係と定義された。一雌一雄関係形成とみなされた哺乳類は、やはり親のオスとメスの世話を受けていることが明らかとなった。さらにこうした哺乳類は、そうでない種よりも長い生存期間を有し、仔の発育期間もより長く、より遅かった。霊長類にのみ着目した分析でも、全く同じ結果が見出された。オスとメスの番い形成と両親による世話は霊長類では稀にしか見られないけれども、それが見られる時は、オスもメスも協力して子育てする。こうした種の場合、コドモの成長は遅く、特に天敵の攻撃に弱く、親の世話を必要としている。フレイリーらは、霊長類を含む哺乳類の一雌一雄関係の形成と両親による世話は共進化し、オスが子育てに関与し始めた種では、そのすぐ後に一雌一雄関係の形成が始まった、と結論付けた。

ヒトも、この原則の例外ではない。父親が子どもの養育に際し母親に協力しなかったとすれば、両親が助ける場合に子どもたちが受けられる重要なメリットを享受できないだろう。人間の父親は、幾つかの重要な面で援助を与えられる。父親は子どもたちを育て、危険から守り、カネを与え、あらゆる有益な物事を教え、子どもたちを支え、困難から救う。子どもが父親を必要とする範囲という点では、ヒトが他の大多数の霊長類と異なる二つの大きな理由がある。一つは我々は大きな脳を持つことであり、もう一つは我々が競争のある複雑な社会に暮らしているということだ。ヒトの脳は、動物の基準からするととてつもなく大きいうえ、発達し成熟するまで長い時間がかかる。事実、胎児の脳は妊娠中に非常に大きくなるので、母親は胎児の脳が生長を完了する前に出産しなければならない。そうでないと、胎児の頭が産道を抜けられないからだ。脳生長は、誕生後も長期間にわたって継続し、この長く続く、緩慢にしか進まない発達の間、ヒトの乳児は無防備なので、親の多くの世話を必要とするのだ。この点で、父親の援助が大きな違いを作り出すことがある。また父親の援助は、子どもが社会的に優秀で、成功した成人になるのを確実にする点でも違いを作る。第二章で述べたように、人間社会は競争が激しいので、若者は成人になるために、血縁者からの利用可能なあらゆる支えが必要だ。シングルマザーでも子どもを何とか育て、基礎的な必要を満たすことはできるとしても、父親からそれに加えての援助を享受する子どもは、（ことに子どもが最後は軍や学界に落ち着くとすれば）頼りがいのある血縁者とのつながりを二倍にできるのだ。

　動物とヒトのオスとメスとの一雌一雄関係形成の目的が、子どもを一緒に育てることであって、ブラッドとジェニファーがやったような映画制作会社を創業することではないのだとすれば、そしてもし愛がこの絆を固めるためにあるのだとすれば、愛はやがて弱まっていくと予測できるだろう。そして子どもが出来なければ（新居に子ども部屋を造るだけでは不十分だ——実際にその部屋で赤ん坊を育てなければならない）、その絆は解消されるのだ。

絆の破綻

一九五五年の映画『七年目の浮気（*The Seven Year Itch*）』は、ある男が妻子と別れ、マリリン・モンロー演じる隣家の若い女性と駆け落ちしたいという誘惑に苦悶する話だ。（この映画では、地下鉄の通気口の上に立ったモンローが、地下鉄の通過した際にスカートが膝の上まで吹き上げられたシーンの描かれていることで有名だ。）映画のタイトルは、結婚期間年数を表している。アメリカ国勢調査局によれば、この年に夫婦が離婚となる可能性が最も高いという。このタイミングを説明できそうな解釈として、結婚して七年もたつと、多くの夫婦は一人か二人の子どもをうまく育てていて、子どもは危険な乳幼児期を通り過ぎており、一息つけて、お互いにいつも一緒にいたいとはもう思わないことに気がつく時期だというものがある。あるいは夫婦はもうこれ以上、子どもを作らず、別の伴侶となりそうな相手を探すことを決める時期でもある。ブラッド・ピットとジェニファー・アニストンは子どものいないまま七年間一緒に暮らしたが、その後で別れている。したがってブラッドの浮気の虫のうずいたタイミングは、この仮説と一致する。あるいはたぶんマリリン・モンローやアンジェリーナ・ジョリーがそうした事態に立ちいたった時に、すべてが白紙に戻り、子どもがいようがいまいが、（合衆国の大統領を含めて）既婚の男は浮気という妄想を抱き始めるのだろう。最初の仮説を支持する研究なら、いくつもの引用できる。第二の仮説の裏付けなら、マリリン・モンローとアンジェリーナ・ジョリーの伝記で見つけることができる。

最初の仮説を理解するには、ヒトとそれ以外の霊長類の乳児死亡率は乳児期初期には非常に高く、乳児が育って行くにつれて着実に低下していくと知ることが重要な鍵となる。したがって子どもが生まれた直後にカップルが別れると、乳児の生存や福利は危機にさらされる可能性が高い。先住民文化の人類学の研究は、人生を始めた最少の数年間、ヒトの乳幼児は得られるものならあらゆる助けを必要とするという見解を裏付ける。母乳での保育は、母親は母乳を通じて新生児に病原体への免疫の防御を受け渡すので、赤ん坊が疾病にかかるリスクを低下させることが広く知られている。南アフリカのクン族のような現代の狩猟採集民は、母親は約四年間は赤ん坊に母乳を与える。一九七〇年代にクン族の民族誌調査を行ったエモリー大学の人類学者メルヴィン・コナーは、この四年間が人類の進化史を通じてヒトの平均的出産間隔だっただろうと推定した。狩猟採集民の間では、子どもは四歳で完全に離乳させられ、四歳で母乳から固形食への移行が完成する。その後に乳児死亡の危険性は、さらに低下する。この時点で、母親は別の子どもを出産しているのが普通だ。ただすべての夫婦が、第二子を持てるまで進めるわけではない。

二〇〇四年に刊行された『人はなぜ恋に落ちるのか？――恋と愛情と性欲の脳科学（*Why We Love: The Nature And Chemistry Of Romantic Love*）』（大野晶子訳、ヴィレッジブックス）の著者である人類学者ヘレン・フィッシャーは、一九八〇年代後半、国連人口年鑑の記録を使って、世界中の五八の社会から離婚データを集めた。そこで彼女は、結婚したカップルが別れる場合、普通は子どもを一人持った、結婚四年後頃に離婚する傾向のあることを見出した。この発見の一つの解釈として、多くの社会の夫婦は、一子を一緒になってうまく育てるのに必要な最低限の期間、一緒に暮らすからだ、というものがある。しかしフィッシャーは、この考えをさらに一歩進め、ヒトは「連続的一夫一妻制」の素因を持っているのではないかと推測した。「連続的一夫一妻制」には「連続殺人犯」のような響きがあるが、人は一人の配偶者と一時的に社会的な絆を結ぶことがあるが、同じ配偶者と全生涯を一緒に居るわけではない、ということを言っているに過ぎない。人々は、ある配偶者から次の配偶者へと、連続して移っているのだ。フィッシャーによると、ヒトは子どもを持った後に四年ごとに配偶者を変えていた可能性があるという。ただ現実に、ヒトが連続的一夫一婦制だということを示す強力な証拠はない。世界中を見回しても、ずっと結婚したままで、一緒に子どもを育てている多くの夫婦がいる。彼らは、子どもを自分たちの責任で育てあげたことがはっきりしている場合でも、育児仕事が終わったとは考えていない。私自身の両親は、もう五〇年以上にわたって結婚したままで、母はなお私に靴下と下着を買ってあげると言い張ってやまない。明らかに母は、自分の仕事は終わったとは考えていないのだ。

離婚がなされる場合でも結婚と離婚の間隔は、世界中の社会でも歴史上の時期ごとでも全く一様ではない。人口データを統計的に解析している研究集団であるＩＳＴＡＴによってイタリアでなされた二〇一〇年の結婚と離婚の研究によると、イタリア人夫婦の結婚継続年数は平均で一五年だった〔訳注　カトリックの国でも離婚する夫婦がいるのだ〕。夫が離婚した時の平均年齢は四五歳、妻は四一歳だという。今のイタリア人の婚期は、三〇歳代半ばから後半と遅いから、夫婦はどちらも五、六年間は結婚していて、子どもがいないか、いても一人か二人、そして小さい方の子でも四〜五歳の時に離婚している傾向が認められる。イタリアの場合も、子どもを生み、育てるために夫婦になるという仮説と一致している。

常識からすれば、結婚した夫婦が別れる時は、まず第一に夫婦のどちらかが全く愛を失ってしまったか、最初は愛は強かったとしても、その後に徐々に弱まったということになる。後者の可能性は、私の友人に発展させられ、酒を二、三杯飲んだ後に私に明かされたもう一つの愛の仮説と矛盾はない。その仮説によると、愛とは人との関係の一段階──初期段階にすぎないという。私の友人の仮説は、一夫一婦関係の形成と子育てについての仮説と実際に完全に両立できる。ロバート・フランクの「コミットメント説（commitment theory）」と違って、友人の説は二人の配偶者間の愛は時とともに強くなっていくだろうというものであり、友人のその説によれば、いずれは離別のリスクが大きくなるので、「初期段階」説と「一夫一婦関係の形成と子育て」説は両方とも、愛は男女の関係が始まった時に強いものに違いなく、少なくとも数年間は続くが必ずしも永続するとは限らないという主張になるという。

だが、鳥類やその他の動物がやっているように、人間も一雌一雄関係を形成し、共同で子育てするのだとしたら、なぜ恋愛を伴う愛が我々の種だけで生じたのだろうか。母親と父親との協力は、コミットメント問題を引き起こす。だからフランクは、恋愛を伴う愛はこの問題を解決するために進化した、と推定する。ヒトが子育てする間の夫婦の協力は、他の動物の協力と違っている点もあるのだろうか、それともヒトの協力はそれがヒト独自の解決を必要とする独自の問題を提示するといったようなものなのか？　そうは思わない。協力し合う関係として、人間の一夫一婦関係は、他の長期的協力関係と質的には異ならない。多くの動物種の対になった個体同士は、食物を探したり、互いの体をきれいに掃除したり、第三の個体に対する喧嘩で互いに支え合う。人間なら、百万に近い様々な状況で他の人と協力し合う。こうした協力関係のすべてが、コミットメント問題をもたらすのだが、その問題は恋愛に伴う愛では解決されない。次章で見るように、コミットメント問題は、合理性を超えた感情ではなく、絆について何度も繰り返される検証で対処されるのだ。

愛は、感情である。だからその進化の上で果たした機能を知るには、感情の進化的な機能というもっと幅広い背景に愛を置いてみなければならない。感情は社会的関係という背景で生じるが、感情はまた、それ以外の多くの非社会的背景においても起こるのだ。

愛は活力剤

人が人と交わると
核分裂に至る連鎖反応を引き起こす
エネルギーの解放は大きな爆発で頂点に達し
その結果は徹底的な荒廃
都市の一掃
大陸の崩壊
山脈の破壊
氷河の溶解

大洋の蒸発
惑星の分裂
太陽系の崩壊
銀河系の収縮
宇宙の消失
人間二人が関わり合ったから

——ジョー・フランク、『愛の囚人』
彼のラジオ・ショー番組『反対側（*The Other Side*）』の独白

感情の一つの大きな機能は、意欲に活力を吹き込むことだ。強い前向きな感情、あるいは強い否定的な感情を体験すれば、何かプラスになることをしようとしたり、害になることは避けようとしたりする気になる。痛みは、動物の体にダメージを与えかねない物事を避け、できる限りのことを確実にその動物に行わせようするための対策だ。仮に読者が正気を失い、キッチンレンジの炎の中に指を突っ込もうとしても、痛みがそれを防ぎ、体を守ってくれるし、読者がどれほど正気を失っていたとしても自傷行為を行おうとするのを難しくさせる。性欲とオーガズムは、このテーマに関してはいろいろな意見はあるにしろ、ともかくも動物が性交と受胎に励む高い意欲を確実にかき立てさせるためにある。性的本能は非常に強力なので、禁欲の誓いを立てた司祭でも性的欲望を完全に抑え込むのは難しい。司祭の感情は、意識的決断に反するように働くので、その結果、彼らの一部には不適切な性行動に走ってニュース沙汰になる者も出てくる。人はあらゆる物事に気まぐれな決断をすることが多いが、自分の生存と繁殖に関する事柄に関しては、生物学的に非常に重要なので、人間の意識的決断に完全に委ねることはできないのだ。感情は、何を考えようと、我々にとって良いことになるよう我々を鼓舞するために進化した。だから私は、こう主張したい。恋愛に伴う愛は、男と女に夫婦の絆を結ばせるべく進化した、と。

しかしこの過剰な感情的活力剤はなぜ必要なのか？　その答えは、我々の霊長類としての進化の過去と関係があるに違いないと考える。鳥類で番いになることは、太古からの適応である。鳥類はおそらく、数千万年もかけて番いを形成する動物となったのだろう。これは、鳥類の脳を変え、番い形成のための心理的、行動的な適応を支えるのに必要な脳神経の配線をもたらした自然淘汰に、かなり長い時間がかかったという意味だ。鳥類と比べると、ヒトの一夫一婦関係形成は進化の上では新しい。それは、ごく最近に起こった——進化のタイムスケールでは数百万年という時間など一昨日に等しい——し、脳サイズと両親の世話が必要かそれがあれば有利だった子どもの発達様式の急速な変化に応じた速やかに進んだ進化だった。複雑なことにヒトは、群れのメンバーが乱交していて、オスが子どもの養育に何の関与もしなかったチンパンジーに似た類人猿から進化した。その社会では、オスとメスの間で、（例えばメスに対するオスの攻撃と性的強要などの）かなり高いレベルの争いがあっただろう。類人猿的な我々の祖先の脳は、一雌一雄関係を伴わなかった交尾と繁殖の戦略を支えるために、数百万年、数千万年の間の性淘汰によって形成されたのだろう。心理学者のポール・イーストウィックが最近、提唱したように、人類へと連なる系統で一雌一雄関係形成の進化にとって都合の良い環境が整った時、途方もない長い間の性淘汰を通じて磨きをかけられた他の特徴に対抗するように、自然淘汰がヒトの脳を急速に変容させたに違いない。乱交的で攻撃的、そしてメスに優しくないチンパンジー的な類人猿のオスの脳が、人間的な一夫一婦社会的で、女性を愛し、父親の脳になるのは、簡単な進化的ステップではなかった。この急速な変貌への必要性が、特別な進化の問題を提示した。それには、特殊な解決策が必要となった。この特殊な解決策こそ、恋愛を伴う愛であり、成人愛であった。

しかしそれなら自然淘汰はこの特殊な解決策をどのようにして見つけたのだろうか？　自然淘汰は恋愛を伴う愛をどのようにして探し出したのだろうか？

愛の歴史

空港でしばしば見かけることだが、人が自分の愛した者にさよならを言う時、どのように振る舞うかに私はどうしても注目してしまう。私はこれまで、夫が妻の手を握る一方、妻は搭乗券をチェックインカウンターで入手し、自分のキャリーバックを引いて、セキュリティーの列に向かって去る光景をたくさん見てきた。最後に、別れる前、二人は微笑み、抱き合い、キスし合う。いよいよ腕を放し、立ち去らねばならなくなった時の二人の眼に浮かんだ涙と悲痛の表情も、何度も見てきた。こうしたシーンを観察し、愛の本質について思いをめぐらしたのは、明らかに私が最初の行動科学者ではないし、ただ一人の行動科学者でもなかった。心理学者のクリス・フレイリーとフィル・シェイヴァーは、この現象の研究を行い、一九九八年に出版された『性格と社会心理学雑誌（*Journal of Personality and Social Psychology*）』に、「空港の別れ：カップルが別れる時、成人の愛着の力学についての自然史的研究」と題する論文を載せたのだ。空港での別れの間、愛し合う者同士の振る舞い方は、ヒトの愛の本質と起源に光を当てるのではないかと考え、この研究を行ったという。

フレイリーとシェイヴァーは、ある大都市の小空港で別離のカップルのとる行動を記録する観察者四人のチームを編成した。比較対照の目的で、四人の観察者は一緒に搭乗するカップルの行動も記録した。

以下は、空港で観察された別れるカップルの行動の一部だ。


二人は手を取り合った。

二人は抱き合い、約五分間も互いに離れなかった。

女性が別れようとした時、男性は何度も女性にキスをした。

二人は互いに長くて濃厚なキスを交わし合った。

男性は女性の内股をマッサージした。

女性は慰めるようにして男性の顔を叩いた。

二人は互いに泣き合い、お互いの涙を拭い合った。

男性はすぐに立ち去り、女性は泣きながら歩き去った。

女性は搭乗する時、男性に「愛してるわ」と囁いた。

二人は互いに離れようとしても、なお手を握り続けた。

出発に際し、女性が飛行機に乗る最後の乗客となった。

男性が去った後、女性は窓辺に駆け戻り、飛行機がタラップから離れていくのを見守った。

飛行機が離陸した後も、女性はなお二〇分間も窓辺に残った。

ある例では、すでに飛行機に乗ったはずの男性が最後のキスをするために走り出てきた。客室乗務員が怒りを爆発させ、彼にすぐに座席に戻るようにせき立てた。

別れるカップルの行動を観察して記録することに加え、調査員は二人に自分たちの人柄、二人の関係の継続期間、相方から別れている間に二人が経験する主観的な苦悩の程度についても質問書に書き込むよう依頼した。この研究の主な目的は、別れるカップルが、両親から引き離されそうとする子どもたちで観察された行動と機能的に類似した行動をとることを示すことであった。二つのケースとも、相互接触や近づくことを求めたり維持したりするのに働く行動、悲しみと苦悩の表現、世話をしようと慰める行動、時には優しさへのよそよそしい態度と拒否が見られる。この研究にインスピレーションを与える一般的仮説――それは、恋愛を伴う愛に関して現代なされている大半の研究の指導的なものでもあるが――は、恋愛を伴う愛と成人愛は、子どもと世話する者の間の感情的で社会的な結び付きにその進化的起源があるということだ。この仮説の基礎は、およそ五〇年前に提示されている。

一九六〇年代前半に、イギリスの精神分析医のジョン・ボウルビーは、幼い子どもたちが最初に世話をしてくれた人――通常は母親――に精神的に強く結びつけられる理由を説明する仮説を発展させた。ボウルビーの「愛着」説によれば、幼い子どもたちは、世話をしてくる人に感情的に愛着させられる生物学的な素因を持っているという。それが、例えば泣く、笑いかける、後をついて回る、まつわりつくといった身近さを維持したり相互の働きかけを刺激したりすることを目的とした行動として表現されるという。人間の幼児は、周囲からの保護を自分を世話をしてくれる人に全面的に依存している。愛着のシステムは、自然淘汰によって、幼児との身近さと世話をしてくれる者との交流を強化することによって幼児の生存を促進させる心理的、行動的適応のセットとして進化したのだろう、とボウルビーは説いた。彼は、サルの母親と幼体の交流の記述を読んだだけでなく、病院に入院する前に両親から離される際に示す子どもたちの反応を観察し、ここから愛着についての着想を得た。実際、幼児の愛着システムは、ヒトにとってユニークなものではなく、サルと人類に最も近い関係にある類人猿の多くの種に存在することが分かっている。それは少なくとも三五〇〇万年の古さを持つ。ヒトの一雌一雄関係形成よりかなり古いのだ。

ボウルビーは、幼児の愛着システムには定められた目標——母親との接触の維持やすぐ身近にいること——と特別に活性化され、また終わらせられる諸条件がある、と述べた。幼児が母親から引き離されると愛着システムが活性化され、母親と接れ合い、すぐ身近に居られるようになると、それは終わる。このようにこのシステムは、今の気温を測り、設定済みの基準温度と比べて設定温度に調整するサーモスタットのような働きをしている。幼児の愛着システムは、三つの決定的な特徴を持つ。すなわち幼い子どもは母親から離されると見知らぬ人への不安感と恐怖感を示す（子どもたちは泣き、まつわりつき、不安げになったり悲しんだりする）。また幼児は、怖がると、母親のそばに駆け戻る（安全な避難所として母親を使う）。第三に幼児が落ち着いて自信に満ちていると、母親を探検のための「安全な基地」に利用する。母親から離れてあちこち探りに行って遊ぶが、しばしば母親のもとに戻って、万事変わりがないかどうかをチェックするのだ。

乳児は生まれた時から泣くけれども、離された時の不安感や未知の人への恐怖といった愛着システムの主な特徴は、乳児が六カ月から九カ月になった時に初めて出現する。この愛着システムは、幼児期の残りの期間を通じて機能し、時には思春期になるまでも続く。ただ時期によって愛着システムで表される行動は、変化する。愛着システムの基本的特徴は、すべての子どもたちに認められる。しかし子どもたち全員が、母親と短い間に引き離され、その後に再会した時に同じように反応するわけではない。一部の子どもたちは、母親から離されてもさほど不安を示さず、再会した時の方に好反応を示す。その一方、母親と離されている間、非常に情緒不安定になり、再会した母親に向かって怒りや拒絶反応を表す子どももいる。幼児の愛着のこの基本的特徴も子どもたちの間の個性の違いも、地球上の全人間社会と文化ばかりでなく、サルや我々に最も近い関係の類人猿でも観察できる。アカゲザル、ヒヒ、もちろんチンパンジーやそれ以外の大型類人猿でも、である。

フロイトは、愛する者同士が互いに赤ちゃん言葉で話したりすることを含む、愛する者同士と母親―幼児のペアを典型例とする身体的親しさに印象深い類似性のあることを記述した最初の学者である。フレイリーとシェイヴァーの空港の別れの研究や一九八〇年代後半以来なされている他の多くの研究から、幼児の愛着システム――身近さを維持すること、離された時の苦痛、安全な避難所、安全な基地――を特色づける諸特徴は、成人同士の愛を伴う関係でも観察できることが証明された。さらに母親に不安なく愛着された子どもたちは、愛を伴う関係に安逸感を抱き、リラックスした大人になるが、一方で母親（あるいは父親）に対して不安定な感情を抱き、心配し、どっちつかずの怒りを感じていた子どもたちは、成人になった時に自分の恋愛の相手に同じように振る舞う。最後に言えば、母親と子どものペアと恋愛関係の男女の愛着関係の一時的発展と変容には多くの類似性もある。恋愛による愛着は、母親―子ども間の愛着よりも相互的であり、対称性がある。さらに恋愛関係の相手は、関心や安逸、安心感を必要とする未熟な人間の役割とすべてを与えてくれる世話をする役割を、しばしば交代する。

この五〇年間になされたこうした仮説や観察のすべてに鑑み、人類の恋情を伴う愛の進化史は、次に挙げる線に沿って進んできただろう、と私は提唱したい。ヒトの脳が大きくなり、以前よりも発達期に幼児が愛情を求めるようになり、か弱い存在になったので、父親の関与と両親の世話が必要になり、自然淘汰は、男と女ができるだけ長い期間一緒に暮らし、うまく子どもが育つよう促進する方向に働いたに違いない。さて自然淘汰とは、何もかもゼロからいきなり発明されたのではない。むしろ既存の構造を改良し、再配置した。だから幼児の愛着システム進化の心理と感情面での適応は、すでに我々の類人猿祖先の脳に存在していて、それまでに幼児と母親が一緒に過ごすように十分にうまく機能していたのだ。自然淘汰は、成人になってもこのシステムが働くようにマイナーチェンジを行った。そうやって連れ合い同士をお互いに固く結びつけるように使われるようになったのだろう。母親と子どもの絆を固めるのに用いられてきた神経回路、それにオキシトシンと内因性オピオイド（これらは、精神的緊張と身体的な痛みに対する肉体の反応の調節にも関与する）といった神経化学物質の一部も、成人の男女間を仲立ちするのに関与するようになった。

成体のオスとメスの間の長期に及ぶ精神的、社会的な絆を発展させる目標の達成のために、自然淘汰は、我々祖先の類人猿としての脳ばかりでなく、身体もまたマイナーチェンジさせた。我々の類人猿的な祖先の身体は、おそらく現生のチンパンジーの祖先に似ていただろう。つまり、厳しい雄間競争とメスをめぐる争いに十分に適応して、しかし一雌一雄関係形成のためではない形に適応して。例えばオスは、メスよりもずっと大型で強力だったし、長くて鋭い犬歯を備え、チンパンジーと比べて小さなペニスと、それと反対に大量のテストステロンと精子を作れる大きな睾丸を持っていた。メスはと言えば、雄間の性的競争を煽り立てるために巨大な性的腫脹を誇示し、月経周期の間の受胎期を公然と顕示した。その後に一雌一雄関係の形成と両性間の協力関係を育てるために、自然淘汰はオスとメスの間の身体サイズ、力強さ、犬歯などの差を縮小させた。その後は、女性の排卵の明白な兆候を隠すようにさせ、女性の月経周期の間の男性の受け入れ可能性を強めた。こうしたことで、男と女はいつでもセックスできる夫婦となる機会が用意され、かくしてカップルの結合が強められ、男性は子どもが生まれた時、その子が本当に自分の子であることを確信できるようになった。そのことは次に、男性が父親としての世話を喜んで行う意欲を強めた。同時に自然淘汰を通じて、睾丸の大きさの縮小とテストステロン分泌量の低下という形で、夫婦関係となった男性の多くの女性とセックスしたい、乱交をしたいという願望が弱まった。ヒトの男性は、チンパンジーのオスと比べて、体の大きさに比して睾丸は小さく、少量の精子とテストステロンしか産生しない。私はかつてある研究者が片手にチンパンジーの脳を、もう一方の手に睾丸を持ったスライド画像を見たことがある。両者は、ほぼ同じ大きさだった。チンパンジーの脳だけが小さいためではなかったのだ。

人間の男性が一夫一婦関係を作るもう一つの生理学的な適応は、男性がコミットメントの関係になったことを自覚したり、結婚して子どもが出来たりした時に、男性のテストステロン産生量が大きく減じることだ。ある女性とカップルを作った男性のテストステロンの低下は、他の女性への性欲を抑制させ、男性側に妻と子どもたちへの関心に専念するように促すのだ。このことは、シカゴ大学の五〇〇人以上のMBA大学院生を対象にした、同僚と私が行った研究も含めて、これまでの多数の研究で証明されている。最後に付け加えれば、心理学者のシンディ・ハザンとデブラ・ザイフマンを含めて様々な研究者は、人間の勃起したペニスの並外れた大きさ――人間の男性はあらゆる霊長類の中でも体サイズに比べて断トツ最長のペニスを持つ――も一夫一婦関係の適応だと提唱している。長いペニスのおかげで、性交時の幅広い体位が可能になる。それには、男女間での親しみの増す顔と顔を向き合った対向位も含まれる。このような体位が、性交の間に互いに社会的な絆を固めるのである。互いの腹同士を合わせての性交は、霊長類にはほとんど見られず、我々と近い関係にあるもう一つの類人猿であるピグミーチンパンジー、すなわちボノボでのみ普通に見られるだけだ。人間のように、ボノボも性行為を社会的な関係を強める目的で行っている。また長くなったヒトのペニスは、女性にオーガニズムを起こさせる可能性を高めるかもしれない。オーガニズムは性行為に関わる女性の側の準備を最高潮に高め、それによって女性の相手の男性との絆が強化されるのだ。

自然淘汰は、ヒトの男と女に一夫一婦関係を形成させ、子どもの養育に男女が協力させるように働いたが、自然淘汰を通して起こった肉体、生理、心理のこれら複合的な適応は、非常にうまく機能した。一夫一婦関係形成の最も目覚ましい心理的な適応、すなわち恋情を伴う愛は、人間の心に望ましい伴侶を待ち焦がれる思いと幼い子と母親との間に存在するものと異ならない心理的な依存心を作り出した。うまくいっている夫婦の絆は、夫婦の一方の不在や喪失がもう一方にとって文字どおり生存を脅かしかねないような、夫婦間の心の底からの心理的、生理的な相互依存を伴うものだ。一方で堅固で安定した愛情を伴った関係は、夫婦双方とその子どもの健康と長寿に多くの肯定的効果をもたらすことが多い。経済学は一夫一婦関係の形成のいくつかの側面を理解する助けになることがあるが、進化生物学はヒトの愛情を伴う一夫一婦関係の形成は、協力と互酬的な利他行為の原理に基づいた事業上の協力関係よりもはるかに強力であることを教えてくれるのだ。

さてそれでは、最初の疑問に戻ろう。すなわちなぜジェニファー・アニストンとブラッド・ピットは、最初は互いに愛し合っていたのに、後に破綻したのか、だ。本章で議論した経済学と進化生物学からの仮説は、（我々のような普通人だけでなく）一部のハリウッドのセレブたちが夫婦関係を構築し、その後に別れる理由を説明できたのか？

よろしい、『USウィークリー』誌の二〇一〇年八月三〇日号の記事からの次の引用を読み、ご自身で判断されたい。

俳優のニール・パトリック・ハリス（有名なテレビドラマの主役の天才少年医師ドギー・ハウザーを演じる俳優）と彼の同性婚相手のデヴィッド・ブーティカは、代理母に双子を生んでもらうことを期待している。二人に近い筋は、こう明かしている。「最初から二人は、子どもを持ちたいと思い、家族を作るという目的で結婚したんだ。それが、二人が恋に陥った理由だ。それは、長年の夢の実現なんだ。」

女優のハル・ベリーは、元のパートナーだったガブリエル・オーブリー――彼との間に長女ナーラをもうけた――について話しながら、「みんなと一緒に最後まで頑張るというつもりじゃないことは分かって。私たちはこの素晴らしい小さな子を育てたいの。……私たちは家族なの。この世にいなくなるまで、ね。」

第七章　絆の検証

コミットメント問題に対するヒヒの解決策

オスのヒヒは、攻撃的同盟と喧嘩の際の相互支援を伴う協力関係を築く。前章で取り上げた事業上の協力者と愛情を伴った伴侶のように、ヒヒのオスも様々なコミットメント問題に直面する。すなわち二匹のうちの一匹が相手をごまかし、裏切るかもしれない、あるいは片方に屈辱を与えて二匹の関係を終えるかもしれない、ということだ。そこで彼らは、そのコミットメント問題を処理するかなり変わった方法を考え出すに至った。つまり、互いの睾丸を手で愛玩し合うのである。

これと似た行動を行うことは、他の霊長類でも知られている。古代ローマでも、忠誠の誓いを立てた二人の男が、互いの睾丸を持ち合う儀式があった。公衆広場で宣言する間、忠誠の証しとして男たちは互いの睾丸（testicles）を手に持ったのだ（ここから「宣言する（testify）」という用語が出来た）。オスのヒヒと古代ローマ人男子の行動は、「ハンディキャップ原理」（Handicap Principle：ＨＰ）で説明できる。ＨＰは生物学上の仮説で、それによればある関係――友情にしろ恋愛関係にしろ、事業上の協力にしろ――で相手の約束に関して信頼できる情報が得られる最も効果的な方法だという。それは、相手側にコストを課し、相手はそのコストを負担するという意思の表明である。ただこのことについてさらに何かを言う前に、オスのヒヒはそのヒヒの奇癖に戻ろう。

成体のオスのヒヒは、攻撃的で危険な動物だ。体は比較的小さい――およそイヌのシェパード大――

が、それにもかかわらずオスのヒヒは強力ですばしっこい。それに大きくて鋭い犬歯も備えている。それで噛まれると命に関わる恐れがある。またオスのヒヒは、恐れを知らず、ライオンやチンパンジーといった自分よりも大型の動物を攻撃することに躊躇しない。だがオスのヒヒをそれほど危険にしているものこそ、めったに単独では攻撃しないという習性だ。彼らは二匹が組みになって、あるいは三匹か四匹の集団で攻撃を行う。ごちそうとして肉を食べたくなった時、オスのヒヒは協力して自分よりも小型の動物の狩りをするし、自分たちを餌食にする大型の肉食獣すら協力して攻撃するが、実はこの両方とも比較的に稀だ。オスのヒヒが攻撃的同盟を構築する場合、その大半の時間は他のオスのヒヒと闘うために費やされる。

ヒヒの社会は、競争的環境にある。成体のオスは、メスと交尾しようと、またさらに順位制のもとで高い順位を獲得したり維持したりしようと、他のオスと互いに競い合っている。ヒヒは、かなり乱交的なサルである。オスは、できるだけ多くのメスと交尾したがり、しかもしょっちゅう交尾している。オスのヒヒは、体の大きさに比べて大きな睾丸を持っており、一日に一〇回も一五回も、あるいはそれ以上、射精する。しかし高順位のオスは、妊娠可能なメスを独占し、決して低順位のオスをメスに近づけさせない。第二章で述べたクレイグ・パッカーによる一九七七年の研究は、オスのヒヒが高順位のオスによる妊娠可能なメスの独占をうまくごまかす方法を見つけ出していることを証明してみせた。二匹のオスは、以下のようなケースでは協力して行動する。二匹のうちの一匹がメスを囲い込んでいる高順位のオスに喧嘩を売る一方、もう一方は陽動作戦を利用してそのメスと交尾をするのだ。数日後には、二匹は同じゲームを演じるが、今度は役割は逆だ。メスと懇ろになれたオスは、仲間へお返しをすることになる。彼が高順位のオスに喧嘩を売り、陽動作戦を行うのだ。別の個体が交尾するのを助けるために喧嘩をするのは利他行動なので、パッカーの研究は霊長類の互酬的利他行動の古典的な例となっている。成体のオスのヒヒは、権力を求めて闘う時に同盟を作る。ちょうど第四章で取り上げたオスのマカクザルのように。ただその闘いは、ずっと激しい。順位を上げるために、二匹とか三匹の成体オスは、高順位のオスに対して団結して闘うことがある。闘いで高順位オスを負かし、そのオスの地位を失わせるか群れの外に追い出すのも一緒だ。

性的な相手を得るために雄間連携が構築されるのか、それとも権力を求めてなのかはさておき、同盟は即座にでも手当たり次第にでも構築されることはない。人間社会の政治的同盟の形成には多くの人脈を必要とするように、ヒヒもたくさんの時間をかけてお互いを知るようになって社会的な絆を作り、ある程度の信頼関係を発展させ、その後に同盟が形成される。連携し合う者同士の社会的な絆作りには、一緒にたむろしたり、たくさんの毛繕いを交換したりする行動を伴う。それが十分に維持されれば、オス二匹の間の協力関係は長く続き、多くの同盟が出来ることにもある。

だが交尾と順位に競争があるように、良質な政治同盟を作るにも競争がある。そして高順位のオスほど同盟の相手を求めるのだ。この競争は、オス同士の協力関係を不安定化させ、いつでも同盟の終わりを可能にし、裏切りの機を熟させる。つまり例えば読者のあなたが自分の最良の友人だと信じたオスのヒヒも、喧嘩の最中に、忠誠義務の相手を変え、あなたの最悪の敵の側に付くこともあり得るのだ。オスのヒヒは、協力を誓約した文書にサインをできないし、ましてや金銭的制裁という脅しで協約を強めるなど不可能だ。ヒヒは話すこともできないので、オスのヒヒが他のオスとの友情が強いか弱いか、相手を同盟のパートナーとして信頼できるかどうかは、別の方法で判断しているに違いない。

さて、今、次のようなシーンを想像してみよう。四〇匹から五〇匹のヒヒが、さんさんと陽がさす夏の午後、ぶらぶらしながら、涼風を楽しんでいる。地面の上で何か食べ物を探しているヒヒがいる一方で、毛繕いをしたり、居眠りしたりするヒヒもいる。クリント・イーストウッドとエディ・マーフィは、群れで高順位の地位にあり、メスに全く不自由しない成体のヒヒ二匹である。二匹はそれぞれ、三匹とか四匹のメスから成る小さなハレムを持っていて、ハレムのメスといつも交尾し、メスは二匹のオスのそれぞれに忠実である。群れの他のオスは、いつも熱っぽく見ている彼女たちの一匹と交尾する機会があれば幸運な方だし、何匹かの年取ったヒヒは、しばらくの間、交尾のチャンスに縁がないままだった。（西アフリカ産のこの特別の種のギニアヒヒでは、東アフリカに暮らすマントヒヒにちょっと似て、オスは数匹のメスから成る小さなハレムを営む。）クリントとエディは、それぞれ二〇メートル弱、離れ、互いに干渉しないようにして座っている。不意にそれぞれのヒヒは互いに、肩越しにちらりと後ろを振り向き、目と目とを合わせた。その瞬間、二匹のヒヒは、絆の検証をする時が来たと決めた。

クリントとエディは、半分の距離にまで互いに駆け寄った。二匹が駆け寄ると、クリントは奇妙な表情を作った。目を半分閉じ、耳を後ろの頭の方にたたむ一方、エディはすごい速さで舌鼓を打ち始めた。そこからさらに近くまで寄ると、クリントとエディはイヌのオスがおしっこをする時のように片脚を上げ、一方は自分の手の中に相手の睾丸を束の間の間、掴んだ。すると互いを見やることもなく、二匹は以前に自分の居た場所まで駆け戻り、そこに座り、何事もなかったかのように前とおなじ仕草を続けた。二匹のこの行動は、ほんの数秒だけ続き、しかもごく自然に起こった。それまでは何も起こらなかったし、その後でも何事もなかった。他のヒヒたちは、ほとんど注意も寄せなかった。ヒヒたちは、前にもおそらく何千、何万回とこのシーンを見ていたはずなのに。

私の以前の大学院生であるジェシカ・ホイットハムは、自分の修士論文のデータを収集するためにシカゴのブルックフィールド動物園のギニアヒヒの群れを観察していた時、このような高順位オスの行動を数百回も目撃した（そして素晴らしい場面を何回もビデオに撮った）。（ちなみに彼女は、ヒヒたちにハリウッドの有名映画スターにちなんだ名を付けた研究者たちの一人だ）。同性愛的行動はサルにしろ類人猿にしろ珍しいことではないが——オスもメスも、いろいろな状況で同性の個体に馬乗りになる——、オスのヒヒによってなされる外性器の愛撫は、性行動とは全く関係がない。それは、霊長類学者が「挨拶」と呼ぶ社会的な儀礼行為である。修士論文でジェシカは、頻繁に及ぶ毛繕いや連携行動をとることが特徴的な安定した協力関係を築いていた成体オスの二匹が、しばしば挨拶行動を好むことを明示した。その一方、ほとんど関係を持たないか、あっても不安定な関係しかないオス同士では、挨拶は全く交換されないし、始められもせず、そうした関係を作ることもできなかったことを、彼女は明らかにした。

不完全な挨拶や途中で中断された挨拶では、あるオスが別のオスにウインクし、そのオスの方向に歩み寄り始めるが、そのオスが別の方向に行ってしまうと後は何も起こらず、最初のオスはそれ以上の深追いはやめて自分の元いた場所に戻る。時には二匹のオスがお互いに接近することもあるが、互いの睾丸を握る数秒前に、心変わりをして、その後すぐに向きを変え、来た道を引き返す。それはまるで二匹のうちの一匹が、あるいは両者とも、この親密な挨拶交換はそれほど良い思いつきではなかった、とまさに最後の数秒で悟ったか、あるいは相手がどう反応するかにびくついたかのどちらかのようだった。オスのヒヒの間の挨拶を観察している、もう一人のミシガン大学の霊長類学者、バーバラ・スマッツは、六〇〇回を超える挨拶行動を目撃したが、彼女の観察したそのうちの約半分は、オスの一方か両方が挨拶の交換を完了する前に引き返してしまったため、不完全なもので終わった。こうした行動の中断は、一匹のオスがもう一匹に最初に目配せしたまさに始めたばかりの時から、そのオスの手が相手の睾丸に触れ始めたほとんど最後の段階まで、いつでも起こることがある。スマッツは、ビデオのスローモーションでのオスの行動を観察し、挨拶の過程で二匹のヒヒは互いに相手を監視し合い、かすかな視線の変化にも、ほんの一瞬の動作変化にも反応していることを発見した。一方のパートナーのどんな躊躇いの兆候でも、挨拶が完了する前の中止の理由になり得るのだ。

二匹のヒヒが互いの外性器を触る時、二匹とも巨大なリスクを背負い込む。どちらのヒヒも、相手の睾丸をもぎ取ることによって、速やかにかつ容易に、永久に相手の繁殖能力を終わらせることができるからだ。このように他のヒヒに自分の睾丸を弄ばせることは、他者の善意を大いに信頼していることを示している。一方で別のオスと親しくなろうとして、そのオスの睾丸に触ろうとすることで、そのオスは攻撃されるという高い危険性に我が身をさらすことになる。オスのヒヒの鋭い犬歯は、一噛みでも他の個体に命にかかわる傷を負わせることができる。さらに挨拶の開始には、プライバシーの侵害の可能性のあるこの危険な行為に相手のヒヒは決して攻撃的には反応しないという大きな信頼感が必要だ。挨拶は、オスが双方とも友好的に振る舞うと等しく約束される場合にしか機能しないのだ。友好的だという感情を両方が完全に共有していない場合、例えば低順位のオスがアルファオスと仲良くしたいと思ってもアルファオスが何の関心も示さなかった場合、挨拶を行おうと意図されても、それは中断される。

場合によっては挨拶が、喧嘩という結果になることもある。スマッツの報告によると、彼女の観察した挨拶の約七％は、脅し、追いかけ回し、肉体的攻撃という結果に至ったという。非常に仲の良い友だち同士の二匹なら、最強の挨拶――両方のペニスと睾丸が互いに数秒間も弄ばれる挨拶――が行われる。そしてそうした挨拶は、決して不完全とはならない。関係が良好なら、一方のオスの順位がもう一方よりも高いかどうかは実際には問題にならない。一般に低順位のオスからの方が、高順位のオスからよりも挨拶が始められることがしばしばある。低順位のオスは、挨拶を用いて高順位のオスが自分への寛容さと支援をする意思があるのかの情報収集をしているのかもしれない。高順位のオスは、挨拶を利用して群れの中で低順位のオスが居ることを許容するという自分の意思を、同盟相手になる可能性のある個体として利用できるという意思を伝えているのだろう。協力関係にある二匹のパートナー同士は、協力へのお互いのコミットメント――その絆の強さの検証――を、挨拶を互いに強要することで頻繁に表明している。絆の検証の仕組みとして挨拶を機能させているものこそ、それに伴うリスク、したがって関係を維持するために互いが払う意思を示す潜在的なコストなのである。リスクを取り、その負荷を許容することによって、オスのヒヒは、その関係が自分にどれほど大きな価値があるかを示しているのだ。それでは次にもっと詳しく、これが当てはまる理由を探っていこう。

絆検証の論理とハンディキャップ原理

絆検証の意義は、一九七七年にイスラエルの進化生物学者、アモツ・ザハヴィによって発表された「絆の検証」という論文で脚光を浴びた。彼は、この論文で協力とコミュニケーションについていくつもの新しい、しかし反論の多い考えを提示した。進化生物学者としてザハヴィは、お互いに遺伝的関係のない個体間の協力関係は血縁関係のあるメンバーに伴う協力関係よりも本質的に安定しないと論じた。血縁関係のない二個体も、周知のように共通の利益を両者が共有し、パートナーがいなければ達成が難しいか不可能な目標――例えば子作りなど――を一緒に追い求めたいと考えるので、協力関係を築くことがある。しかし協力関係を一緒に保っていく環境は、すぐに、そして予測不能なほどに変化し得ることを、ザハヴィは認めた。したがってザハヴィが強調したように、投資を続けるか撤退するかを決めるために、絆の強さを頻繁に確かめること、パートナーの約束を評価することは重要になるのだ。

人間の恋愛関係を例に取ってみよう。恋愛関係の相手に対してその関係の相互の約束を評価する最も直接的な方法は、お互いにいつも次のように尋ね合うことだ。「私を愛してくれている？」、「私を愛しているって本当？」、「いつまでも私と一緒にいたいというのは、確かね？」。愛し合っているカップルは、当然のようにいつもこう言い合っている。ところが残念なことに、これは、約束を評価するのに一番信頼できる方法ではないのだ（動物なら、それは全く選択肢に入らない）。人は時には不誠実であるし、自分の感情や将来の行動に関して愚かでさえある。ザハヴィの最初の思いつきは、ある関係がどれほどの価値があるかを評価する最も信頼できる方法は、市場価値、すなわちそれを求めるためにどれだけ多くの代価を支払う意思があるかどうかを評価することだというものだった。職場のボスがあなたに君は有能な職員だと言い、いつもあなたの仕事ぶりを賞賛していることはよくあることだが、あなたのボスがあなたにどれだけの価値を認めているかの最良の物差しは、ボスがあなたに支払う意思のあるサラリーである。言葉は安いけれども、マネーは安くはないのだ。

マネーが伴わない場合、人が商品に対して支払う意思がある代価は、別の通貨で算定できる。動物にとって最も有意義な通貨は、適応度、すなわち個体が生存でき、かつ繁殖できる能力である。適応度こそ、自然淘汰が取引に使う通貨なのだ。商品（例えば食物、交尾相手、同盟のパートナーとの関係など）としての動物の価値を評価するには、その商品を獲得したり維持したりするために、その動物が進んで自らの生存や将来の繁殖を危険にさらそうとする程度を測定しなければならない。ザハヴィによれば、「もう一つの個体のコミットメントについて信頼できる情報の得られる唯一の方法は、他の個体に負荷を負わせること――自己に対して弊害をもたらすように行動すること、である」。この絆の検証メカニズムで得られたコミットメントについての情報は、誠実に約束された唯一のパートナーがこの負荷を進んで受容するので信頼できる、とザハヴィは考えている。負荷を次第に高め、パートナーがその相互作用をやめようとする点を決めることによって、その関係への他個体のコミットメントとそれに投資しようとする最新の意思についての正確な情報が得られるのだ。自分の同盟のパートナーがその関係でどれだけの価値を持っているのかを正確に知りたいと望むオスのヒヒは、頭を打たれるか噛みつかれるまで、パートナーの睾丸を握り続ける。否定的な反応を受ける蓋然性は、時間がたつと指数関数的に増えるから、一秒でも儀式を引き延ばせることは、コミットメントの強さを示す重要な成果なのだ。

社会的な絆の強さはパートナーにコストを課すことで検証できるというこの考えは、ハンディキャップ原理（ＨＰ）と呼ばれるもっと一般的な仮説の一つの応用である。ハンディキャップ原理は、一九七五年にザハヴィによって初めて提唱され、その後の年月をへて洗練化された。ＨＰは、動物がコミュニケーションをとる際、ごまかしがなかったり信じられそうもなかったりする情報がなぜ存在するのかを説明するために発展したが、他の多くの現象を説明するのにも応用できることが分かっている。例えば後に述べるが、人間の行動の多くの側面にも応用できる。ＨＰ理論の重要な考えは、安っぽいシグナルは偽造しやすく、誰でもそれを発信できるが、高くつくシグナルは優れた個体だけが所有する資源を必要とする、というものだ。したがって高くつくシグナルは、そのシグナルを使える個体の質の高さについてごまかしのない情報を伝えていることになる。

伝えられるところではザハヴィは、クジャクのオスがなぜ大きくて華麗な尾羽を持ち、クジャクのメスはなぜ最も長く、最も重そうな、飛ぶのに一番邪魔になる尾羽を備えたオスと番いになるのを好むのかの理由を学生に説明しようとして、ＨＰの着想を得たという。大きな尾羽が作るのに苦労もしない安っぽいものでよいなら、オスというオスはみんな、年齢、体長、力強さ、健康にも関係なく、そうした尾羽を持とうとするだろう。しかし大きな尾羽は、安っぽくはなく、オスの生存にとって現実に弊害をもたらすかもしれない。するとそれは、作るのに高くつくものとなるし、クジャクが飛ぶのに邪魔にもなり得る。その結果、捕食者から逃れる能力を減じる可能性がある。強くて健康なオスなら、大きな尾羽を持つ余裕があるが、弱くて健康でないオスなら、そんなゆとりはない。ザハヴィの用語を用いるなら、クジャクの尾羽はハンディキャップなのである。それならオスは、そんなハンディキャップをなぜあえて背負おうとするのか？　たぶん単純なことだ。自分はハンデを負うことができるんだぞ、とメスに見せつけるためだ。オスは、自分がいかに良いクジャクなのかをメスに示すために自らを不利な立場に置いているのだ。そしてそのハンディキャップが大きければ大きいほど、そのオスは健康で強いということを見せつけることになる。

このようにHP理論によれば個体は、自分自身に害悪となる特徴を誇示することで逆に自らの優良さを合図しているのだ。ハンディキャップを伴う合図は、そのコストのために本質的にごまかしがない。メスは、そうした合図を誇示するオスを信用し、そのオスを交尾相手として魅力的だと認めるのである。もちろん大きくて高くつく尾羽を備えて自らを生存に不利にするクジャクは、それを意図してそんな選択をするわけではない。意識的な考えではない性淘汰が、大きな尾羽を進化させるのだ。そうした尾羽を作るコードを載せた遺伝子を持ったオスは、メスにとってそうでないオスよりずっと魅力的だから、他のオスよりはメスにえり好みされ、仔を多く残す。そうやって集団内にその遺伝子のコピーがさらに多く残され、広がっていくのである。

クジャクの尾羽は、身体的ハンディキャップの好例だが、行動面のハンディキャップもある。行動面のハンディキャップには、自らの生存の可能性を減らすリスクをとることを伴う。行動面のハンディキャップの典型的な例に、アフリカに暮らすガゼルがライオンのような捕食者の前で誇示するスティング行動（捕食者の眼前で逃げずにあえてぴょんぴょん跳びはねる行動）がある。ガゼルがライオンを目にすると、できるだけ素早く逃げようとする代わりに、ライオンの眼前で上下に跳び跳ね始める個体もいる。彼らはなぜ時間とエネルギーを浪費して、自分の命を危険に晒しかねない行動をとるのだろうか？　ザハヴィの答えは、こうだ。ストッティングはハンディキャップであり、一部のガゼルはいかに自分が強く、速いかを伝えるために、そうした行動をとるのだ、と。彼らは、自分を捕まえるのは難しいから、追っても時間のムダだよ、とライオンに伝えているというわけだ。これでライオンには、捕まえるのがもっと楽な獲物、つまりできるだけ素早く逃げ去ろうとする他のガゼルを追いかけた方が楽だと思わせるのだ。ここでの想定は、ライオンはストッティング行動をするガゼルを時には実際に追いかけるか、少なくともストッティング行動が初めて進化した過去には追跡した、ということである。ストッティング行動をするのに十分なほどふさわしくはなかった個体がいたとした場合、ライオンをごまかし、ストッティング行動をしたそうしたガゼルは、自分の命で代価を支払ったから、自分の遺伝子は次世代に伝えられなかった。進化の長い時間で、捕食者を欺く遺伝子は自然淘汰で一掃されたが、ごまかしのないストッティング行動をする遺伝子は集団内に広がった（メスがそうした個体を選んだから）。（注　この例は、自然淘汰がどのように働くかを説明するのには過度な単純化と言える。現実には「率直さ」や「ごまかし」の特別な単一遺伝子が存在するわけではない。さらに行動面の特徴も、しばしば複雑な仕組みで相互作用する多数の遺伝子で調整される。）

もう一つ、動物界にあるあまり知られていない行動面のハンディキャップの例として、成体のオスのヒヒが喧嘩の最中にアカンボウを抱えるという奇妙な行動がある。この情景を想像してみよう。二匹のオスのヒヒがまさに喧嘩を始めようとしている。二匹は互いに凝視し合い、不気味にも鋭い犬歯を誇示し合って、威嚇し合う。突然、何の前触れもなく、そのうちの一匹が近くのアカンボウを掴み――しばしば母親の腕から力尽くでアカンボウを奪い取る――、それから腕にアカンボウを抱えながら、相手を威嚇し続けるのだ。なぜこのオスは、こんなことをするのか。ＨＰ理論では、一つの説明が可能だ。つまり腕にアカンボウを抱えながら闘うのは、明らかにハンデとなる。だからアカンボウを掴み、抱えることによって、そのオスは喧嘩相手にこう言いたいのだ。自分はかなり強いから、腕に子どもを抱えていても、喧嘩でお前をぶちのめすことができるんだぞ、と。それをサルの言葉で言うと、こうなる。「俺は、お前を簡単にたたきのめせるぞ」。

以上の三例――クジャクの尾羽、カゼルのストッティング行動、ヒヒの子どもの抱え込み――に対し、別の説明も可能だ。ただし研究者がそのどれが正しいかを確かめるのは明らかに難しい。だがＨＰ理論によってもたらされた説明は、興味深いし、辻褄も合っている。この理論が適切なデータで検証され、疑いの余地なく放棄されるまで、どの他の仮説とも同じように有効とみなせる。

ザハヴィによればＨＰ理論は、動物に見られる、代償が大きいがド派手な身体的な特徴と危険で風変わりな行動はもちろんのこと、利他行動やネポチズム（縁者びいき）を含むもっと広く見られる多くの社会現象をも説明してくれるという。個体が利他的に行動していても、それは本当は他の個体を助けようとしているのではない、とザハヴィは説く。そうではなく、そうした行動をとっている個体は、自分の優秀さと資源を見せびらかすために、あえて不利な行動をしているのだという。そうした誇示を目的にあえて不利な行動をすることは、マネーと資源が他者に与えられるのではなくただ浪費されるだけの場合、人間はあえて日立つように浪費することがあるが、その種の現象と同じようにいっそう効果的に機能する。金持ちは、豪華なヨットや高級そうな車にカネを浪費するのを好む。彼らは本当にそれが必要だからではなく、単に見せびらかしをしたいためだからだ。ニューメキシコ大学の進化心理学者ジェフリー・ミラーは、『消耗：性、進化、消費者行動（*Spent: Sex, Evolution, and Consumer Behavior*）』というタイトルの本を書いたが、この本でミラーは、現代人間社会でなされている無駄の多い支出の多数のものはHP理論の発現だと説いた。カネを持った男は、セックスできそうな女に、自分を魅力的に思わせようとそのカネを無駄遣いするし、男も女も仲間と同じ社会的地位を得るために贅沢品に金を投じるのだという。さらに富豪が慈善団体に寄付をするような利他的行動に対しても、別の説明もあるとする。利他的行動の一部については、第五章で取り上げた。そして多くの経済学者は、HP理論と異性を魅惑させるこの理論の役割は資本制社会の消費者行動を完全に説明できるという見解に異議を唱えるだろう。しかし経済学者なら、少なくとも私の育った研究施設の経済学者なら、この原理に基づいた推論に広く共感はしないだろう。だがHP理論は、この世にいる動物たちは基本的に合理的で利己的な生き物であり、彼らの社会的交流はマーケットと自らを広報する業務の規則に支配されるという世界の姿を鮮やかに描き出す。HP理論は、資本主義の原理を用いて自然界を説明してくれるのだ。

HP理論が初めて提唱された一九七〇年代は、経済学や進化生物学といった学問分野がもっと一般的な学問分野に大きく収斂していけることへの理解が進んだ。そればかりでなく経済学者や進化生物学者が用いる費用（コスト）―利得（ベネフィット）分析にも多くの類似した側面が存在していることも分かってきた。だがそれでも、この種の推論は進化生物学においては過激的だった。動物の出すシグナルに経済学のコスト―利得分析を援用することを提唱したことで、アモツ・ザハヴィは当時としては時代の先端を行きすぎていたのだ。だから容易に想像できるだろうが、ザハヴィの考えは、多くの研究者から疑いの目を向けられ、抵抗にあった。それ以外の進化生物学者に受容されるか、真摯に受けとめられるかするまで、時間がかかった。実際に彼は、三五年後の今もなお闘い続けている。この闘いに彼が勝つか負けるかは、誰が読者に話すか次第だろうが、それでも一つのことは確かである。ザハヴィは、この過程でいつの間にか多くの人たちの注目を集めるようになったのだ。彼の個人的な話とHP理論が受けた苦難は、科学研究の過程がどのような進み方をするかということと第五章で私が述べた研究者間の力学の一部を、多くの面でうまく説明する好例となっている。

本書の執筆時点でアモツ・ザハヴィは八二歳になっており〔訳注　一九二八年生まれ〕、イスラエル、テルアビブ大学の動物学名誉教授である。大学からは公式には引退しているが、世界中の科学的会合や主要大学での講演にひっきりなしに招待されている。彼は強い外国なまりの英語を話し、少しばかり無愛想で古風な印象を与える。例えば彼は、自分の講演にコンピューターとパワーポイントを使わず、聴衆には手書きのメモをしばしば配布する。また聴衆が彼に何か質問すると、自分の考えを強力にまくしたて、素早く防御に入る。自分のセミナーと論文では、初めてHP理論を提唱した時、この理論は何の異論もなされることなく悉く却下された、とザハヴィは必ず言及する。彼によれば、イギリスの傑出した進化生物学者のジョン・メイナード・スミスがやっと一九七五年に『理論生物学雑誌（*Journal of Theoretical Biology*）』で自分の論文を発表することに同意したという。一年以内にHP理論は間違っていることをメイナード・スミス自身が証明した論文を執筆し、発表するためだった。メイナード・スミス以外の多くの研究者も、HP理論を批判し、それを否定する論文や解説を次々と発表した。ザハヴィによれば、懐疑論の主な理由は、適切な数学的モデルを駆使してHP理論を裏付けることもせず、数量的でない用語を用いて自分がＨＰ理論を最初に定式化し、表明したことだという。数学的モデルを使えば、ＨＰ理論を通じて遺伝的に規定された形態的な特徴と行動の特徴がどのように進化し、集団内に維持されたを示せただろうというわけだ。それでも一部の進化生物学者はＨＰ理論の考えそのものは支持したが、この原理が現実の世界で実際に機能しているとは考えなかった。その後の一九九〇年に、オックスフォード大学の高名な進化生物学者で数学者のアラン・グラフェンが、コンピューターシミュレーションでハンディキャップ原理が成立し得るし、この仕組みがダーウィン進化論の原動力と一致することを立証した。それ以来、ザハヴィによれば、ＨＰ理論は幅広く受け入れられるようになったのだという。

だが現実には、ＨＰ理論はいまなお議論の的になり、論争の最中にある。アラン・グラフェンに執筆されたＨＰ理論の支持論文でさえ、批判されているのだ。多くの進化生物学者は、ＨＰ理論の一部の面は動物のコミュニケーションがどのように働き、動物の発するシグナルがなぜそうなっているのかを理解するのに役立つとは考えている。だがそれでも多数は、幅広い生物学上の諸現象にこの理論が一般的な有効性を持つこととＨＰを適用することの妥当性になお懐疑的でもあり、ザハヴィと異なり、ＨＰ理論は進化生物学の、例えば互酬的利他主義や血縁淘汰論のような十分に確立した他の学説に取った代わるべきだと信じてもいないのだ。

科学ではよくあることだが、ある研究者が新理論や新しい研究法を発展させ、それが以前には説明できなかった現象の説明に有効だと考えられる時、彼らはそれに興奮し、他のあらゆることにそれを適用しようとする。彼らは、その新しい理論的枠組みが古いものと置き換わり、最終的には学問・研究の全分野よりも優位に立つだろうと喚き立てる。この現象は、行動主義や社会生物学といった行動科学の別の理論的枠組みでも起こった。心理学者のＢ・Ｆ・スキナー（一九〇四年〜一九九〇年）は、行動主義——行動面の現象に学習の役割を重視する理論的枠組み——の強力な主唱者で、条件付けの原理は子育てから政府までの人間の暮らしの全側面に適用できると確信するにいたった。『言語行動（*Verbal Behavior*）』（一九五七年）という著書で、人間の言語は、他のどの行動面とも同じように学習される——このように言語学の分野に攻撃的に介入した——とスキナーが主張した時、彼の主張は言語学者のノーム・チョムスキーから強力な否定的反応を誘発した。チョムスキーは、スキナーの著書に辛辣な批判を加えたのだ。チョムスキーのすぐ後に、行動主義に対する他の批判も相次ぎ、最終的には心理学の有力な理論的枠組みとしては行動主義の終焉という結果で終わった。同様に生物学者のE・O・ウィルソンは、行動の進化学的説明の影響力に興奮し、自著『社会生物学（*Sociobiology: The New Synthesis*）』（一九七五年：坂上昭一ら訳、新思索社）で、社会生物学はいずれ他の行動学の学問領域すべてに取って代わるだろうと宣言した時、この学問にとって有益であるよりもむしろ有害に作用した。すなわち社会生物学は多方面の分野から批判され、ついには進化学に基づく行動科学者たちは、自分たちが平穏に研究できるように、この用語を使うのをやめたほどだった。学界には、たくさんの縄張り意識が横たわっている。だから新しい学説や学問による知的乗っ取りの恐怖感は、強い拒絶反応を引き起こすのである。ある研究者は新しい理論的枠組みに対してあからさまな拒否と棄却で反応する一方、別の研究者は新しい理論的枠組みの大がかりな精査に駆り立てられる。その結果、その弱点と限界が明るみにされることが普通だ。

多くの傑出した先駆者のように、アモツ・ザハヴィと妻のアヴィシャグ・ザハヴィによる著作『生物進化とハンディキャップ原理——性選択と利他行動の謎を解く（*The handicap principle: a missing piece of Darwin's puzzle*）』（大貫昌子訳、白揚社）で、二人は自らの説を全方位に押し広げ、幅広い現象を自説で説明できるという主張を展開した。その結果、この本は何人もの研究者から疑念を受け、ベストセラーにもならなかった。しかし最終的に科学的な仮説の有用性は、その仮説から生み出される大量の新しい研究と新知見で判断されるものだ。その仮説が主張にかなうかどうかに関係なく、またその原理が受容されたり否定されたりする学問範囲とも無関係だ。この点で、ＨＰ理論は大量の新しい研究と新知見をもたらしたから、有力でかなりの成功を収めた仮説とみなされるべきだろう。だがＨＰ理論を提示し、これを擁護するアモツ・ザハヴィの粘り強さは、少なからぬ私的、職業的な負荷を受けるというコストを負担した。二〇〇三年の記事で、イスラエルで暮らし、研究しているために、イギリスやアメリカに研究拠点を置く同僚からの攻撃や批判からザハヴィは守られてきたという批判を知ると、彼は辛辣な声明を出さざるをえなかった。彼はその記事で、こう書いた。「自分の科学者としてのキャリアや社会的地位の向上のために私が同僚に依存してきたのだとしたら、何の異論も出されることなく否定されてきた長い期間、ハンディキャップ原理を発展させ続けることはできなかっただろう。幸いにも私は、世界の片隅に住んでおり、……祖国では、私の社会的地位と科学者としてのキャリアは十分に守られたのだ。」

社会的な絆の検証に関するザハヴィの考えは、ハンディキャップ原理の比較的に小さな応用の一つである。基本的にＨＰ理論は、個体は自らの出すシグナルの信頼性を証明するために不利益を引き受けねばならないと主張しているが、その一方、絆検証の仮説は、個体は自らに向けられる他者の態度から信頼できる情報を引き出す目的で他者に不利益を課さねばならないと提唱している。ＨＰ理論の他の側面と異なり絆検証仮説は、この仕組みは矛盾がないものであり、すでに知られた進化の過程で裏付けられているのかどうかを確かめるゲーム理論のモデルで厳しい精査はなされてこなかったし、検証もなされていない。研究者たちは、動物たちが自己に不利益になることに関連した仕組みで自分たちの絆を確かめていることの確実な証拠をもたらすデータを体系的に集めてもこなかった。しかし歳月をかけ、研究者たちは動物や人間が社会的な関係構築という背景で行っている一見すると矛盾して見える行動の観察例を集積している。そしてこれらの行動は、ザハヴィの見方と矛盾していないように思えるのだ。

眼窩への指の差し入れ、セックス、それ以外の奇抜な行動の検証

自身の理論的な研究とは別に、アモツ・ザハヴィは長年、イスラエルに住む鳥の一種であるアラビアヤブチメドリの行動の観察と研究を行ってきた。アラビアヤブチメドリは、二個体から二〇個体から成る群れを作って暮らし、子育てと隣の群れに対しての共通の縄張り防衛で協力している。ザハヴィがハンディキャップ原理による絆検証のアイデアを初めて発表した時、彼が最もなじみ深い種であるアラビアヤブチメドリの観察例を用いた。彼は、オスが求愛中に時にはメスに対していかに攻撃的に振る舞うかを述べた。そのオスに興味を示さなかったメスは、自分たちの縄張りを立ち去り、再び戻ってくることはなかった。一方で、そのオスに心底から興味を持ったメスは、繰り返される攻撃にもかかわらず、それを耐えた。ザハヴィの見解では、この攻撃こそハンディキャップ（不利益行動）なのである。その行動で、アラビアヤブチメドリのオスは、メスに対して番い相手として自らがふさわしいことの検証を課しているのだ。ザハヴィはまた、アラビアヤブチメドリは互いの絆の強さを試すために他の個体の羽繕いをするとも主張した。あるアラビアヤブチメドリ個体は、他の個体の頭や身体の羽をつついて羽繕いをする。社会的関係の近さを物語る典型例だ。その間、羽繕いを受けている個体は、静止したままで、その交流を容易にさせているという。

実際には、こうした行動は、絆検証の重要な例というわけではない。交尾を求めることを背景にオスがメスに対して攻撃したり、個体同士で羽繕いをするのは、別の解釈をした方がうまく説明できるかも

しれない。ヒトも含めて多くの動物で、オスは社会的な、すなわち性的な強制の手段としてメスに対して攻撃を仕掛けているのだ。鳥の羽繕いも、霊長類の毛繕いと似ていて、両方の行動とも、衛生的機能と社会的機能があるとする方が有効に説明できる。動物行動の事例には絆の検証よりも別の機能を容易くは想定できない機能が確かに存在するが、こうした動物行動の記載例は、ザハヴィが自分のアイデアを出版公表した時にはまだ利用できなかったのだ。

オスのヒヒが他のオスの睾丸を弄ぶ行動は、オスのヒヒにとっては確かに負荷として適している。しかしそのオスは、相手との社会的絆の強さを試そうとして相手の掌に将来の繁殖キャリアを預けているとする必然性はない。時間の空費とストレスを受けることは、さほど危険ではないが、それにもかかわらず犠牲の大きい活動である。苛立たしさが、その両方に伴うことがあるから、苛立たしさへの忍耐は社会的関係にそれがどれだけの価値を持つのかの良好な指標となる。

オマキザルは、多数の成体のオスとメスで構成された大集団で暮らす南アメリカ産の小型霊長類である。マカク、ヒヒ、チンパンジーのようにオマキザルも、個体が対抗的同盟の形成を通じて社会的地位を争う高度に競争的な社会で暮らしている。カリフォルニア大学ロサンゼルス校（ＵＣＬＡ）のスーザン・ペリーは、長年、コスタリカでオマキザルを観察してきた霊長類学者だが、彼女はオマキザル個体が自分のお気に入りの社会的パートナー——二匹は攻撃的同盟を形成している間柄だ——の忍耐力を、あらゆる種類の身体的に煩わしく、苦痛な行動を受けさせることによって、定期的に試す行動を報告した。例えばあるオマキザルの若いオスが、自分のお気に入りの社会的パートナーのそばに歩み寄り、指を鼻に突き刺し、反応を待つことがある。もし二匹の関係が良好なものだったら何も起こらないが、相手が二匹の関係について当初の情熱を失っていたとしたら、指を刺されたサルはそれを振り払う。ペリーは、強い社会的絆を持つ二匹のオマキザルが、時には互いの鼻に同時に指を挿入し合い、「共にトランス状態に似た表情を浮かべ、時には揺れ動きながら、数分間もの間、この姿勢のまま座っていた」ことに注目した。さらにオマキザルは、お気に入りの同盟相手の顔から毛を引っ張ったり、耳を噛んだり、指や爪先をしゃぶったりしてひどく苦しめることもする。二〇〇三年に出版された『カレント・アンスロポロジー』誌に載せた論文で、ペリーと共同研究者は、こうした交流の機能は、社会的絆の強さを試すことだ、と述べた。そうした行動を受けた個体から肯定的な反応があれば、時には容認でさえも、良好な関係を示しているのであり、これからもその関係に投資をする意思を表しているのだろうという。こうした負荷に耐えられると、二匹のパートナー同士は互いに長時間、毛繕いを行い、他のサルに対する同盟を続けるのだそうだ。

二〇一〇年六月、ロンドンの学会で、ペリーはオマキザルの奇想天外で、危険性が高く、大きな苦痛の伴うもう一つの絆検証の儀式の動画を参加者に見せた。二匹が互いの眼窩に指を入れ合うのだ。私はその会合に参加しておらず、動画も見ていないが、ジャーナリストのマイケル・パルターは、次のような記事を書いた。

一匹のオマキザルが、長くて鋭く、先が汚い指を第一関節まで、もう一匹のサルのまぶたと眼球の間の眼窩の中に深く入れるのだ。ペリーが会議で上映した動画で見ると、社会的同盟関係にある指先を受け入れたサルは、(それを観ている多くの参加者がやっているように)顔を歪め、猛烈に瞬きしているように見えたが、その指を取り除こうともせず、それ以外の方法でもその行動を拒もうとしなかった。実際、一時間近くも続いたこの指挿入の時間の間、指が眼窩から外れると、サルは指をもう一度挿入し直すように求めたのだ。

ザハヴィの絆検証仮説がこの奇想天外な行動の説明とならないとすれば、他のどんな仮説が可能なのか私には分からない。

スーザン・ペリーの夫君で、やはりUCLAに在籍し、彼女とともにコスタリカでオマキザルを観察しているジョー・マンソンは、成体メスが自分と毛繕いし合い、攻撃的同盟を形成しているメスのアカンボウをしばしば触って、短時間、腕に抱えることに注目した。オマキザルの母親は、自分の子どもをこんな風に扱われるのを好まない。幼体に危害を加えられかねない機会が常にあるからだ。そのうえでマンソンは、この行動に対する母親の容認は、加害者のメスとの社会的絆の価値を評価しているのであり、そのメスへの同盟上の支援を喜んで与える意思のあることを示すものだと推測した。絆検証の論法は、幼体にもあてはまるだろう、とマンソンは推定した。幼体が母親ではないメスの背によじ登る場合、この幼体は、将来、その必要が起こったら、自分の世話をしてくれる意思があるのかどうかを試しているのだという。後で見るように、ザハヴィは人間の子どもたちもこれと同じことをしていると言っている。

危険で、相手を煩わせる親密な交流を通じての絆検証は、他の動物社会でも目立つ。こうした社会に共通に見られるのが、個体が他個体と同盟構築を含めた長期の絆を形成していることだ。アフリカに棲むブチハイエナは、共通の縄張りを共同して守る最大八〇個体を含むクランと呼ばれる複雑な社会を作って暮らしている。ヒヒやオマキザルの群れと同様に、ブチハイエナのクランは、直線的な順位制で構成され、母系の一匹から数匹の成体メスとその子どもたち、そして複数の成体移入オスが含まれている。ブチハイエナは、哺乳類では数少ないオスよりもメスが優位な種のうちの一つである。メスはオスよりも体が大きく、攻撃的であり、一見するとペニスのように見える大きなクリトリスを持っている［訳注　このためブチハイエナの雌雄の識別は、極めて困難だという］。ブチハイエナの社会では、メスはいわばパンツを穿いているようなものだ。メスは他のメスとの同盟形成を通じて勢威を獲得し、維持している。

ブチハイエナの社会でのコミットメント問題は、二匹のメスの間で協力と同盟関係を持続させる社会的な絆の中で表面化する。これまでにハイエナのメスは、自分の同盟相手のコミットメントの強さを親密そうな挨拶の儀式を用いて試していることが頻繁に観察されてきた。平均で二〇秒間ほど続くが、時には二、三分間も続くことがあるこうした儀式の間、ペニス状クリトリスを勃起させ、二匹のメスは互いに並び合って、お互いの性器を調べて嗅ぎ合う。この儀式が円滑に進まないと、生殖器に酷い傷を負う結果になることもある。ヒヒの場合と同じように、この交流は個体が身体の脆弱な部分を相手に晒すという意味で危険性が高い。ジェニファー・スミス、ケイ・ホールカンプらのミシガン州立大学のブチハイエナ研究チームは、メスたちは自らが好む社会的絆を持つ相手を選んで挨拶行動を行い、こうした挨拶行動は、同じクランの別のブチハイエナに対する攻撃的同盟の形成、クラン間での闘いへの共同参加、さらにライオンへの共同対処を促していることを示した。

ブチハイエナ、オマキザル、ヒヒ、さらに他の動物の挨拶行動の興味深い一側面は、そうした行動は絆検証が最も必要とされる時、だが挨拶行動がうまく行かない公算が小さい時にも行われるということだ。ブチハイエナのメスは、自力で食物を探し回っている間、何時間も、時には数日間も同盟相手と離れて過ごす。挨拶は、同盟相手がクランに戻ってきた時にごく普通に行われ、そうやって自分たちの社会的な関係性を検証し、更新しているのだ。アフリカのイヌ科動物のリカオンは、群れで狩りをするので、効率的な協力は狩りが成功するために不可欠である。スコット・クリールらによる研究によると、リカオン間の挨拶行動は、一般に群れがまさに狩りに出かけようとする直前に行われるということが分かった。採餌や交尾といった競争的活動の間に挨拶行動が行われれば、誰か怪我をするかもしれない。だから挨拶の最も想定しやすい機能は、特別な時の緊張を緩和させることではなく——社会性の動物は、他の方法でも緊張を和らげる——、お互いの関係を試すという可能性が高いだろう。バーバラ・スマッツらによってなされた家犬の挨拶行動の観察によって、イヌたちは食物の危機にすぐには瀕していない場合、他のイヌと最も頻繁に挨拶していることが分かった。このように挨拶行動は、怪我をするリスクが小さい状況で同盟を結べそうな協力的意思を動物たちが評価する仕組みを提供しているようだ。

家犬は、一般に飼い主に依存しているから、イヌにしてみれば、自分が安全かつ健康に眠れるかどうか、街路に放り捨てられることを心配すべきかどうかを知ろうとして飼い主との絆を試すのは死活的に重要である。ザハヴィによれば、愛犬があなたの膝に飛びついてきてあなたの顔をペロペロ舐めたり、あなたが今していることを邪魔したりしている時は、あなたがどれほどまだ自分を愛しているのか、自分は飼い主と家犬という関係を約束されているのかを調べるために、あなたにその行動を課しているのだということになる。情報を集める必要性は、飼い主がしばらくどこかに行っていたり、どこかに行こうと準備していたりする後では、特に大切だ。こうした行動をとる時は、両者の関係の位置を調べるのに決定的に重要なのだ。もちろん愛犬があなたの顔を舐める時、イヌはあなたに親愛の情を示しているのだとあなたは考えるだろう。だが親愛の情がなぜそんな特殊な方法で表示されるのかを不思議に思わなければならない。

愛情と親愛の情の表現は、ストレスを生じる、時には攻撃的でさえある要素をしばしば含む、とザハヴィは主張する。受け入れる側の受容とそれに耐える忍耐は、自分との関係にさらに投資し続けようという現在の意欲に対する信頼できる証拠をもたらしてくれるからだ。この観点からすれば、膝や背中に抱きついてきたりといった両親に対する子どもの示す親愛の情の行動の多くは、本質的にストレスを生じさせる行動から子どもの意思を伝えるという価値を引き出しているのだ。こうして見ると、我々が愛の印として示すシグナルのすべては、何らかの押しつけ、負荷ということになる。キス、抱擁、性的愛撫は、私的空間に侵入し、動作の自由を損なっている。「互いの手を何時間も握っている恋人同士は、互いにその間に手の自由を諦めている。これはかなり負担感の大きい押しつけだ」と、ザハヴィは述べる。長く、情熱的なキスを交わす恋人同士は、それぞれの口中に舌を差し入れている。これは、個体の生存にとって全く煩わしく、感染症のリスクさえ備えた負荷である。恋愛関係にあると完全に約束されている恋人同士だけが、相手からこの種の過大な押しつけを受け入れるのだ。ザハヴィによると、犠牲やストレスが大きい愛情シグナルを通じての絆の検証は、特にその関係が新しく、まだ十分には作り上げられてはいない場合に検証が最も必要とされる時なので、より頻繁に行われるという。長期に及ぶ関係にあるパートナーが舌を絡ませるほどの濃厚なキスの交換をしない場合、始めの頃と違ってもう互いに肉体的には魅力がなくなっているかもしれないが、二人の関係が強くなっていて、絆の検証などはもはや不要だということもあるのだろう。

ザハヴィがセックスこそ究極的な絆検証の仕組みだと考えていることをここで聞いても、もう誰も驚かないだろう。彼によれば、性行動の持つ様々な形の負荷、押しつけは、セックスを二人の愛の関係に対するそれぞれのコミットメントについての詳細な情報を伝え、そして受け取る最良のハンディキャップ・シグナルにしているのだという。この点には、私は謹んで不同意を示したい。一部に性行動の親密さをいささか気詰まりだと感じる人たちもいることは（残念だが）確かに事実だが、大多数の人たちは、セックスの負荷をむしろ極めて楽しく、報いのあるものとみなしている。そして多くの人たちは手を握る行為を負担感の大きい押しつけとはみなすだろうか、と疑問に思うのだ。しかし愛の関係での相手のコミットメントを頻繁に評価し直す意義は、過大評価だとは言えないだろう。このことは、このテーマに関する専門家である進化心理学者のデイビッド・バスが自著『危険な愛情：なぜ嫉妬は愛とセックスのように必要なのか（*Dangerous Passion: Why Jealousy Is As Necessary As Love and Sex*）』で説いていることである。

コミットメントとは、個々人の財政状況、評判、年齢、健康、ストレス、地位などに応じて、日々、変わっていくものだ。自分の恋人のコミットメントを買いかぶっている女性は、相手の男から捨てられ、評判を傷つけられ、子育てを独りで担うという困難な任務の押しつけられるリスクを負う。相手のコミットメントの買いかぶりは、出会いの機会を逃すコストにもつながる。今の恋人と過ごす時間は、もっとよい男を誘惑できるチャンスを引き下げているのだ。相手の男のコミットメントの真の水準を過小評価することも、自己達成予言につながり、やはり犠牲が大きい。例えばそうした計算間違いは、相手に同じことをするように駆り立て、それによってお互いに引いてしまい、恨むという下方へのスパイラル的降下を引き起こすので、あなたに自分のコミットメントを弱めさせることになるだろう。パートナー双方が社会にもっと深い、もっと意義のある参加を求めれば、二人の関係の解消という辛い結果となりかねない。

セックスを含む愛情表現は無駄で、危険で、ストレスが大きく、場合によっては苦痛の大きい負荷、押しつけ――すべてハンディキャップという特性――だというザハヴィの主張は、少し悲観的なように思えるが、いわば一緒にチェスをする代わりに、なぜ愛し合っている相手が舌を互いの口中に差し込んで愛を表現するのかと思うのは、他のことはともかく、心の糧となる合理的な疑問を発することだ。ザハヴィはまた、さほど論争の的とはなっていない説も提唱している。それは、なぜ古くからの友だち同士が時にはからかったり、ばかにしたり、ひっぱたいたり、殴ったりし合うのかを絆検証仮説が説明しているとする説だ。言葉による攻撃と肉体的攻撃は、今も付き合っている古くからの友だちだけが耐えられる負荷であるのは明らかだ。映画『グラン・トリノ（*Gran Torino*）』はクリント・イーストウッドが主役（彼は監督も務めた）を演じているが、その主役はウォルトという名の、朝鮮戦争に出征した無愛想な老退役兵である。彼は、自分の所の見習い、タオという名のモン族［訳注　東南アジアに暮らす少数民族］の十代の少年に、社会生活での生き方を何とか教育しようと努めている。ウォルトは、隣の床屋と友だちだ。二人とも、顔を合わせる度にからかい合い、人種的偏見に満ちた侮辱を言い合った。ある日、ウォルトはタオを床屋に連れて行き、いつものように人種的中傷を友だちに浴びせて挨拶した後、タオに向き直って、こう語る。「ほらな、タオ。男ってのは、互いにこうやって話すんだ。さあ、外に出ろ、そして戻ってきたらな、あいつに男のように話しかけるんだ、本当の男のようにな」。タオは、嫌々ながらウォルトに言われるようにする。店に戻って、床屋にこうしゃべるのだ。「いかしてるか、お前さんの勃たないイタ公のチンポは？」。床屋はタオにかんかんになり、ライフルでお前の頭を噴き飛ばしてやる、と凄む。このシーンは、ザハヴィの絆検証仮説の背景をうまく説明している。つまり人は、良い友だちから受ける負荷には喜んで耐えるけれども、知らない者から受けた侮辱には怒り狂うのだ。このように他人に負荷を課すことは、人同士の関係の質について信頼できる情報をもたらしてくれることがある。

コミットメント問題は解決できるのか？

ハンディキャップ原理が本章で述べた奇想天外な行動の最良の説明となろうとなかろうと、そんなことにかかわらずザハヴィのアプローチは、絆の儀式――そしてもっと一般的には連携と親愛の情の表現――のあり方がなぜそうなのかという疑問を引き起こすので、重要なのである。互いに睾丸を弄んだり、肩を寄せ合って夕陽の沈むのを見つめたりであれ、どのような共同の活動でも、それに携わることは、二人ないしは二匹の絆の経験を表現できる、と言えるだろう。さらに共同の活動に携わっている間、パートナーの行動を監視することは、その関係についての彼なり彼女なりの感じ方について、何らかの情報をもたらしてくれる。しかし実際には、動物で観察されている絆の儀式は、気まぐれな活動ではないし、同じことは人間の一部の儀式でも言える。動物の絆の儀式は、あまりにも多くのものが肉体の脆弱な部分や、そうでなければ身体的な負荷となりストレスの大きい行動を伴う危険な交流から成っているが、それは進化の上での偶然ではない。そして理論的には共同活動でのパートナーの行動のどんな面も、彼や彼女のコミットメントについてヒントを与えてくれるだろうが、現実にはパートナーが喜んで耐える負荷の量とレベルこそが、他のどんなものよりも信頼できる情報をもたらすのである。

ハンディキャップ原理は、このアプローチを、絆の儀式だけでなく、動物と人間のコミュニケーションのあらゆる面にもっと幅広く適用している。人間の言語は、任意の音声や身振りが特定の物や概念と対応している特殊な種類のコミュニケーションである。文化的に合意済みの意味を持つ任意の単語と身振りは、「**象徴**」と呼ばれる。しかし言語によらない人間のコミュニケーションでも動物のコミュニケーションでも、そのシグナルは決して気まぐれではない。それどころかそれらは、受け手に特殊な反応を引き起こさせるために具体的に設計されている。例えば捕食者にガンをつけられた動物が発する警戒の鳴き声は、それを聞く仲間たちの注意を喚起させるように設計された音声特徴を持つ。その一方、動物と人間の赤ん坊のあげる苦痛の叫びは、例えば高い周波数、高いピッチといった音声特徴を有している。それは、世話をする個体の注意を引こうと工夫されているのだ。コミュニケーションへの現代進化学のアプローチと調和しているHPは、人類における恋愛と情愛の表現がなぜ現在のような方法を「設計した」（なぜ愛する者たちは現在行っているようにキスをするのか）のかという疑問を呼び起こし、これらのシグナルの中にはストレスを惹起させる特性を持つものがあると提唱する。HPの説明や他の説の妥当性は、依然として検証されていないが、このアプローチそのものは正当であり、提起されたその疑問も有効である。このように動物行動学研究の最前線に経済学的な費用（コスト）対利得（ベネフィット）分析を持ち込むことに加えて、HP理論はまた、コミュニケーション研究に現代進化学の手法を統合させることに寄与し、シグナルの意図と機能への我々の理解も強化したのである。

しかし前章で取り上げた協力関係という課題に戻れば、ハンディキャップによる絆の検証は、本当にコミットメント問題を解決するのだろうか？　コミットメントがしばしば負荷で試される関係は、そうした絆の検証行動を伴わない関係よりも、本当に安定していて幸せなものなのだろうか？

レフ・トルストイの『アンナ・カレーニナ』は、以下のような有名な文章で始まる。「幸福な家族はすべて互いに似かよっているが、不幸な家族はどこもそれなりに不幸なのである」。恋愛関係と夫婦関係は、数ある中でも一方か両方の費用（コスト）と利得（ベネフィット）の変化、愛情の変質、目標の完遂、別の恋愛相手となり得る異性との偶然の出会いなど、多くの多様な理由で終焉を迎えることがある。

同様のことは、仕事上の関係や人間と動物のその他の種類の協力関係にもあてはまる。こうした関係が、互いに遺伝的関係を持たない個体が関わる場合は、特にそうである。ヒヒが我々に教えてくれているように思えることは、誰かと協力関係を持っている場合、事態が変わった時に不意打ちを食らわされないように、一瞬たりとも相手から目を離してはならないということだ。しかし絆を試すことに他の努力が伴わなければ、それ自体が関係を強めたり安定にしたりするものなのか疑わしい。テレビの昼メロ、すなわちオプラを見たことのある人は誰でも、こうした努力がどんなものか知っている。そうした努力とは、つまり恋愛感情をずっと生き生きと抱き続ける、コストと利得が二人ともいつも好ましい比率であることを確かめる、共有する目的をいつも明瞭で大切なものにしていることを確かめる、誘惑の犠牲にならないように他の選択肢をきょろきょろ探し回らないようにする、ことなのである。

第八章　生物学のマーケットに相方を買いに行く

正しい相手を見つける

霊長類のオス間の対決のための同盟であれ、レストラン共同経営者の事業関係であれ、恋人同士の婚姻であれ、協力関係のすべてに共通のリスクが一つある。一方の側がちょっとだけ協力して後は不正をしたり、一方がある日、永遠なる約束をして次にはその関係を終わらせたりして、事態が悪化することがあることだ。そこで協力関係に入っていく前に、相方は過去にどのように行動したかをある程度、リサーチし、その後で彼なり彼女なりのあらゆる動きを観察すべきだろう。仕返しをする、ごまかしを思い留まらせる、懲罰だけでなく協力へと誘うインセンティブと報酬を与える、相方を行動させるために思いやり、道徳・宗教・法体系を用いる、そして最後は、毎日、奇想天外だったり、危険を伴いそうだったり、うっとおしかったり、性的に大胆だったりする行動をして、彼なり彼女なりのコミットメントの強さをチェックするのだ。

こうした用心を重ねても、両者の間の関係が悪くなる可能性は依然として残る。関係悪化の単純な一つの理由は、まず悪い相方、すなわち概して良き協力者ではない者や、一方に対して良い適役ではない者を選んでしまったことにあるかもしれない。協力関係の成功の如何は大方、自分か相手がどのように行動するかではなく、相方として誰を選ぶかということと彼なり彼女なりが適任者であるかどうかにかかっている。

経済学者と進化生物学者は、協力についての二つの異なった類型の理論的モデルを発展させている。すなわち相方の管理に注目するモデルと相方の選択に注目するもの、である。例えば囚人のジレンマのような相方の管理のモデルは、協力関係の構築を当然の前提として受けとめ、相手に裏切られるのを避けるためにそれぞれの相方が用いる戦略に意識を集中する。囚人のジレンマで成功する戦略は、過去の相方の行動と将来の裏切る公算を基礎とした戦略である。プレイヤー一組みが必要なこのモデルと他のモデルにおいては、組合せが何らかの外的存在、そう、二人の犯罪容疑者を逮捕して尋問する警察官によって形成されるか、プレイヤーが無作為に組み合わされるかだと想定される。それぞれのプレイヤーにとって相方とのやりとりに対する唯一の代替策は、全く交流をしないことだ。しかし現実世界では、人は多くの人たちの中から一人の相方を選んでいる。そして実際には、誰かが相方を選ぶ状況の方が、相方が適当に現れるかランダムに選ばれるかという状況よりもずっと一般的だ。動物が誰か他の個体と組んで何かをやろうとする場合、まず第一に彼らは非常に念入りに相手を選び――その任務にふさわしい多くの潜在的候補者を同時、もしくは次から次へと物色した後で――、その後に両者による事業から利益を得続けることを確実にするために、相方の行動を監視し、管理するのである。

第六章で述べたように、使用者と雇用者、大家と店子が互いに相手を選ぶ過程は、人々が恋愛相手を探す過程と多くの共通の特徴を有している。両方の事例において、個々人は需要と供給の法則で調節されるマーケットで取引しているのだ。進化生物学者は、これをさらに一歩進めた。すなわち進化生物学者は、人間社会の雇用と婚姻というマーケットで相手を選ぶ過程はあらゆる有機体――ウイルス、細菌、植物、動物も含む――があらゆる種類の協力の社会関係を結ぶために相手を探す過程と酷似していることを示した。こうした共同事業の中には、異種有機体、例えば植物と花粉を媒介する昆虫、寄生虫と宿主、(第五章で取り上げた)お掃除魚とお客様魚のような異種動物との間の相利共生的な交流も含まれる。経済学者と進化生物学者によって発展させられた同じモデルは、全く異なっているように見えるこれら生物のあらゆる面での相方の選択を説明できる。それでは、誰もがなじみのある事柄から話を始めていこう。人間の婚活マーケットである。

人間の婚活マーケット

数年前、著者がバンコクの街を歩いていた折、白人男性とタイ人女性という高い割合の異性「混合」カップルがやたらと目についた。ほとんどすべての例で、男性は年嵩で、どちらかというと性的魅力に乏しい(頭が禿げ、腹が出て、ぶ厚い眼鏡をかけている)が、女性は若くて美しかった。ふだん我々は、いつもこれとは違う似合いのカップルを見慣れている。普通は(ブラッドとアンジェリーナのように)若い美男・美女が恋人になり、平均的な風采の中年の人は、別の平均的な風采の中年の相手と結婚するのが普通だ。時たま年嵩の男と一緒の非常に魅力的な若い女性を見かけることがあるが、その男性は身なりが良く、体形も理想的で、高価なアルマーニのスーツを着こなしたりする。言い換えればその男性は、裕福で社会的成功者だ。合衆国やヨーロッパでは誰も、魅力に乏しく、社会的にもみすぼらしい中年男が、若い美女を連れているなど普通は見かけないだろう。

それならバンコクは、どうなっているのだ? 年齢も外観もふさわしそうには思えないこうしたカップルを、どこでもなぜ見ることになるのだ? なぜ若くてハンサムな白人男性が年上で月並みの容貌のタイ女性とデートしている姿を見かけないのか? 私が見かけたタイ人女性は、白人男性の付添ではなかった。男性に女性が付添っているだけなら、昼日中に腕を組んで歩き回らないだろう。こうしたカップルはデート中であり、ひょっとすると婚約している可能性が高い。この男たちは合衆国やヨーロッパからバンコクにやって来て、若いタイ人美女と会い、この女性と結婚し、母国に連れ帰るのだ。バンコクから戻ってみると、私は合衆国でも似たように不釣り合いな――年齢と外観の点でバンコクの例と同じように異なる――カップルに、ただしバンコクの例よりも一般的に双方とも年齢が上のカップルに、気がつくようになった。こうしたカップルは、おそらくは一〇年か二〇年前にバンコクで出会い、それ以来、アメリカで一緒に暮らし続けているのだろう。

人類学者と社会学者は、この現象についてたくさんのうまい説明を持ち合わせているだろうし、経済学者と進化生物学者もそうだろう、と思う。後者なら個々人が異性に対して多かれ少なかれ魅力的にする特徴を持ち、配偶者選択が需要と供給の原理で調節される婚活マーケットが存在すると考える。あるマーケットで低い価値と小さな交渉力しか持たない個体は、その個体の特徴がより需要のある別のマーケットに移るしかない。ではもう少し詳しく、婚活マーケットがどのように働いているかを説明させて欲しい。

婚活マーケットに身を置く者は誰でも、例えば若さ、肉体的魅力、富、社会的地位といった他者が魅力的だとみなすだろう一定の素質を持っている。特に年齢と身体的な特徴は、人が第一に配偶者になりそうな相手に注目するものだ。それは、果物屋のスタンドで熟れたメロンを探しているようなものだ。並んでいるメロンは数百個あっても、小さすぎる物、まだ青い物はどれも触ってみたくはないだろう。大きさと色合いで基準に合った物を持ち上げ、熟れ具合を示す別の尺度を探すために、それを撫で始める。同様に配偶者候補が年齢と身体的魅力という最初の基準に合致した時、その後で地位や財産、知性、誠実さ、寛大さなどといった他の特徴を熟考する。最初に身体的な特徴が評価の対象にされることは、後述する合コンに関わるものを含めて、心理学者による多くの研究で実証されている。

男性と女性とでは、自分が異性の資質をどのように評価するかという点で、大抵の場合は異なる。男性は、若さと肉体的魅力を高く評価するが、女性は（相手の肉体的魅力を気にしないわけではないが）男性の財産と地位を重視する。しかし若くて美しい女性は、どの男性の需要を満たせるほど十分にはいないのも明らかだ。したがって少数の男性だけがそうした女性を獲得し、大多数はそうならない。その反対に、若くて美しい女性は供給が不足し、需要が大きいので、彼女たちは自分の望む配偶者を誰でも選べる。アンジェリーナ・ジョリーは、疑いもなくどんな女性も望む特徴をすべて備えた配偶者を見つけた。すなわちブラッド・ピットは（比較的）若く、間違いなくハンサムであり、金もあり、健康だし、有名で精力的だから、彼は素敵な男で、良き父親にもなれるように思われたのだ。容姿に優れ、たくさんの金も持ち、高い地位やセレブとしての地位に恵まれた彼のような男性もまた少なく、一方で女性の需要は強い。したがってこうした男性も、自分の望む女性を通常は獲得できる。しかし低収入で平均的な容姿という低い資質しか持たない男性は――そして世の中にはこうした男性の方がずっと多い――、選択肢は限られる。こうした男性が素敵な奴で良質の社会的スキルを身に付けていれば、同様に低い資質しか持たないけれども、ともかくもそうした配偶者を得て落ち着ける。しかしそうした男性がたまたま社会的に不器用で、一緒にいても楽しくなければ、彼はどんな女性も見つけられない。

ところが、である。世界中のどこでも容易に旅行でき、インターネットを通じて誰とでもつながれるようになったグローバル化した現代では、低い資質の男性でも、もう一つの選択肢ができた。別の婚活マーケット、つまり彼らの資質でもより価値があるとみなされるマーケットに移動することだ。地元の人たちが貧しいバンコクでは、中流のアメリカ人男性でも金持ちだとみなされる。とりわけアメリカ人男性と結婚することは、タイ人女性にとっては、貧困から這い出て、自国を去り、アメリカ市民となって、自分のそれ以後の人生をフロリダやカリフォルニアの郊外で暮らせる機会を提供する好機だ。このようにバンコクの婚活マーケットでは、中流の中年アメリカ人男性は、頭が禿げ、腹が出ていて、厚い眼鏡をかけていても、多くのタイ人女性からは大多数のタイ人男性よりも夫として価値が高いとみなされるのだ。このマーケットではアメリカ人男性は、選べる。もちろん、彼らすべてが望む若い美しい女性を、である。

むろん上述したことは、人間の婚活マーケットがどのように機能しているかをかなり単純化したものだ。パートナーとして価値のあるとみなされるものは、誰かが短期的に――大部分は性関係の相手を探している――か、婚姻と子育てを伴う長期的な関係を求めているかによって変わってくる。男性の資質に対する女性の好みも、女性が今の月経サイクルのどの段階にあるかで変わる。女性は、良い容姿と男らしさを、他の時よりも月経サイクルの中間辺りでの方がより高く評価するのだ。最後に挙げられるのは、配偶者の評価には文化的な違いもあるということだ。マンハッタンに暮らす人たちは、ニューギニアの野性に囲まれた集落に住む人々よりも配偶者候補として魅力的に感じるものに違った考え方を持っているかもしれない。

一般的な要点として、ある人が婚活マーケットに相手を「買い」に行く場合、自分の望む相手を常に獲得できるとは限らないということがある。その人たちが得られるものは、その人たちの探す特殊なマーケットでの自分自身の価値と需要と供給の法則によって左右されるからだ。ほとんどの女性とほとんどの男性がパートナーに自分と同じような品質を評価するようだという事実は、結局は自分たちの希望リストの頂点には必ずしもいない相手との関係を結んで終わるという観察結果と矛盾していない。我々はみんな大きな邸宅に暮らしたいと望んでいるが、現実は自分が能力的に住める住宅で暮らしている。同様に、一般に誰が最も望ましい配偶相手であるかという点で人々は一致するが、結局は自分に見合った価値の誰かと結ばれて収まる。結婚相手の価値の一から一〇までの尺度で人が二位にあるか六位か九位かを知るのは重要で、それは鏡をのぞき込むことで理解できるものではない。それには、時間もかかるし、人々からの反響・評価も要するのだ。

思春期の少年少女が初めて婚活マーケットに入る時、デートに伴う実験が彼らに自分自身の婚姻価値を評価できるようにしている。一部の若者は、自分が需要の高く自分を人気者にし、また成功させる特徴を備えていることを発見する。したがって彼らは好みがかなりうるさくなるだろう。それ以外の若者は、異性から無関心や振られることを体験し、自らの資質の低い評価に甘んじるか、その評価を高めるために一生懸命に努力する必要がある。『*The Evolution of Desire: Strategies of Human Mating*（「欲望の進化：人間の結婚戦略」）』の著者である進化心理学者のデイビッド・バスによれば、人生遅くに婚活マーケットに再参入した人は誰でも——例えば長い結婚生活を送った後に離婚して——、現在の婚活マーケットで自分の価値の再評価を行っている。

前の婚姻生活で出来た子どもの存在は、一般に離婚した人の望ましさの度合いを低下させる。一方で、彼ら、彼女らのキャリアを進歩させて得た高まった地位は、その人たちの望ましさの度合いを上げるだろう。取り巻く環境を変化させたこうしたことすべての事柄がある特定の人に正確にどのように影響を及ぼすのかは、しばしばちょっとした出来事で最もうまく評価される。それは、彼か彼女が現在、どれくらい望ましいのかを特定の人により正確に測り、彼なり彼女なりの婚活努力をどのように管理するかを決めることを可能にするのだ。

婚活マーケットが存在するという見解は、もちろん新しくも何ともない。シカゴ大学の経済学者ゲーリー・ベッカーが、約五〇年前に既にこの種の分析を行っている。その後も類似の研究は、例えば一九九三年刊行の書籍『*On the Economics of Marriage*（「婚姻の経済学」）』に結実した経済学者のショシャナ・グロスバード＝シェットマンによる研究など、数多くなされている。進化心理学者は、合コンの場での人々の個人的な宣伝や好みを研究して、人間の婚活マーケットへの我々の理解を高めるのに貢献してきた。

新聞に掲載されたり、マッチドットコム（Match.com）のようなデート・サイトに掲示されたりしている個人広告は、彼なり彼女なりのニーズ、言い換えれば彼ら、彼女らの申し出と需要だけでなく男女双方の投稿者自身の特徴を告知するのに役立つ。広告は、価値の自己評価もマーケットについての彼ら、彼女らの知識も反映する指し値とみなせる。広告の様々な研究は、広告投稿者が自らの想定する市場価値という光を受けて自らの出した指し値を調節させることを実証してきた。競争のかなり激しいマーケットでは、弱い取引参加者は自らの要求を下げて調節するが、強い取引参加者は逆に要求を上げる。一九九九年、進化心理学者のボガスラフ・パウロウスキとロビン・ダンパーは、個々人の特定の年齢階層と性別階層の市場価値を客観的に評価した広告研究を行った。二人は、この研究を既知の年齢の相手を探している男性と女性の広告者の比率（需要）とその男性と女性の広告者の年齢階層（供給）とを分けて行った。予期されたとおり二人は、女性にとって市場価値のピークは二〇歳代後半につけるが、男性のそれは三〇歳代後半にピークがくることを見出した。その結果、この年齢範疇に収まる女性と男性によって投稿された告知は、最も多くの返事を受けていた。高い市場価値を持つ女性と男性は、将来のパートナー候補に数多くの具体的特質を求めるなど、要求が厳しく、好みがうるさいことも分かった。

これ以外にも興味深い発見が、合コンの研究から出ている。ハリーデート（HurryDate）は、合衆国の大都市地域に住む独身者向けの合コンとオンライン・デートの会社だ。この会社のサイトに登録した人は、それまで会ったことのない二五人の男性と二五人の女性が三分間だけ交流し合えるお見合い会を設定し、その後に自分の会った人たちのうち誰かを、将来、もう一度会いたいと指定する。うまく両性の好みが合えば、会の運営者は、参加者同士が直接、連絡をとり、従来型のデートをアレンジできるように、その人にeメールアドレスを教えるのだ。

ロバート・カーツバンとジェイソン・ウイーデンという二人の進化心理学者は、ハリーデートのお見合い会合に参加者した一万〇五二六人から得た行動データとアンケート回答を分析した。その結果、二人は次の事実を見出した。男女両方とも一部の人にはかなり強い需要（この人たちの婚活市場価値は高い）があったが、需要の全く無かった人もいたのだ。この状況で高い婚活市場価値に直結する特徴は、例えば異性を引きつける魅力、スレンダーであること、長身、若さといった、ほとんど例外なく身体的な見栄えの良さだった。その一方で、教育、宗教、社会的な性的関心［訳注　精神的なつながりがない状態でも性的パートナーとの性関係を持ちたいとする個人の欲望］、子どもへの考えといった外からの観察が困難な特性は全く関心が持たれなかった。

人々は自分がこのマーケットに参加していると自覚しており、どのように取引するかを知っているという当初のアイデアと一致するように、高い市場価値を持つ人はえり好みするし、やはり高い婚活市場価値を持った人しか選ばないという結果になった。反対に、あまり魅力のない男女は、パートナー探しでも選択されにくかった。例えば他の人よりも体重のある女性は、体重が重いかひょろひょろに痩せている男性からデートを申し込まれた場合、比較的高率でデートに同意していた。この研究で、異性への好ましさは男女双方とも身体的な魅力の高さに直接、関連していた。明らかに合コンの論理から考えて、この脈絡では身体的な魅力がパートナー選びの最重要な要素となっているのは当然だ。しかしオンライン・デートを調査した別の研究では、異性からのｅメールを受け取れる数量を予測する最高の因子は、女性ではプロフィール写真の肉体的魅力、男性では収入だということが明らかになっている。

生物学的マーケット

自然界で個体がお互いに協力し合う状況は、似たような価値か異なる価値の商品が、通常は「広告」と物々交換を通じて需要と供給の原理に従って交換されるマーケットと考えられる。マネーが通貨として使われる人間のマーケットと区別するために、我々はこうした状況を生物学的マーケットと呼んでいる。多くの生物学的マーケットには、取引参加者の相異なる二つの階層（class）がある。交尾と繁殖のマーケットでは取引参加者はオスとメスだし、同盟マーケットでは、高順位個体と低順位個体だ。取引参加者には、異種同士の動物ということもあり得る。例えばサンゴ礁で大型魚の口中を掃除するお掃除魚と掃除してもらうお客様魚や、昆虫に花粉を媒介してもらう必要のある植物と植物に花粉を受粉させる昆虫だ。

交尾マーケットでは、オスは次の商品をメスに渡す。メスの卵子を受精させるための精子、子どもを健康かつ魅力的にする高品質の遺伝子、そして子育ての助け、だ。動物でも種によっては、食物が豊富な縄張り、メスが産んだ卵を温められる巣、交尾の前か交尾中にメスが食べることのできる餌を含む交尾に誘う贈り物なども提供する。その見返りにメスは、オスが受精させる卵、胚の育つことのできる身体、そして新生児の世話をできる能力を提供する。後に見るように霊長類のマーケットではサルは、毛繕いを、他の個体による毛繕い、セックス、対抗上の支援の見返りとして取引する。

他のマーケットでのように生物学的マーケットで、一部の取引参加者は、他の参加者よりも価値が高いか高品質の商品を所有している。例えば縄張りを作る動物を例にすると、一部のオスは他のオスよりも大きな縄張りやより多くの食物が採れたり良い巣を作れる縄張りを持つことがある。ある階層の取引参加者は、自分の持つ商品の価値に関連する別の階層の参加者の中から取引相手を選べる。だが彼らは配偶相手となりそうな好ましい異性へのアクセス権を争って、自分自身の階層のメンバーと競争しなければならない。オスは、様々な多くのメスから交尾相手を選べるが、魅力の大きいメスと交尾するためには他のオスと競争しなければならない。高い価値を持つ商品を所持する選択された個体と取引を行うことは、選択されない個体と取引をするよりも一般的に有利だから、マーケットでの配偶者選択は重要である。（動物にとって**有利**とは、生存と将来の繁殖の確率の増大を意味する。）生物学的マーケットの理論では商品は力尽くでは獲得できず、取引相手の同意を得てのみ入手できると仮定するので、私は**選択**という用語を重視する。同様にその個体自身の所属する階層のメンバーとの競争は、一般的には攻撃や威嚇を伴わない。例えば魅力的なメスと交尾するために互いに競争し合っているオスは、力では相手を敗退させられない。むしろ同じ階層の取引参加者は、提供される商品の価値で互いに相手より高い値段で売ろうとして競争している。すなわち競争相手よりも良質の品を提供しようとしているのだ。次に特別のパートナーと協力する決定——パートナーの選択——は、様々なパートナー候補の付け値に基づく。

様々な競争相手の付け値を比較する問題は、生物学的マーケットではかなり重要な問題の一つである。あるメスが特定のオスが所有する縄張りを目当てにそのオスとの交尾を選ぶ場合、メスはその縄張りの質を直接に評価し、様々なオスの縄張りをも検査し、それらの縄張りを比較できる能力を持たねばならない。様々な商品を持つ個体から最適者を抽出するのは、面倒で、元手がかかり、時間を食う過程であることが多い。その作業はしばしば恐ろしくコストがかかるので、すべての競争相手を品定めはできないから、見込みのありそうな配偶相手の小集団だけを抽出することが多い。このように、特定の状況で特定の個体によってなされる配偶者選択の決定を予測するために進化生物学者がマーケット・モデルを発展させる場合、抽出作業と評価のコストは、その個体は配偶者候補の数が多い（その時、コストは低い）か少ない（その時はコストが高い）かを決めるので、重要な変数となる。

競り手候補となる相手を抽出し、競り手候補の持つ商品の品質を評価するのに用いられる戦略と手続きの精度も、重要な変数である。一部の生物学的マーケットでは、直接、商品の価値が評価されることがある。オスがメスに交尾に誘う贈り物を持ってくる昆虫の種では、メスは即座にその贈り物の大きさと質を吟味する。しかし他のマーケットでは、評価が商品の品質を表すと想定できる広告に基づいている例もある。鳥類のオスは、羽に鮮やかな色彩の縞模様や斑点を表示し、しばしば自らの優良な健康状態、力強さ、高い社会的順位を広告する。ところが広告があるところには、偽情報の可能性もまた存在する。テレビコマーシャルを観ている人たちが宣伝されている商品の品質が本当に正しいのか知ることができないのと同じで、メスが交尾相手となりそうなオスの本当の質を、オス自身が作ったシグナルを通じて間接的にしか評価できない場合、メスは、オスが本当に正直なのかを確かめられない。このように取引参加者の中には、特別に高品質の商品を提供できるかのように装うが、実際にその時になると、約束を果たせない個体も混じっている可能性がある。いわゆるタダ乗り（フリーライダー）個体である。第七章でハンディキャップ原理について述べた時、すでに誠実なシグナルかごまかしのそれかの問題を取り上げた。商品を広告するためのシグナルの使用は、取引参加者が互いに商売を行う場合、メスは様々な交尾候補の持つ商品を吟味し、比較するだけでなく、物々交換や値決めの交渉などをして、交尾候補と直接にコミュニケーションも交わすことを意味するのである。

生物学的マーケットでの商品の交換価値は、需要と供給の間の比率によって決まり、それは時とともに変わっていく。後でも見ていくが、鳥のオスがメスを誘うために提供する商品としての巣の価値は、一年のうち、巣を作るのにどれほど容易かそれとも困難か、どれだけ多くのオスが特定の時期に巣を用意できるのか、さらには緊急に産卵するための巣をメスがどれだけ必要としているかなどで変わる。生物学的マーケットの研究から明らかになるのは、配偶者選択を含めた個体間の協力関係の確立は、特定の商品の需要と供給の時間軸による変動と関連して、時とともに変わるものであるということだ。

生物学的マーケットのもう一つの重要な特徴は、このマーケットにもしばしば歪みが生ずることがあるということだ。ただしそれは、ある商品に強い需要があり、別の商品はそうではない、ということではない。ある取引の階層の構成員が別の階層の者たちよりも数が多いから、あるいは単にある商品が有り余るほど多いのに別の商品は不足しがちだから、その歪みの起こることがあるのだ。女性の卵子は、男性の精子よりいつも供給不足だ。女性は、閉経期に達するまで月にたった一個しか成熟した卵子を産まないのに対し、男性は生涯にわたって毎日、数百万もの精子を産生できるからだ。需要の強い商品を持つ取引参加者は、選ぶ階層となり、取引相手を容易に見つけることができるのに対し、需要の乏しい商品しか持たない参加者は選ばれる階層となり、取引相手を見つけるために自分の階層の競争相手よりも相手側の商品に高値を付けなければならない。交尾マーケットのメスは、同じメスに対抗してオスを欺き、求愛期間中、例えば食物やサービスを提供させたり、危険な行動をさせたり――人間の場合はたくさんの金を使わせたり――というように、指し値をさらに引き上げるようオスに強いることによって、この競争過程に関与できる。競争力のある値付けをする余裕のない取引参加者は、あまり良質でない選択肢を選ぶように強制され、価値の乏しいパートナーとの取引に落ち着く。

生物学的マーケットでの「ビジネス」を調整する上記のような一般的原理の好例となる動物界での一部の例を、次に紹介していくことにしよう。

動物の交尾マーケット

霊長類学者のマイケル・グマートは、アカゲザルと近縁な種でインドネシアの森に棲む野生カニクイザルの交尾マーケットの検討をした。カニクイザルは、たくさんのオスとメスの混在する大きな群れを作って暮らしている。メスは、月経周期の真ん中辺りの四、五日間だけ受胎可能で、性的腫脹という形で自分の発情期を広告する。通常はどの時期をとっても群れのメスの半分は、妊娠しているか幼いアカンボウに授乳しているかしているから、このメスたちは受胎可能でもないし、セックスに関心も示さない。他のメスの月経周期は、同期しないのが普通なので、メスたちみんなが同時に受胎オーケーとなることもない。このことが意味するのは、群れのあるメスが発情期にある場合、このメスが受胎可能であることは、群れのどのオスも欲しがって狙う価値ある商品だということだ。オスは、受胎可能なメスと力尽くで交尾することはできないし、自分の競争相手であるオスがそのメスと交尾するのを邪魔するために実力行使することもできない。その代わりにオスたちは、繁殖できるメスに別の商品を差し出し、メスが自分との取引をしようとするのを確実にするために自分の競争相手よりメスに高い値付けを示さなければならない。この商品が毛繕いである。毛繕いを受ければ、受ける個体の衛生状態を高め、緊張を和らげられる。それは、人間の夫が妻がセックスに同意するのを希望して妻の背中をさすってやるようなものである。カニクイザルが毛繕いを価値の高い商品だとみなしていることは、個体間でしばしば相互に毛繕いをし合い、タイミングが合致した時に毛繕いをすること、そしてランクの低い個体が高順位の個体を毛繕いする場合、低順位個体は見返りに寛容さと支援を受け取ることを示す観察結果によって裏付けられている。それなら毛繕いは、セックスへの支払い代金としても機能するのか？

グマートは、群れに繁殖可能なメスがいる場合、オスたちは繁殖可能でないメスに毛繕いするよりもはるかに多く繁殖可能なメスの毛繕いをすることを観察した。グマートはまた、あるオスが受胎可能なメスを毛繕いした後、両者がしばしばセックスしていることも観察した。セックス前のオスの毛繕いは、後にセックスを伴わない毛繕いよりもずっと長く続けられていること、あるオスがあるメスにしばらくの間毛繕いをしてやった後の方がオスがそばで座っているだけで何もしない場合よりもセックスをする傾向の強いことも分かった。したがって長時間、オスに毛繕いをされることは、メスにセックス受け入れの気分にさせるように思われたのだ。このことの一つの解釈は、オスは毛繕いを繁殖可能なメスとのセックスへの代価として使っているというものだ。対照的に繁殖可能なメスは、オスとのセックスをする目的でオスに毛繕いという代価を決して払わない。繁殖可能なすべてのメスがオスから熱っぽい注目を得るためにしなければならないのは、自分の性的腫脹で魅力的に見せることなのだ。

さらにグマートは、オス全部が、同じようにセックスの代価として毛繕いを支払うわけでもなく、全部のメスがセックスに応じたことで同一の代償を受け取るわけでもないことにも注目した。高順位のオスは、メスと自身の仔に他のサルから守る良質の保護を差し出せるので、交尾相手として低順位のオスよりも一般的にずっと魅力的な存在である。また高順位のメスは、低順位のメスよりも一般的に健康的で、それだけに妊娠しやすいので、交尾相手としてずっと魅力的である。交尾マーケットで予測されるように、個体の価値は、その個体が商品の代価として支払える価格だけでなく、個体の入手できる商品にも影響を及ぼす。高順位オスは繁殖可能なメスにさほど毛繕いはしないが、それでも低順位オスよりも繁殖可能メスとずっと多く交尾する。低順位オスが高順位オスよりも魅力が乏しいことからすれば、低順位オスは繁殖可能メスの寵愛を受けるのに一生懸命、毛繕いをしなければならないのだ。一方、高順位のメスは、高順位のオスと頻繁に交尾し、低順位のメスがするのと同額のセックスに対して、オスからより高い毛繕い代価を受け取る。最後に、需要と供給の法則に従って、群れの中にある特定の時期に妊娠可能なメスがたった一匹しかおらず、他方で多数のオスがいたとすれば、幸運な奴によって払われた毛繕いの支払い額は非常に高額になる。逆に群れの中で同じ時期にたくさんの繁殖可能メスがいるとすれば、それぞれの繁殖可能メスが受け取る毛繕い代価は安くなる。

誰もが想像できるように、『マカクの交尾マーケットでのセックスに対する支払い』とズバリと題したグマートの論文は、二〇〇七年に発表されると、メディアで大きな話題になった。新聞、雑誌、インターネットニュースサイトは、サルの売春の発見をあけすけにほのめかす見出しを付けて、もてはやした。スパイクTV局は私のオフィスにも取材クルーを派遣してきて、この論文について私にインタビューした。ところが私はカメラの前で完全に「固まって」しまったから、インタビューは放送されなかったと思う。

交尾マーケットは、鳥類では普通に見られる。その好例が、金襴鳥（キンランチョウ）、すなわち南部アフリカの疎林に棲むハタオリドリの仲間の交尾マーケットである。それについては、ドイツの生物学者マルクス・メッツらによって研究されてきた。金襴鳥のオスは、多くのメスと交尾するが、オスは自分の縄張りの中にいくつもの巣を作ってメスを呼び寄せようとする。他の多くの鳥ではオスとメスが一緒になってヒナを育てるが、ハタオリドリではそれと異なり、メスが完全に独りで卵を抱き、ヒナを育てるのだ。しかしメスは、巣を作らない。巣はオスから提供される商品なのである。オスは作った巣でメスを誘惑し、メスと取引をしようとしているのだ。

メスは多くのオスをサンプル調査し、その後で交尾相手を選ぶ。メスがオスを選ぶ基準は、オスの作った巣の質だ。あるオスはたくさんの巣を作るが、その一方で少ない巣しか作らないオスもいる。良質の巣もある一方、ただあるだけといった巣もある。オスは、メスが縄張りから隣の縄張りへと商品検品して回りやすいように、隣にも縄張りを持っている。言い換えればメスがサンプル調査して回るコストは低いから、巣を選ぶ前にたくさんの巣を見て回る余裕があるのだ。このマーケットには巣を探しているメスの数より常に多くの巣があるから、需要より供給が多い時によくあるように、メスの巣のえり好みは激しく、その一方でオスは隣のオスよりも良質な巣を提供すべく、オスたちは互いに相手より有利な値付け競争をしている。一年のうち、メスの巣の需要が特に高まる時期がある。餌が豊富になり、メスの子育て活動が特に活発になる時期だ。オスは、それまで以上に大急ぎで巣を作る。メスは、マーケットに長期間、店ざらしになっていた古い巣よりも、一週間以内に作られたばかりの新しい巣を好むので、すべてのオスには、マーケットに新しい巣を供給するように圧力がかかっている。

えり好みをするメスは、産卵場所となる新品の巣につく前に、多くの巣を入念に検品して回る。ところがメスの市場価値が低下した場合、つまり巣を探し回っている数多くのメスがいるが、ほんのわずかの巣しか利用できない場合、メスも古い巣をしぶしぶ受容するようになる。したがって金襴鳥の交尾マーケットでの交尾相手選びは、巣とオスとメスによって取引されるそれ以外の商品の価値によって調節される。それは、順繰りに需要と供給の時間的変動に左右されることになる。

金襴鳥の交尾マーケットと似ているマーケットが、昆虫にも見られる。ただ昆虫の場合は巣の代わりに、オスがメスに交尾を受け入れさせるために食物を提供する。シリアゲムシのオスは、交尾に誘う贈り物として小さな昆虫をメスに差し出す。それでメスは、自分の交尾相手を選ぶ。メスは、昆虫を提供してくれたオスだけに交尾を許すばかりではなく、他のオスとの交尾を拒んだり妨げたりしさえするのだ。オスがメスをごまかそうと思っても、それは難しい。メスは即座に贈り物の大きさと質を査定するからだ。贈り物が大きい虫であればあるほど、首尾よく交尾できる蓋然性が高くなる。シリアゲムシの研究から、オスとメスの商取引に働くはっきりした市場効果が明らかになっている。すなわち食物を献げようとする多数のオスがいる場合、メスは小さな贈り物を差し出すオスを拒否するが、マーケットにわずかな提供者しかいない時はメスはどんなサイズの贈り物でも受け取る。クモ類の一部の種では、オスはメスと交尾しようと、食物として自分自身さえ捧げる。究極的犠牲である。交尾相手としてメスが特定のオスを選ぶと――それは、メスが性的に興奮しているか飢えているか、あるいはその両方であることを意味している――、メスはオスの下半身と交尾しつつ、頭からオスをかじり始めるのだ。商品の取引がオスの自死とメスの共食いを伴うこの興味深いシステムについてのマーケット研究が何かなされてるのか、私は知らないが、メスがしばらく食事をしていなかった場合を除けば太ったオスは痩せたオスよりも良い取引ができるだろうと予測できる。ただ飢えている場合は、メスはたまたま出会ったどんなサイズのオスとでもおそらくは交尾し、すぐにガツガツと貪り喰らうだろう。

セックス以外の取引のためのマーケット

信じようが信じまいが、動物の取引がすべてセックス中心に動いているわけではない。動物は、別の商品でも取引をしているのだ。サルの毛繕いは、セックスの支払いとして用いられるが、毛繕いそのもの、あるいは他の商品やサービスとの交換としても行われる。多くの例では低順位個体は、自分が食事をしている間は平穏な状態にしてもらいたいこと、あるいは敵に攻撃される場合に保護してもらうことと交換に、高順位個体に毛繕いを提供する。仔のいないメスも、アカンボウに近寄って見たり、アカンボウに触ったり、また短時間だけ抱かせてくれる母親ザルに毛繕いを行う。アカンボウを抱けるのは、霊長類のメスでは高い価値を持った商品なのである。マーケットの効果は、こうしたあらゆる背景で証明されてきた。霊長類は、商品が供給不足の時は、高額の毛繕い支払いを行う。すなわち食物が豊富な時期と比べると、食物が不足している間は、食物をめぐって寛容にしてもらおうと、低順位のサルは高順位のサルにそれだけ長時間、毛繕いをするのだ。またメスは、群れにアカンボウが少ない時は、アカンボウを触らせてくれる母親ザルにそれだけ長時間、毛繕いをする。

寛容さ、敵からの保護、支援との見返りに毛繕いが取引されるマーケットをもう少し詳細に見ていこう。大きな群れを作って暮らす霊長類、例えばマカク、ヒヒ、ベルベットモンキーでは、群れの中での社会的な交流は、ネポチズムと優位・劣位関係で調節されている。家系内の成員はお互いに一緒に行動するし、血縁のない個体とよりも頻繁に毛繕いを交換する。サルたちが家系内で毛繕いするのは、互いに「愛」しているか支援しているからだが、非血縁者間での毛繕いは、一般に商売目的である。この点、高順位個体と低順位個体は、商品を取引する二つの階層の取引参加者だと考えられる。高順位個体は、低順位個体に食物をめぐっての寛容さを認め、群れのメンバーの虐待から守ってやり、他の個体との喧嘩に際して支援を与える。したがって高順位個体は、サル社会の取引では価値の高い、魅力ある社会的取引相手となる。低順位個体が群れの中での存在を許されているのは、おそらくは群れが捕食者や他の群れと闘わねばならない時の手助けになるからだ。したがって低順位個体は、他の群れとの闘いに際しては最前線で戦い、群れが捕食者に襲われれば、真っ先に喰われる可能性が高くなる。しかし群れが平穏な時には、低順位個体は誰か他の者のために自らの生命を危険にさらす必要がない。彼らが、寛容さと支援の見返りに高順位個体に差し出せる唯一の商品は、毛繕いすることだ。

もちろん高順位個体が低順位個体に与えられるサービスの質に関しては、高順位個体間に変異がある。個体の順位が高くなればなるほど、そのサービスは価値が高くなる。メスの中ではアルファメスが、最も価値の高い取引相手である。低順位のメスは、アルファメスのサービスを受けるために、低順位同士で競争し、相手より自分の価値を高く売り込もうとする。低順位メスたちは、チャンスを捕らえた時はいつでも、そしてできるだけ長く、アルファメスを毛繕いすることによって、そう努めているのだ。商品としての毛繕いの価値は、その長さと回数とともに高まる。したがってアルファメスがある特定のメスから毛繕いを多く受ければ受けるほど、アルファメスはそのメスに対してより寛容であり、保護しようとする。

オスとメスの双方がお互いを交尾相手と選ぶ双方向的な交尾マーケットと比較すると、サルの毛繕いマーケットはどちらかというと一方的だ。高順位メスにとって毛繕いを受ける利得は、誰が毛繕いをするかにかかわらず全く同じだからである。すべての低順位個体は同じなのだ。それは、労働に過ぎない。さらに群れにはいつも毛繕いをしたがっている低順位メスという大量の供給があるのが普通なので、高順位個体は低順位個体のサービスを受けるために互いに競争をし合う必要がない。しかし高順位個体でさえ、社会的な取引相手に独自の好みがある。例えば高順位個体は、非血縁個体とよりも血縁関係のある個体とたむろする方を好む。だからアルファメスの娘と低順位のメスとが同時にアルファメスに毛繕いをしようと申し出ると、アルファメスは娘の申し出を受け入れ、他者の毛繕い申し出を拒否する可能性が高い。アルファメスの娘のランクは、順位制の中で母親のすぐ下になり、一般にアルファメスの血縁個体の順位は、非血縁個体よりも相互に近い。だからアルファメスを毛繕いする競争では、低順位メスの交渉力はアルファメスからの順位距離が大きくなるにつれて低下する、ということになる。生物学的マーケット理論が予測するところでは、交渉力の弱い立場の個体はあまり選択されなくなり、その需要も低下するだろう。このように群れのどのメスもアルファメスに自分は喜んで毛繕いをしたいと願っても、現実にはこれが起こる蓋然性から考え、そのメスの順位を低下させることになる。

生物学的マーケット理論が発展するだいぶ前の一九七〇年代、霊長類学者のロバート・セイファースは、アルファメスを毛繕いしたいという低順位メス間の競争とその需要と供給によって課される制約で、どのメスにおいても順位制の中で自分のすぐ上のランクにいるメスに毛繕いすることで妥協し、そのメスを毛繕いしなければならない結果になるに違いない、と推測した。セイファースはヒヒの群れを観察し、自分の直観を確かめた。大半のメスの毛繕い相手は、順位制が上のメスに向けられる一方、どのメスも自分より一段階上の順位のメスと最も頻繁に毛繕いしていたのだ。こうした観察結果は、マカク類、ベルベットモンキーといった別の霊長類のみならず、第七章で述べたブチハイエナのような他の動物でも、同じようにこれまで何度となく得られている。

ブチハイエナの社会構造は、ヒヒやマカク、ベルベットモンキーの持つ社会構造と似ている。霊長類と違って彼らは互いに毛繕いをし合うことはしないが、特定の個体を含むサブグループ（群れの中の小集団）に加わることで、その社会的好みを表現する。ミシガン州立大学のジェニファー・スミスやケイ・ホールカンプらは、生物学的マーケット理論の観点からブチハイエナの社会的な好みを研究した。その結果、クラン内の最高位の（メスの）ハイエナは、従属者に対し、従属者個体へ他より多くの商品とより良いサービスを提供できるが、マーケットの力学は従属者に対し、クラン内の最高位のメスとよりもむしろ自分のすぐ上の順位にいる個体との方に密接な関係を持たせようとしている、とチームは結論付けた。これもまた需給関係の結果、低順位個体の間の競争の結果である。しかしそれでは、社会的なパートナーとしての個体の市場価値が突然、かつ大きく変化したとしたら、何が起こるのだろうか？　生物学的マーケットはこの変化によってどのような影響を受けるのだろうか？

この謎に取り組むために、オランダの霊長類学者で、生物学的マーケット理論を発展させ、動物行動にそれを適用した先駆者であるロナルド・ノーに率いられた研究グループは、南アフリカの野生ベルベットモンキーを対象に巧妙な実験を行った。このサルの群れに、協力する相手としてある個体だけを価値の高いものにすることによって人為的なマーケットを創設した後、研究グループはどれだけたくさんの毛繕いが行われたかを記録した。他のメンバーは、毛繕いから得た利益に対してどれだけたくさんの毛繕いで支払おうとしたかを記録した。その後で彼らは、個体の市場価値を実験的に変え、毛繕いの交換に何が起こるかを観察した。研究グループが少しずつ着実に行った実験を述べていこう。

研究の当初、ノーらは、どの個体がどの個体を毛繕いをしたか、いつもそうであるようにベルベットモンキーの場合も高順位個体は低順位個体よりもたくさんの毛繕いを受けることを示すためにどれだけの時間、毛繕いしたかを記録しただけだった。低順位のメスは、発情期でなく、新生児も持っていないとすれば、魅力的な社会的パートナーではない。低順位メスは権力を持っていないし、そのために同盟の相手候補として低い価値しか持たないからである。それから研究者たちは、二つの群れのそれぞれの低順位メスにレバーを押せば切ったリンゴでいっぱいになった箱の蓋が開くことを教え込んだ。箱の中には、普段のように高順位個体がそれ以外の個体よりも多くのリンゴを手に入れるにしても、群れのどのメンバーにも行き渡るだけのリンゴの切れ端が入っていた。九週間にわたって一六回も、箱を開ける実験が繰り返された（第一段階）。この間、研究グループは、低順位メスがリンゴの入った箱を開けてから一時間以内のそのメスと他のサルとのすべての毛繕い行動を記録した。

実験の第二段階で、ノーらはそれぞれの群れの中の前とは別の低順位メスにリンゴの入った第二の箱を開ける訓練を施した。同じ量のリンゴ切れが、同時に開けて食べることのできる二つの箱に今や分けられたことになる。箱開け技術を身に付けた第二の個体を作った後、研究グループはまたしても個体間の毛繕い交換を記録した。二匹の食物供給個体が受ける毛繕いと比べてその二匹によって与えられる毛繕いの比率に、彼らは特に関心を抱いた。研究者たちは、他のサルたちは箱を開けてリンゴをくれる個体に親切に振る舞い、どんな見返りを受けないでも毛繕いを提供すると予測したからだ。第一段階の実験の前、最初に訓練を受けることになる低順位メスはたくさんの毛繕いをやってあげていたのに、ほとんどお返しの毛繕いを受けなかった。ところがどの個体にもリンゴの入った箱を開けてやる訓練を受けた低順位メスは、その後の変化は劇的だった。このメスは群れで大人気となり、お返しの毛繕いをほとんどしないのに、たくさんの毛繕いを受けるようになったのだ。興味深いことに、このメスに最も多くの毛繕いをした個体がいる時に、彼女は好んで箱を開けてやっていた。こうやって、これらの個体にたくさんのリンゴ片の得られる機会を与えたのだ。しかし別の二匹目のサルが二つ目のリンゴの入った箱を開け始めるようになると、最初のリンゴ配給者であるくだんのメスの市場価値は半減した。最初の箱開けをしたメスは、実験前に受けていた毛繕いよりもなお多くの毛繕いを受けたけれども、威光は半分に下がったのである。これらの変化は、両方の群れで同じように観察された。このようにサルの毛繕いマーケットでの商品の取引は、まさに生物学的マーケット理論で予測されたとおりに、取引相手としての個体の価値の変化に応じて変わるのである。

種間の取引：共生マーケット

共生は、互いに別種である二種の生物体間の協力関係である。その協力関係の中で、両種とも協力から利益を受ける。利他的行動は時間差を伴っての互酬的行動であるが、その協力と異なり、共生においての協力では、同じ交流で両方とも同時に利益を受ける。動物間だけではなく動物と植物間にも見られる幅広い共生関係は、これまでに生物学的マーケットの観点から多くの研究がなされている。その研究を例示するために、まずアリとシジミチョウ科のチョウとの間の取引、そしてその後は第五章でちょっと触れた小型のお掃除魚と大型のお客様魚のマーケット機能を述べていこう。

アリとチョウの幼虫のマーケット

多くのアリは、シジミチョウ科の幼虫を捕食者と寄生者から守ってやっている。その見返りに、幼虫は糖分たっぷりの蜜をアリに提供する。その蜜は、蜜腺と呼ばれる分泌腺で産生される。蜜のただ一つの機能は、アリを誘引することであり、自らを保護してもらうためにアリに報酬として与えられる。研究者たちは、幼虫は自分を守ってくれるアリの数に応じて提供する蜜の量を調整していることを見つけた。数匹のアリしかいない時は、さらに多くのアリを集めようと、幼虫は蜜を多く産生する。多数のアリが集まっていると、蜜の産生量を減らす。だからこれは、生物学的マーケットであるようだ。このマーケットで幼虫はアリを誘引しようと互いに競争し、蜜の需要に応じて供給を調節しているのだ。アリが少ないと、幼虫間に激しい競争が生じ、その結果、アリを求める入札価格が上昇し、蜜産生も増えるのだ。一方でマーケットに数多くのアリがいると、幼虫は入札価格を引き下げ、蜜産生を減らす余裕ができる（蜜を作るにも、コストがかかるのだ）。興味深い展開として、蜜を産生しない幼虫（見返りに蜜を提供せずに、アリに身を守ってもらう利益だけを得ようとするフリーライダーだ）は、時にはアリに食べられてしまうこともある。幼虫が蜜をほとんどか全く作らないなら、幼虫の体がアリの食物として価値が出るというわけだ。したがって蜜を産生しない幼虫を食べる事によって、アリは一石二鳥を得る。蜜よりは甘くはないとしても、アリはともかくも食物を得られるし、個体群からフリーライダーを除くことにもなるからだ。

お掃除魚とお客様魚のマーケット

第五章で簡単に取り上げた話よりも、小型魚のお掃除魚と大型魚のお客様魚の話にはもっと多くのストーリーがある。生物学者ルドアン・ブシャリィらの研究によって、両者の共生関係の交流は、アリとシジミチョウの幼虫のようにマーケットの法則で調整されていることが明らかになった。要点をまとめるとお掃除魚は、ホンソメワケベラ（学名はラブロイデス・ディミディアトス *Labroides dimidiatus* という）という名の小型魚で、チョウチョウウオの仲間の大型魚――お客様魚――の体表面や鰓室と口の中に入って検査して回る。そうやって皮膚にたかる寄生虫や老廃物や細菌に感染した組織片を探して食べる。第五章で述べたように、お掃除魚も時には「裏切って」、お客様魚の口中の粘液やウロコ、肉片を食べることがある。この両種は、紅海から大西洋、インド洋のアフリカ東岸全域からオーストラリア北部のグレート・バリア・リーフにかけて生息している。ブシャリィらはエジプトのラフ・モハメド国立公園のサンゴ礁で二種の魚の生態を観察し、オーストラリア北部のグレート・バリア・リーフのリザード島の研究所で両方の魚を相手に実験を行った。

お掃除魚は、クリーニング・ステーション（掃除拠点）と呼ばれる小さな縄張りの中に棲む。お客様魚はその複数のクリーニング・ステーションを訪ね、しばしば（胸びれを広げて、遊泳をやめ、頭を上げたり下げたりたりといった姿勢をとるなど）の特殊な姿勢をとって見せる。それは、サービスを受けたいという彼らの希望を示す合図だ。個々のお客様魚は、一日に五〜三〇回、時には一日に一〇〇回もお掃除魚を訪ね、彼らの検査を依頼する。お掃除魚は、一日に二〇〇〇回以上もお客様魚の体を検査することがあるようだ。お客様魚は、両者が出会うクリーニング・ステーションの場所によっては、直接、あるいは間接的に様々なお掃除魚の中からえり好みをすることがある。お掃除魚は、見た姿から自分の顧客であるお客様魚を識別できるようだ。

お掃除魚とお客様魚の関係は、二つの階層に属する取引相手がそれぞれ異なる商品、すなわち食物と交換に体の保健衛生を取引するマーケットと考えられる。お掃除魚は、通常は自分の縄張りに留まる。言い換えれば、お掃除魚、つまりクリーニング屋はお客がやって来るのを店のカウンターの後ろで立って待っているのだ。お客様の方は、特定のクリーニング屋を訪れるか否かを決められる。その見返りにクリーニング屋は、お客のクリーニングの希望を引き受けるか無視するかを決められる。つまりお客様魚の間に競争が起こる。お客様魚は、サービスを受けるのを待って、クリーニング・ステーションで列を作ることもしばしばだ。お掃除魚は、外洋からだけでなく、すぐ近くの海からやってくるお客を持っている。「定住」のお客様魚は、お掃除魚の棲む近くを離れない。したがって利用できるクリーニング・ステーションはただ一個所である。一方、通常は広い海域を回遊している「流れ者」のお客様魚は、数個所ものクリーニング・ステーションを持っている。お掃除魚は、自分の縄張り内に棲む定住のお客様魚には排他的なアクセス権を持つ。他のお掃除魚との競争はない。つまりお掃除魚は、えり好みのできる階層なのだ。定住お客様魚は、選ばれる階層である。そのため彼らは、しばしば粗末なサービスを受けるしか選択の余地がないことがある。粗末なサービスでも全く無いよりはマシだからだ。定住お客様魚は、長い間、行列待ちをし、そのうえで短時間のお掃除を受け、そして時にはお掃除魚に噛まれるのも我慢しなければならない。それに対して、流れ者お客様魚は様々なクリーニング・ステーションを利用できるから、最高のサービスを提供できるお掃除魚を選べる。お客として、流れ者はえり好みする余裕があるのだ。だからお掃除魚は彼らを惹きつける良いサービスを提供して、互いに他よりも顧客の高値を受け入れようとする。

流れ者お客様魚同士あるいは定住お客様魚と流れ者お客様魚との間に、同じお掃除魚の提供するサービスをめぐって競争が起こる場合がある。一匹のお客様魚がクリーニング・ステーションにやってきた時でも、その間、お掃除魚は他のお客様魚の検査中ということがある。また時には、二匹以上のお客様魚が同じお掃除魚の検査を同時に待っていることもあり、こんな時、お掃除魚はお客様魚の中からどれかを選ばなければならない。お客様魚同士の競争は、攻撃を通してではなく、お掃除魚に検査を誘うことでのみ起こる。お掃除魚がお客様魚を選ぶ場合、生物学的マーケット理論によれば、彼らはより価値の高いお客様魚、つまり定住のお客様魚よりも流れ者の方を選ぶだろうと予測できる。お掃除魚が流れ者のお客様魚を無視すれば、そのお客様魚をおそらく永久に失うだろうからだ。一方、定住のお客様魚なら、他に行く所がないので、「店」にずっと訪れ続けてくれるだろう。たとえ一時的にクリーナーに無視されても、だ。だから定住お客様魚がクリーニングを必要としているが、すでに流れ者お客様魚がクリーニング・ステーションを占拠していたとすれば、定住者はサービスを受けるために並んで待つか、後でまた戻ってくるかする以外の選択肢はないことになる。これに対して流れ者は、お掃除魚にすぐに気がついてもらえなければ、別のステーションに行ってしまい、二度と戻らないということもできる。

観察と実験した結果、お掃除魚は定住お客様魚よりも流れ者の方を選好する差別的態度をとることが分かった。ある研究では、お掃除魚は、定住お客様魚から流れ者お客様魚に五一回も乗り換えたのに、流れ者から定住者への転換はたった一回だった。流れ者と定住者が清掃を同時に求めた場合は、お掃除魚は六六例中で六五例も流れ者お掃除魚の方を選んで検査した。最後に、流れ者は定住者よりも良いサービスを受けていた。つまり流れ者お客様魚は早朝に体の清掃のサービスを受けたのだ（これはすべてのお客様魚にとって都合の良い時間帯だ。働きに出かける前のシャワーほど快適なものは無いからだ）。流れ者は、決して列を作って待つこともなかった。そして定住者よりも長い時間、清掃を受けた。さらに最も重要なことに、流れ者はお掃除魚から噛まれることもなかったのだ。ある流れ者が注意の行き届かないお掃除魚に時には無視されたり、噛まれたりすることもあるが、そうした場合は、そのお客様魚は即座に別のステーションに行き、その「店」には二度と戻らなかった。

興味深いのは、定住者の方が体が大きく、それだけ寄生虫がいっぱいいたかっている（お掃除魚にとっては、それだけたくさんの食物が得られることになる）と思われる場合であっても、それでもお掃除魚は定住者よりも流れ者をえり好みするのだ。ブシャリィらは、お掃除魚はいつも「太った」お客様魚を選ぶわけではないことを確かめるために、流れ者と定住者を欺くいくつかの入念な実験を行った。お掃除魚が二匹の流れ者からどちらかを選ばなければならない時は、通常はお掃除魚は体が大きい方を選ぶ。そちらの方がたくさんの寄生虫がいるうえ、噛み切ることもできる粘膜をたくさん備えているからだ。しかしブシャリィらは、異種であるお客様魚に対するお掃除魚の好みを常に検討していたので、このような体の大きさ以外の違いがブシャリィの結果の説明となった可能性も考えられる。この可能性は、カリフォルニア大学サンタバーバラ校の行動生態学者トマス・アダムによって提起された。彼は、最近発表した「競争は協力を促す：お掃除魚が競争する時、お客様魚は高品質のサービスを受ける」という気のきいたタイトルの論文でその可能性を論じた。異なる種でのお客様魚の間のお掃除魚の取引相手選びを検討する代わりに、アダムはお客様魚一種、つまりハナグロチョウチョウウオ（カエトドン・オルナティシマス *Chaetodon ornatissimus*）に注目した。この種の一部個体は一個所しかクリーニング・ステーションのない狭い縄張りを持っているが、複数のクリーニング・ステーションのあるより広い縄張りを構える個体もいる。複数のクリーニング・ステーションの存在は、お掃除魚にとって競争のあることを意味する。マーケット仮説の予測ではお掃除魚は、縄張り内に複数のクリーニング・ステーションを持つお客様魚の方に高品質のサービスを提供するはずだ。アダムの研究は、まさにそれを実証した。より多くの選択肢を持つお客様魚個体は、そうでない個体よりも早く、そして長い時間、お掃除魚に掃除してもらえたが、選択肢のないお客様魚は、列を作って待つことを強いられたのだ。

ブシャリィの研究に戻ろう。お掃除魚とお客様魚のマーケットの彼の話には、興味深い歪みがある。大部分のお客様魚は草食性で藻類しか食べないが、お客様魚の種の約一五％は肉食で他の魚を食べることが明らかになっている。この事実は、お掃除魚がこの肉食性のお客様魚の口中に入ると、お掃除魚は飲み込まれて消化されてしまうリスクがあるということを示す。特にお掃除魚が良い掃除仕事をせず、お客様魚を不注意に（あるいは意図的に）傷つける場合は、その危険がある。お掃除魚が草食性のお客様魚をごまかした場合は、お客様魚はただ「怒って」、泳ぎ去っていくか、お掃除魚を追い払うだけだが、肉食性のお客様魚が怒ると、その結末ははるかに深刻なことになり得る。マーケットの力学に従えば、お掃除魚は無害なお客様魚と食物と保健衛生を取引しているだけだが、肉食のお客様魚とは自らの安全をも取引しているのだ。その結果、生物学的マーケット仮説によれば、肉食のお客様魚は、定住者であれ流れ者であれ、無害なお客様魚よりも良好な清掃処置を受けるはずだと予測できる。そしてなんと、肉食お客様魚は無害のお客様魚よりも、お掃除魚に僅かしか噛まれないことが判明したのだ。第五章で述べたように、お掃除魚によって噛まれると（ごまかされると）、お客様魚は体をびくっと振動させるので、お客様魚がどれだけ頻繁に体を振動させるかは、お掃除魚はどれだけ頻繁にごまかすかの良い指標となる。肉食のお客様魚は体の掃除中に無害のお客様魚ほど多くの振動はしないのだ。

　ではお客様魚は、お掃除魚のごまかしを防ぐために、何をしたらよいのか？　第五章で述べたように、まず第一にお客様魚はごまかしをしないという評判のあるお掃除魚の所に行く傾向がある。第二にお客様魚が騙され、良い評判を持つがその後で騙すお掃除魚の所に行ったとすれば、そのお掃除魚を攻撃するか食べてしまおうとすることによってそのペテン師を罰することができる。ごまかしをしたお掃除魚が食べられれば、罰は効果的だったと言えるだろう。しかしごまかしをしたお掃除魚がお客様魚からただ追い払われただけだとすれば、これはお掃除魚の将来の行動に影響するだろう。ごまかしを「考えた」場合、お掃除魚は罰の可能性を考慮に加えるのは明らかだ。罰せられる選択が取り除かれれば、お掃除魚のごまかしは抑えが利かなくなる。このことは、お客様魚に少し麻酔をかけた実験で証明された。半眠り状態のお客様魚に対し、お掃除魚は狂ったようにごまかしを行い、寄生虫を取り除く代わりに、お客様魚の粘液と組織を主に食べまくったのである。

生物学的マーケット仮説による予測では、肉食でないお客様魚は、肉食のお客様魚よりもお掃除魚から頻繁なごまかしを受けなければならない。そして、このことはそのとおりであることが明らかとなる。前述したように、クリーニング・ステーションにいる間、非肉食のお客様魚は肉食性のお客様魚よりも頻繁に身震いをした。このことは、定住のお客様魚にも流れ者お客様魚にもあてはまった。ごまかしをしたお掃除魚への定住のお客様魚の罰の目的は、好みのうるさい顧客の切り替え戦略のように効果的であることだ。ゲーム理論の用語を使えば、お掃除魚を殺す捕食するお客様魚の選択は、お掃除魚に捕食するお客様魚との無条件の協力戦略に従事させることになるのだ。したがって生物学的マーケット効果は、取引相手選びに影響を及ぼすが、取引相手をコントロールさせる仕組みも重要なのである。具体的には取引相手選びの選択肢は、どの組合せが最初に出来るかで決まる。しかしお掃除魚によるごまかしが頻繁になると、取引相手選びの選択はお客様魚のコントロールの限度も超える。捕食するお客様魚は、相手選びの選択に関係なく、捕食しないお客様魚よりごまかされるのが頻繁ではなくなるのだ。

「囚人のジレンマ」モデルと生物学的マーケットモデルは協力関係に伴うそれぞれ別の問題を扱っているように思えるが、お掃除魚とお客様魚のマーケットが例証しているように、実際には相手のコントロールと相手の選択の課題との間には明白な関係がある。人間をテーマに最近なされた多くの研究で、無作為に選んだ個人と組む場合と対照的に、プレイヤーが相手を選べる場合は、その相手を信頼し、信用できるようになり、二人のプレイヤーの「囚人のジレンマ」ゲームではより協力的になり、公共財生産にずっと貢献する傾向があることが示されている。これは、自由意思による相手の選択が許される時に起こる。協力する傾向を持つ人は互いに人選し合うし、裏切り者を排除するからだ。しかし相手選びが競争的なら（言い換えればマーケットの力が働いていれば）、マーケットの中で自分が魅力的であろうとして、また相手として選ばれようとして、したがって協力の利益を享受できる望ましい社会で役割を果たす機会を与えられようとして、より協力的に振る舞おうと装わせる圧力が裏切り者に働く。このことは、競争的なマーケットに相手選びのチャンスを結びつけることが向社会的行動――個体にとっては犠牲が大きいが集団にとっては利益になる利他行動――の出現を促し得るという興味深い考えに至らせた。しかしこの点を詳述する前に、私はもう一つの興味深い人間のマーケット、つまり本の著者と出版代理人／出版社のマーケットを例示したいと思う。

本の著者と出版代理人／出版社のマーケット

本を出版することは、人間にだけに見られる協力的活動だが、この活動も動物社会で働いている生物学的マーケットと同じ法則に従って機能している。このマーケットには、取引相手として大きな二つの階層がある。すなわち本を書く人（著者）と出版社を経営する人（出版発行人）である。著者によって提供される商品は原稿であり、アイデア、物語、事実、図などもすべてそうである。出版発行人／出版社によって提供される商品としては、原稿を多くの部数の本にするのに必要な印刷設備から様々な店に本を配布し、販売促進する資源も含まれる。この二つの取引階層は、事業を進めるために必ず相互協力し合わねばならない（著者が自著を自分で出版することも増えているが）。一部のケースでは、著者と出版社との間を仲介する第三の取引階層である出版代理人もいる。代理人は著者を代理し、著者が出版社を探す手助けをし、著者のために出版社と交渉する。この議論を進めていくために、代理人と出版社は似たような機能を提供するので、私はこの両者を同じ意味合いで呼ぶことにしたい。

取引のそれぞれの階層の中では、提供される商品の質に、したがって協力相手になりそうな者としての取引相手の価値に大きな違いが存在する。著者の中には、とうてい活字にできそうもない支離滅裂なタワゴトを書く者もいれば、数百万部を売るベストセラーを書く作家もいる。同様に、望ましい出版社とそうでない出版社もあるし、有能な代理人と無能な代理人もいる。合衆国だけでも毎年、数十万人もの人たちが原稿を量産しているけれども、大半は出版されることがない。ごく僅かの原稿が、本になるだけだ。さらにそのうちのほんの僅かなものだけが、ベストセラーになる。ベストセラーを書ける見込みが極端に小さいのに、宝くじを買うのと同じ理由で人は原稿を書き続ける。つまり書籍出版は勝者総取りのマーケットだから、即座に億万長者になれるかもしれないという訴求力が、困難にもめげずに人を著作へと駆り立てるのだ。

しかし当然ながら、マーケットには歪みがある。つまり著者の数は、代理人や出版社よりも圧倒的に多いのだ。したがって大半のケースでは、代理人と出版社が選ぶ階層となり、著者は選ばれる階層となる。そのため著者たちは、自分と喜んで取引してくれる代理人と出版社を探す競争をしている。代理人や出版社の郵便受けを原稿とベストセラーを約束する出版提案の手紙で溢れさせるほどの競争である。しかしこれらの大多数は、ろくな検討もなされずにゴミ箱行きとなる。代理人と出版社の間でも、巨額の利益をもたらしてくれる数少ないベストセラー作家を取り合う競争がある。このようにマーケットの両側で取引相手選びの競争がある。著者に対してはひどく歪んだ競争だが。

他の生物学的マーケットでのように、商品の品質、そしてそれゆえに取引相手の価値は需要と供給で決まり、しかもそれは時間によって変動する。では、何が著者の市場価値を決めるのか？　生産物の質、と言いたくなるが、それがいつでも当てはまるわけではない。多くの理由で、一部は客観的で理解可能な理由で（出版物に投じられる広告費と販促費の総額で）、そして残りはきまぐれで管理不能な理由で（読者層の好みと社会のトレンドで）、箸にも棒にもかからない内容の本でもベストセラーになることがある一方、凄く優れた労作が出版もされないか無視されるだけということもまた多い。幾つかの例を挙げれば、ウェブサイト「ジャスト・マイ・ベスト（Just My Best）」によると、ロバート・M・パーシグのベストセラー小説『禅とオートバイ修理技術（*Zen and the Art of the Motorcycle Maintenance*）』（五十嵐美克訳、ハヤカワ文庫上・下）は、世界中で五〇〇万部以上も売れるほど大ヒットしたのに、その前に出版に漕ぎつけるまでに実に一二一社もの出版社から出版を拒否されていた。ジョン・グリシャムの小説『評決のとき（*A Time to Kill*）』（白石朗訳、新潮文庫上・下）は、一五の出版社と三〇人の代理人から出版と仲介を拒否されたが、その結果、とうとうグリシャムは自費出版に踏み切った。さらにこの他にも、後に有名になったが最初は複数の出版社から出版拒否され、自費出版した本として、ジェームズ・ジョイスの『ユリシーズ』、マルセル・プルーストの『失われた時を求めて』がある。

ジャスト・マイ・ベストによると、

スティーヴン・キングの書いた最初の四編の小説は、出版拒否された。「こいつは、メーン州から持ち込みで、こんな小説を送ってきやがった」と、出版社『ダブルデイ』で彼の以前の編集者を務めたビル・トンプソンがぼやいたが、その時トンプソン氏にある種の勘が働いて、次の小説を読んでみたいと頼んだ。ところが次の三編も、出版引受を拒否された。しかしキングはその出版拒否に耐え、トンプソン氏は、同僚たちの冷ややかな態度にもかかわらず、とうとう五本目の小説を買った。買値は、二五〇〇ドルだった。それが、『キャリー（*Carrie*）』（永井淳訳、新潮文庫）だったのだ。

こうした例が示すように、代理人と出版社は、必ずしも作品の質に基づいて出版に踏み切るか拒否かを決めるわけではない。彼らは、この本は売れるだろうという見込みで出版を決めるのである。本の質だけでは、出版が成功する目安にならない。本が売れるかどうかと著者の市場価値を判断する他の二つの目安の方が、重視される。すなわち同じ著者の前の本がベストセラーだったかどうか、そしてその本が多くの読者の関心を抱く話題になるかどうか、である。読者が著者やその話題に関心をつのらせると、考えが進んで、質はともかく読者はその著者の書いた、あるいはその話題に関したどんな本も買うことになるだろう。

何が、著作権代理人の質を決めるのだろうか？　それはほとんどの場合、彼らの以前の成功体験であり、評判である。ほんのわずかの代理人だけが大きな成功を収めるので、したがって彼は取引相手として高い価値を持っている。例えば一般読者向けに書かれた科学啓蒙書の分野では、一人の特定の代理人が非常に有能だとみなされていて、著者たちから取引相手として強く取引を求められている。彼は、多くのベストセラー作家の代理人として、自分の関わるどんな本でも出版社に競売に出す。発行元はこうした本を確保するため、互いに買値を吊り上げようとすると知っているのだ。その結果、その代理人の推した著者は、巨額の前払い金を受け取り、その本は売れる可能性が高くなる。発行元の質は、本の売れ行きに大きな影響を持つことが多い。以前、ベストセラーを出版して成功し、知名度を高めてくれ、さらに巨額の前払い金を支払い、本の販促のできる財政的な資質のある発行元は、高品質の出版社なのである。

著者の市場価値の決定要因という観点からすれば、需要の低い話題の本を初めて書く著者は最悪と言える。私が一般向けに初めて書いた科学書である『マキャベリアンのサル（*Macachiavellian Intelligence: How Rhesus Macaques and Humans Have Conquered the World*）』（木村光伸訳、青灯社）の主題はアカゲザルの行動だった。どう想像力を広げても一般読者に受けそうな話題ではなかった。当然ながら、代理人と出版社の中から協力相手探しに、私は苦労した。やむなくバンコクで出版するためにタイに渡った。私の適性がもっと価値を持つ別のマーケット――学術書が出版できるマーケットへ移ったのだ。大学出版部は、狭い主題しかカバーせず、したがってごくわずかの読者しかいない学術書籍を主に出版していた。さらに大半の大学出版部は、財政的資源が乏しいので、本の販促はほとんどしない。多くの部数を競う出版マーケットでは、このことは命取りに等しい。その結果、大学出版部で出版される本の販売部数は、平均で数百部であり、一〇〇〇部以上売れれば、どんな本で成功とみなされ、しかも利益が出る。学術書出版のマーケットでは一般読者向けに書かれた科学書も、一〇〇〇部以上は簡単に売れるから、それは価値のある商品とみなされ、そうした本を書く大学教授は人気の高い取引相手なのだ。この新しいマーケットで、私はうまくやった。つまり年齢がいっていて、禿げ頭で腹が出ているのに――もちろん比喩的に言ってだが――、若くて魅力的な妻を捜せたというわけだ。

霊長類の毛繕いマーケットのように、書籍出版マーケットでも、需給関係の時間的変動が一定の商品とそれを持つ取引相手の価値を激変させることがある。例えば二〇年前、経済学、心理学、人間行動の関係の一般読者向けの本は需要が全くなく、したがって主に大学出版部で出版された。ところがスティーヴン・ピンカーとマルコーム・グラッドウェルの本だけでなく、スティーヴン・D・レヴィットとスティーヴン・J・ダブナーによる『ヤバい経済学（*Freakonomics*）』（望月衛訳、東洋経済新報社）の驚くべき大成功は、この種の本に対する大きな需要を巻き起こし、その市場価値は大いに上がった。代理人と出版社は、一般向けに本を書ける経済学と心理学の大学教授との取引に、突然、大きな関心を向けるようになった。だがこれらの本の供給が増え、需要は減るにつれ（まぐれのような大当たりに主に原因のあった新奇性効果が薄れたため）、新しく出版されるこの種の本は――その一部はベストセラーになった先行書より質的に優れているのに――、どんどんバンコクの学術出版マーケットに追いやられることになるだろう。

書籍出版マーケットは、金を儲けることによって動かされているのであり、生存とか繁殖といったような目標で動かされているのではないのは事実だが、それにもかかわらず、事実上は人間の婚活マーケットや他の動物の交尾マーケット、それに異種間の生物が関与する共生マーケットのような生物学的マーケットである。書籍出版マーケットでは、価値の異なる商品を扱う取引参加者は、競争相手の選択の仕組みを通じて、そして需要と供給の法則に従って、協力相手を求めて買いに行く。このマーケットは、物（本）を金（と権力と名声）に変えることに近いが、科学研究、査読、助成金と出版という事業のように、他の人との交渉を伴い、したがってこのマーケットは進化生物学者と経済学者によって発展させられた競争的社会行動モデルと協力的社会行動モデルに従って動いているのだ。

向社会的行動の進化

さてそれでは相手選びの好機会と競争的マーケットの組み合わせは、向社会的行動の出現を促すこともあるという考えに立ち戻ろう。カリフォルニア大学アーバイン校の進化心理学者イェン＝シェン・チャンは、二〇一〇年に一本の論文を発表し、その中で彼は、「最後通牒ゲーム」をやっていると、競争的な相手選びが公正さの出現を促すということを示す興味深い研究結果を報告した。最後通牒ゲームは、

第五章で述べた独裁者ゲームに似ている二人のプレーヤーで行う経済ゲームである。第一のプレイヤー（「提案者」）は、第二のプレイヤー（「応答者」）に対し一定額のカネを分けようという提案を行う。その後で応答者は、提案者の申し出を受諾するかどうかを決める。この研究では、二つの異なった状況でのプレイヤーの行動を比べた。つまり自分のゲーム相手を選択できる状況と相手を無作為に割り当てられる状況である。チャンは、相手を選べる状況でなされた申し出は、相手が無作為に割り当てられた状況での提案よりも公正なのかどうかを知りたいと考えた。

この研究には、アメリカ北西部の巨大公立大学に在籍する五八人の大学院生が参加した。彼らは、分けるための一〇〇チップ（これは実験後に現金に換えられる）を用いた最後通牒ゲームへの参加を募集されて、ペアを組み合わされた。彼らは、コンピューター・ネットワークを通じてゲームを行った。最初の五ラウンド――標準的な待遇（treatment）――では、被験者は匿名でコンピューターによって無作為に割り当てられ、相手がどんな人物なのかの情報を全く受けていない相手と最後通牒ゲームを行った。第六ラウンドが始まると、プレイヤーたちは新しい状況――相手選び待遇――に入り、一五のラウンドの間、続けられた。一五のラウンドのそれぞれで、被験者たちは自分と別の役割を務めるそれぞれのプレイヤーのプレイ履歴を与えられ、次いで被験者たちはゲームの最新のラウンドでプレイしたいと望む相手プレイヤーの順位付けをするように求められた。

当然のことながら、自分とは別の役割のプレイヤーへの被験者による好みの順位付けの機会を与えられると、提案者は過去のラウンドで高い受容率を示し、新しいラウンドでは低額の申し出を拒否しなかった応答者を非常に高順位に位置付けた。その一方で、応答者は直近のラウンドの中で高額の申し出を行った提案者と組みになることを好んだ。言い換えれば提案者も応答者も、利他的に振る舞ったプレイヤーと組むことを望み（最後通牒ゲームは、ゼロサムゲームだ。つまり一人がたくさん取れば、相手のプレイヤーは必ずそれだけ取り分は減るのだ）、プレイヤーは自分の利益を最大化するという利己的な理由でそれを希望したのだ。みんながプレイをしたい同じ相手を好んだので、相手選びは競争的な過程となった。ところがみんながみんな、好ましい相手とプレイできるわけではない。したがって提案者も応答者も、マーケットで魅力的であろうと、自分自身が属する階層の内部の競争相手よりも高い買値を示さざるを得なかった。平均すると相手選び待遇では、提案者は標準的な待遇でよりもずっと公正な申し出を行った（四六・二八チップ対四二・二〇チップ）。したがってこの実験は、相手選びが競争的マーケットで行われると、どのようにして公正さが利己性から現れてくるのかを巧みに説明していると言える。

ロナルド・ノーは、このアイデアをさらに発展させている。彼の説によると、たった一人の有力者（例えば村長、王、軍閥の長、司祭など）や権力を持った団体（長老たちの評議会や政党）が向社会的行動を基盤にした構成員――集団のために自分を犠牲にすることを厭わない、言い換えれば善良な「チーム・プレイヤー」であろうとする性向――を好む時はいつでも、一般的に向社会的で利他的な行動の進化が促されるのだという。人類進化の比較的新しい段階で、チーム構成員として利他的な個人の選択が、狩りに出かける一団、他集団を襲撃するチーム、軍隊などの編成の際にそれこそ数限りなく行われただろう。進化という観点から見れば、利他的な人間を協力のために望ましい相手として選ぶのは、そのことが選んだ人間と選ばれた人間の双方に利益をもたらす場合だけ、自然選択によって有利に働く。例えば狩りのリーダーは、自分の一団にとって適切な狩人を選べば、夕暮れまでには、そうでないメンバーを選んだ時よりも多くの量の肉を得られるはずだ。そして選ばれた狩人の方も、選ばれなかった男よりもたくさんの利益を受けるに違いない。同様に、例えば列車の駅の掃除や環境保護のような公共財作成を目標に、あるチームが編成される時、構成員を優れたチームの一員にしてくれる特性（例えばチームに対する忠誠心、チームメートの失敗も喜んで援護しようとする心、分担の公正さ）を基に選抜することは、結局はあらゆる個人に向社会的行動の発現を促すことだろう。

ノーは、そうした特性が現代社会に依然として強い関連性を持っていることに注目する。すなわち「チームの一員であることは、職場では雇用者と被雇用者の双方に最高の意義を持つ。チームの一員とみなされることは、良い仕事をすること、知的であること、創造的であること、その組織のために金を稼ぐこと、さらにそれ以外の多数の美質よりも、重要だと考えられているのだ」。さらにノーは、個人を良きチームの一員にする特性は――そしてもしその特性が遺伝的基礎を持っているのなら、それは自然淘汰で有利にされた可能性がある――、独裁者のような強力な中央集権的権力に支配される専制的社会で特に促進されるのかもしれない、とも述べている。そうした社会では、権威に這いつくばり、規則に従順である個人が見返りを与えられる一方、権威に挑戦する個人は処罰されるからだ。しかしノーは、チームの一員であることは平等的社会においても優位に立てると指摘する。こうした社会で、彼らは他の利他的な人たちによってチームに加わるようにしばしば募集されたり招待されたりするからだ。すべての社会においてヒトは、チーム構成員としての達成度を共同体の他の構成員に報告でき、そのことがチーム・プレイヤーとしての良い評価を獲得する必要度を高め、利他的な人物を求める相手選びの好みを強めるという点で、動物の中でも特異な存在なのである。

チームの一員であろうとする特性は、それを持つ個体を不利にするが、彼や彼女の所属する集団にとっては利益になる。だからそうした特性が遺伝的に決められているのだとすると、そうした特性は群淘汰によって進化した可能性があるのだろうか。群淘汰とは、異論の大きな進化の過程である。群淘汰の過程で個体にとっては不利になるけれども、その個体の属する集団にとっては有利になる行動特性に自然淘汰は有利に働くとするのだ。だがノーの考えは、群淘汰を必要としない向社会的行動の進化の仕組みを提示している。彼の考えでは、個体にとって向社会的行動のコスト（すなわち彼または彼女が集団に利益になるための犠牲）は、良い評判を確立し、チームの一員に選ばれることの利得（ベネフィット）によって埋め合わされているのだという。

人間の向社会的行動の進化に働いた相手選びの役割に関して唯一の問題は、この仕組みが反対方向にも働くことがあるということだ。権力を持つ有力者や団体と競争しているか戦っているかしている別の権力者や団体は、有力な戦士となる連携相手を選択できる。例えば利己的で無慈悲な殺人者や金目当ての傭兵である。彼らは、自分を守ったり個人的利益を得るために他人を殺すことも躊躇しない。集団間の競争は、集団内の協力のように人間の社会性の進化におそらく重要な役割を果たしたので、利己的で、競争心が強く、攻撃的な人間を相手に選ぶことは、利他的で向社会的行動の選択を促す力と反対に働く強い進化の力となったかもしれないのである。

第九章　ヒトの社会行動の進化

進化のお荷物

著名な芸術家、音楽家、科学者、哲学者、宗教指導者、その他の傑出した人たちの伝記は、人間の本性への優れた洞察を与えてくれる。こうした人たちの偉業は、他の数百万、数千万人の人々の暮らしと仕事に影響を与えてきた。どれだけ多くの人々が、モーツァルトとピカソ、アインシュタインとダーウィン、プラトンとアリストテレス、そしてガンジーとカルカッタ［訳注　現コルカタ］のマザー・テレサに心を動かされたか、考えてみればよい。しかし彼ら知的、精神的大成功者たちの**社会的な**暮らしを子細に検討してみれば、彼らの「職業上の」遺産が我々に信じさせるほどの高潔さや卓越さからほど遠いという印象を与えるのだ。

スペインの画家パブロ・ピカソは、自分の名声と芸術的才能を巧みに利用して、自分が成人してから出会ったほとんどどんな女性ともベッドを共にした（その中にはピカソが四五歳の時に出会った一七歳のモデルもおり、彼女とは後年、一児をなした）。伝記作家のパトリック・オブライエンによれば、ピカソは二度結婚し、それぞれ別の三人の女性との間に四人の子をなし、結婚している時でもいつも何人もの愛人とこっそりと交際していた。ピカソは驚くべき多作の芸術家だった。生涯の全作品は、絵画、スケッチ、彫刻も含めて、五万点以上にものぼる。だが作品制作が、彼の考えていたただ一つのものではなかったのは明らかだ。その点でピカソには、よい仲間がいる。芸術、音楽、科学、その他の知的活動を通じて名声を獲得した何万、何十万もの人たちは、自分の妻を欺き、自分の名声を使って自分の貪欲な性欲を満たすためにたくさんの女性を囲うハレムを維持したからだ。

一部の偉大な天才が見境のないセックスへの誘惑にかられやすかったように、庇護を当てにして政治権力に吸い寄せられた者たちもいる。私の属する職業分野に近い例を一人挙げれば、オーストリアの動物行動学者のコンラート・ローレンツがそうだ。一九七三年に動物行動に関する研究でノーベル賞を受賞した彼は、若い頃、多くの同僚とともに人気がなく、ラテン語の「*Nemo propheta in patria*」――「誰も祖国で真価を認めてくれない」と大まかに訳される――を裏付けるように、長い間、母国で研究職も見つけられなかった。二〇〇五年に『行動のパターン：コンラート・ローレンツ、ニコ・ティンバーゲン、そして動物行動学の創始（*Patterns of Behavior: Konrad Lorenz, Niko Tinbergen, and the Founding of Ethology*）』という書物を著した科学史家のリチャード・バークハードは、ローレンツは一九三八年にナチ党に入党し、そのおかげでドイツの大学に職を得ることができた、と考えている。一九四〇年、ナチ政権はローレンツのためにケーニッヒスベルク大学の教授職を用意した。もっともローレンツは、独裁政権と取引をした、もっと広い意味では自身のキャリアを上げるために政治権力と連携した最初の知識人というわけではなかった。彼は、古代社会に起源を有し、ルネサンスでヨーロッパに十分に確立した著名な伝統に従ったのだ。すなわち科学者、芸術家、音楽家たちが、皇帝や王侯、ローマ教皇からの愛顧を求め、しばしばそうやって職、後援、保護を得るだけでなく、自らも大きな政治的な力を蓄えるという伝統である。

最後に挙げるとすれば、高潔な生涯を生きるように信者を励ます多くの精神的、宗教的指導者が、同時にこの世界の物質的利益に強い関心を示していた人物だった例だ。一九七九年にノーベル平和賞を受賞し、没後の二〇〇三年にヨハネ・パウロ二世によって聖人に列聖されたローマ・カトリックのアルバニア人修道尼であるカルカッタ〔現コルカタ〕のマザー・テレサは、ハイチの独裁者ジャン＝クロード・デュバリエやアメリカのかつての富豪にして経済犯罪者であったチャールズ・キーティングを含む、大金持ちで腐敗した連中の支援を受け、彼らから無税で数百万ドルもの金を受け取ることを躊躇わなかった。作家でコラムニストのクリストファー・ヒッチェンズによる一九九七年刊行の『宣教師の立場　マザー・テレサの理論と実践（*The Missionary Position: Mother Teresa in Theory and Practice*）』で、マザー・テレサは貧困者たちへの助けにほとんど関心を示さず、多額の現金を隠匿し、その金で自分の根本主義的なローマ・カトリック信仰の布教に精を出していたという。

並外れて優秀な人たち――最高教育を受け、知性や芸術的才能を持ち、あるいは宗教上、道徳上の道義を備えた人たち――といえども、それ以外の大部分の人たちと同じ、多くの特性を共有していることは明らかだ。つまり社会的、政治的な野心、金銭への飽くなき執着、同時代の人たちとの競争心、抑えようもできない性欲、結婚生活の問題である。多くの場合、こうした著名人の知的な、もしくは精神的な偉業と彼らの社会的生活の中身と質との間に大きな断絶があるように思われる。この断絶は、なぜなのか？

思うにその答えは、人間の社会的行動は進化的お荷物とも言うべき重荷に由来するというものだ。我々はみんな、一定のやり方で行動し、個人生活では同じ目標を追求すべきだという強い生物学的素因を持っている。とどのつまり我々はみんな、同じものを望んでいるのだ。つまり金、権力、名声、セックス、愛、そして子ども、である。それに対して、人間の知的可能性はだいたい限定的で、多数の様々な方法で実現できるか、あるいは全く実現できない。自分の知力と関係することは、ヒトの過去の進化と生物学的素因とほとんど何の関係もないし、むしろその人物を取り巻いてきた過去、教育、暮らしが我々に与えてくれるチャンスの方により関係がある。理論的には、適切な環境が与えられれば、誰でも有名な画家、音楽家、哲学者、理論物理学者になれるだろう。一部の傑出した人たちは、こうした領域ではるか先まで進歩し、専門化しているので、普通の素人はその人たちが成し遂げた業績を理解し始めることさえできない。我々のうちどれだけ多くの人が、自分はアルバート・アインシュタインの物理学への貢献、ルートヴィッヒ・ヴィットゲンシュタインの哲学への貢献を完全に理解していると自信をもって言い切れるだろうか。しかし多くのノーベル賞受賞者の社会的生活を完全に理解するのに必要なのは、霊長類の社会行動についての一部の知識である。（王侯や皇帝、政治家や軍の将軍、ロックンロール音楽界や映画界、スポーツ界の有名人の社会的行動だけでなく）知性の高い指導者や精神的指導者のそれも、落第生の行動だけでなく、サルや類人猿、その他の動物のそれとも一般的には良く似ているのだ。

人間中心主義と自由意思

私の著書『マキャベリアンのサル』を読み、その前にはアカゲザルの社会行動についてほとんど知らなかった友人の一人は、読後感として次のような反応を示した。「ウワッ、このサルたちは本当に人間のように振るまうんだね。こいつらは、人間**だよ**！」。私は、それに対して、こう答えた。「いや、違うね。本当はサルのように振るまってるのが人間なんだよ。人間はサル**なんだよ**」。

我々の種、ホモ・サピエンスは、霊長類という名の哺乳類のグループであり、もっと具体的に言えば大型類人猿と呼ばれる霊長類のサブグループである。地球にはこれまで多くの大型類人猿の種が現れたが、それらの大多数は絶滅した。生き残っている大型類人猿は、チンパンジー、ボノボ、ゴリラ、そしてオランウータンだけである。我々に最も近いのは、チンパンジーとボノボで、彼らは我々と約九八％、遺伝的配列を共有する。我々と他の大型類人猿のサブグループと密接な近い関係のあるのは、小型類人猿、すなわちテナガザルとフクロテナガザルと、我々と遺伝的に九五％を共有するマカクとヒヒのような旧世界ザルである。化石と種間のＤＮＡの比較の研究で、我々ヒト科の祖先は他の大型類人猿の祖先から五〇〇万〜六〇〇〇万年前に、テナガザルとフクロテナガザルの祖先からは約一〇〇〇万年前に、マカクとヒヒの祖先からは約二五〇〇万年前に分岐したと推定されている。

分類学としてのヒトの分類は、かつては解剖学的な類似性を基に確立された。それは、遺伝的データが利用できるようになるよりずっと前のことであり、ダーウィンがこうした類似性に進化的観点からの説明を加えた解釈を発表する前のことだった。分類学としてのヒトの分類は、特に異論が多いというわけではない。進化は仮説に過ぎないと確信している創造論者ですら（ただそれは正しくない。進化生物学者のリチャード・ドーキンスが二〇〇九年に出した本『進化の存在証明（*The Greatest Show on Earth: The Evidence for Evolution*）』（垂水雄二訳、早川書房）で巧みに説明したように、進化は一つの事実なのだ）、霊長類の種としての我々の分類学上の地位に挑戦してはいない。どっちみち、誰が分類学に気にするというのだろうか？　それは、ラベルの束に過ぎないのではないか？

だがしかし我々は、自分たちの「人間であること」の別の側面を気にかけるのだ。人間とアカゲザルの行動に多くの類似点を見出した時の私の友人の驚きを伴った反応は、ヒトとアカゲザルそのものとその行動について多くの人たちが考える見方の代表例である。まず第一に、「サルたちはまるで我々のようだ」対「我々はまるでサルたちのようだ」がある。これは、人間中心主義思考――人間は宇宙と万物の中心にいて、すべては人間の周りを回転しているという考え――と関係している。行動学的な表現で言えば、あそこに我々に酷似したアカゲザルやチンパンジーのような霊長類がいると誰かに言うことは、地球の軌道上で二つの新惑星が発見されたとプトレマイオスに言うようなものだ。我々が住む太陽系はプトレマイオスの時よりは少しは大きくなっているが、依然としてまだ我々はそこに、すなわち太陽系の真ん真ん中にいるのだ。我々は太陽であり、我々以外のすべては惑星なのである。どれだけ多くの惑星がそこにあるにもかかわらず、だ。

人間中心主義思考の強さは、特徴ごとに様々だ。人の顔と体躯は、他の動物の顔と体躯と似ている。しかし似ていることに関して言えば、恒星と惑星もそうだが、誰もその違いを気にかけない。ウォルト・ディズニー社や世界中の玩具製作者たちは、これまで数十億ドルもの巨費を投じてアニメに登場した動物とぬいぐるみ動物に似た動物人間を開発してきた。誰もが、我々人間の骨、筋肉、皮膚、心臓、肺、胃、腸は、他の動物のそれのように機能していると思っているわけではないだろう。だが、この情報を与えられた多くの人たちは肩をすくめて、こう言うだろうと確言できる。「オーケー、だから何なの?」と。しかし行動面での類似点を見つけると、我々の人間中心主義思考が動き出す。我々は、サルなんかのようではない。サルたちが、我々に似ているんだよ、たぶんね、と。

ヒトと他の動物との行動面での類似点は、終わりなき論争の源となっている。人間は一般にその行動で、顔と体躯のそれとは異なった面を見せる。あたかも身体は動物的だが、行動は特殊で、非動物的な物であるかのように。その要因の一つは、自由意思（free will）に関わる問題だろうと思う。我々は特殊な顔と体躯を備えて生まれた。そして整形外科学の出現まで、それをどうにかすることなどとうていできなかった。ところが今や経済的余裕があれば、我々はいかようにでも望むような顔と体形にほぼ改造可能だ。しかし、行動に対してはどんなプロの美容整形も必要ない。毎日、自分で美容整形を実践しているからだ。朝、起床すると、その日の計画を立てる。その後で気が変わって、別の計画を立てる。時には二度以上も作り直す。どんなことも、行動の計画を最初に考え、その後で実行に移す。考えることは目標であり、行動は結果だ――そんな風に我々は考えている。一日の過ぎる間、自分の行動について我々は何百回となく意識的な決断をしている。この作業は、数百万年間の進化によってどのような影響を受けた可能性があるだろうか？　自由意思の産物が、ジャングルの中のサルと類人猿が数百万年間もやってきたことと似る結果になる可能性がないのだろうか？

自由意思と人間中心主義思考は、密接に関係し合う。「*Cogito, ergo sum*（我想う、ゆえに我在り）」という優れた警句を吐いた一七世紀のフランスの哲学者デカルトは、人間の独自性は自由意思を持つことであり、人間以外の動物はみんなロボットのように動いていると考えた。その結果、デカルトは人間の権利を宇宙の中心に置いた。心理学者のウィリアム・ジェームズを含む多くの学者は、デカルトの考えを受け入れた。ジェームズは、一八九〇年に、人生での「精神の痛みと興奮」の全体は「そこで現実に次々と物事が決められ、それは無限の過去に鍛造された鎖の冴えない連なりではないという我々の認識」に由来する、と書いた。

ところで二世紀以上に及んだヒトは基本的に他の動物とは異なるという考えから、人々は自分自身を解き放たねばならなかった。人間の行動の特異性への信仰は、我々の優越感の最後の拠り所だろう。だがこの砦でさえ、崩壊しつつあるのかもしれない。自由意思に関しては、心理学と神経科学の実験で推定されるところでは、『プリンセス・ブライド（*The Princess Bride*）』（佐藤高子訳、早川書房）から引用すると、「あなたが考えているようなものではないと思う」。

二〇〇七年のニューヨーク・タイムズ紙の「自由意思：さあ、それを持とう、さあそれを捨てよう」と題する記事で、科学コラムニストのデニス・オーバーバイ（現在はタイムズ紙の科学副編集長）は、二人の科学者にインタビューした報告を書いた。その二人とは、自由意思の問題の研究を行ってきたカリフォルニア大学サンフランシスコ校の元生理学者（彼は〇七年に亡くなった）のベンジャミン・リベットとハーヴァード大学の心理学者ダニエル・ウェグナーである。一九八〇年代にリベットは、ボランティア被験者に、ボタンを押すとか指をパチンとはじくといったように手で任意の動作を選ぶように頼み、その間、脳波図で脳の電気的活動を記録する実験を行った。リベットは、被験者に時計の秒針を見つめ、意識的な意思を働かせたと被験者たちが感じた正確な瞬間の秒針の位置を報告するよう頼んだ。この実験は、電気の急な山形が、被験者が自分の手を動かそうと決めたことを意識的に感じた約二分の一秒前に手の動きを調節する脳のニューロンに現れることを示した。言い換えれば、意識的な決定のなされる前に脳は無意識のうちに行動をコントロールしていることが分かったのだ。動作の知覚は個人にその動作を意識させ、この事後の意識が、我々の行動は意思決定の結果でありその逆ではないという錯覚を引き起こすのだ。リベットの実験は、自由意思は錯覚——我々自身の心によって我々に起こる錯覚だということを推定させた。彼の結論は、他の神経科学者たちの手で何度も再現されている（ただし、例によって一部の懐疑論者は彼らを批判している）し、一方で二〇〇二年に出版された自著『意識的意思の錯覚（*The Illusion of Conscious Will*）』で集約されたダニエル・ウェグナーによる実験は、人は容易に騙され、実際は自分自身の行為を行い、コントロールしていなくとも、そうしていると信じ込むことを示した。

ニューヨーク・タイムズ紙の記事のインタビューで、リベットはこう語った。すなわち自分の得た結果は、我々は自分が行っていると感じていること——それを意識するようになると自分の行動を抑制することを選ぶことがある——への拒否権という形で自由意思についての限定された説明を採る余地を残している、と。その一方、ウェグナーは自由意思を錯覚だと暴露する可能性のありそうな結果を論評している。ウェグナーの語るには、一部の人たちは自由意思の消滅は道徳と法律による義務の観念に惨事を引き起こしかねないと憂慮しているという。すなわち、人々は自分の行為にもう責任をとらないと考えかねないというのだ。しかし実際に自由意思を錯覚だと暴露することは人々の生活や人々の自尊心の感情にほとんど影響を持たないのではないか、とウェグナーは考えていた。大半の人たちは現実に背を向けているだろう、という。ウェグナーは自由意思を何度も何度も再現されるマジシャンのトリックと比較しながら、「それは錯覚だけれども、いつまでも続く錯覚だ。それは何度も繰り返されるのだ」と述べた。「それがトリックだと分かっていても、誰もが騙されるのだ。意識が消えてしまうことはない」。

我々の心に群がるアルゴリズム

多くの人たちは、人間の社会行動は脳に配線されており、人類進化史やそれよりそのはるかに古い祖先の歴史の初期に自然淘汰によって進化したとする考えを否定する。創造論者のように一部の人たちは、宗教的理由からこのことに反対する。創造論者たちは、旧約聖書の創世記で記述されているように、人間は神によって創造されたと信じているからだ。人間行動についての我々の理解に関係ないとして、生物学的な解釈と進化を否定する有識者――一部の文化人類学者と心理学者――もいる。彼らは、こう主張する。行動に及ぼす文化の影響力は、生物学的影響力よりも圧倒的に優位にあるのだ、と。

驚くべきことに行動の進化という考えは、遺伝子や細胞、ミバエと呼ばれる小さな昆虫を研究している進化生物学者の間にも人気がない。彼らは、研究室のガラス瓶の中で大量のミバエを飼育し、いろいろな時間で明かりを点滅させるなどの変化をミバエの環境に起こし、ミバエが多世代にわたる繁殖の不具合としてこの環境の変化にどのように影響されるのかを観察する。このような進化生物学者は実験室で進化を研究しているけれども、それは現実の世界やミバエ以外の他の動物についてではない。例えば科学誌『エヴォリューション（*Evolution*）』は、ミバエでなされた進化の実験研究を含む多くの論文を載せて刊行されている。私はかつてこの雑誌に霊長類の行動分析を報告する原稿を寄稿したことがある。ところが投稿論文は、「霊長類は進化研究の標準となる動物ではない」という理由で即座に却下されてしまった。私は、雑誌の編集長に「チャールズ・ダーウィンが貴下に同意するとは思えません」と返事を出した。

一部の進化生物学者にとって、進化とは実験室の壁の内側に限られたままなのだ。また別の一部進化生物学者にとっては、進化は玄関前の階段で止まっている。進化はジャングルの中で起こるのだが、彼らはそれを望んでおらず、自宅の中で進化が進むと思っているのだ。彼らはまた自分自身の行動に進化がどのような影響を及ぼしているかについて聞きたがらない。彼らは毎週日曜日にミサに行くが、教会の外にいる時は宗教についてすべてをきれいに忘れ、いつものように週の残りの日々を仕事をして過ごすカトリック教徒のようだ。驚いたことに懐疑論者の中には、自然淘汰が人間の心を形成したとは考えても、人間の行動に関わる事柄は進化とほとんど関係がないと主張する進化心理学者も一部にいる。私個人としては、自然淘汰が人間の精神の変化に影響を与えてきたが、現代の人間行動には影響を及ぼしてはいないとする見解を認めるのには苦労する。自然淘汰が現代人の行動に影響を及ぼしているという見解こそ、本書全体が基礎としている前提である！　しかし心の進化対行動の進化について進化心理学者によってとられている立ち位置に取り組む前に、一般的な進化心理学者たちについて、そして人間の心はどのように機能しているかをもう少し話させて欲しい。

進化心理学者は、人の心は「タブラ・ラサ（白紙状態）」、すなわち素晴らしい学習技能で周囲から取り込むあらゆる種類の情報で埋められるはずの空っぽの容器だとは信じていない。むしろ彼らは、心とは特別な状況に反応して他者に及ぼす特別な感情を生み出し、他者よりも優れた事を学習し、一定のやり方で問題を解決し、周囲の環境から得られる情報の理解と処理に一定の過ちさえ犯す生物学的素因を持っていると考えている。例えば子どもたちは、思春期に達するまでに言葉を学ぶことを生物学的に刻印されているという。思春期の後になると、脳に起こる変化のために新しい言語を学ぶことがかなり難しくなる。人生の後半に母語に加えて二番目の言語を学んだ人たちが痛感しているように。社会心理学者の研究によると、遺伝的に人は自分自身について他の人たちからの見方よりも高い評価を持つことが明らかにされている。我々は自分自身のことを、他の人たちが自分を見るよりも、素敵で、知的で、そして社会的に成功しているとみなすのだ。人間の心は生存と繁殖の競争で肉体を駆動させる仕組みであり、したがって人の心は我々は宇宙の中心に居るという印象をもたらし——人間中心主義は心理的な適応だと言える——、身体面ばかりでなく心理面での外界発の挑戦から我々を守るための多くの仕組みを持つのは、いわば当然である。同時代者の先頭に立つという不運に苛まれた優れた洞察力を備えたジークムント・フロイトは、悪い思い出の抑圧といった、上記のような数多くの自分を守る仕組みを発見した。

進化心理学者によって**アルゴリズム**と呼ばれる人の心の素因は、その素因が特殊な問題や課題を解決するために設計されたという点でコンピューター・プログラムと似ている。それは、重要な遺伝的基礎を持ち、自然淘汰で進化したから、特殊なアルゴリズムのための遺伝子を備えた個体は、こうした遺伝子を持たない個体よりも生存と繁殖に成功した。アルゴリズムは、初期人類と彼らの祖先が自らを取り巻く環境の中で不断に直面していた繰り返し起こった問題の解決策である。そうした問題には、以下のものがあっただろう。自分自身の進路の舵取りと正しい方向への判断の仕方、食物を見つけ、それが食べられる／栄養のある物か有毒／貧栄養の物かという識別方法、捕食者の発見の仕方と捕食者の攻撃からの逃げ方（毒ヘビと毒グモといった危険な動物の避け方も）、別の集団の構成員からの命に関わる恐れのある攻撃や自分が属する集団の成員からの有害で威圧的な行動の避け方、自分の属する共同体の構成員たちと意思疎通の学び方、非血縁者と家族の一員との区別の仕方、友だちの作り方とその友だちとの社会的に交わる重要なスキルの実行の仕方、お互い様という精神に基づいた他人との協力関係の構築の仕方と裏切り者を特定し、そいつを罰するやり方、他の個体を打ち負かせて、然るべき地位を得られる効果的な政治同盟の作り方、短期間に性的関係を結ぶための適切で望ましい配偶相手の見つけ方と選び方、たくさんの子を作り、その子を育てるのに結びつく異性個体との長期的な関係の構築法、立派な大人になるように、子どもたちの発育を助け、上手に成長させる仕方、個体が自分独りでは生きていけない時期である人生の初めと終わりに世話をしてくれる者からの助力と支援の受け方、などである。

以上ですべてを網羅できたわけではないだろうが、こうした問題の多くは、生涯を通じて人類に繰り返し降りかかってきた。そして人間にとってそれらに対する適切な解決策を見つけられるか否かは、生死を分ける違い、孫を多く持てるかそれとも全く持てないかの差を意味しただろう。すべての人間が独力でこうした問題の解決策を見つけ出さねばならなかったと想像するのは難しい。人生のスタートラインからその過程を通じて何事も学び――事前に経験を積める機会はほとんどないことがしばしばだが――、多種多様の異なった選択肢を選べるその中から問題を解決する最適な方策を拾い上げてきたのだから。いや、自然淘汰は、我々の祖先によって見出されたうまくやりぬける解決策を提示することによって我々に救いの手を差し伸べてくれたのだ。ある場合は問題に対しての正しい行動の反応は、我々の脳に完全に配線されており、我々が問題に直面する時はいつでも自動的に動作させられる。その他には、自分で解決策を見つけ出す必要がある場合もある。だが我々の素因は、人を正しい方向へと向かわせる大きな一押しを与える。骨や身体の器官、行動の特質が自然淘汰の所産と言う場合、その特質は遺伝的に調整されていると暗示されているのは明らかだ。だからと言って、このことは特別なアルゴリズムに相当する単一の遺伝子があるという意味ではない――心理のアルゴリズムと行動のアルゴリズムは、複雑なやり方で相互作用している多くの遺伝子に影響されているのだろう――し、環境からの影響は重要ではないということも意味しない。現実的に特質は常に遺伝子と環境の間の相互作用の所産である。一方がなくして、もう一方が機能できないのだ。

我々が心の中に持っているアルゴリズムは、我々の祖先を取り巻いた環境中で繰り返し起こった問題の種類に左右される。もしヒトが小さな魚だったとすれば、水中での泳ぎ、進み方、進行方向、サメや他の捕食者からの回避、他の魚との動きの協調などに対するあらゆる素因を備えて生まれただろう。だが人類は高度に社会化した霊長類だ。それでも他の霊長類と共通する生態学的諸問題――森の中や広大な開けたサバンナでの空間的な位置の知覚、消化するのに適した食物を見つけること、危険な捕食者を避けること――と、それに加えて複雑で高度化した競争的社会で長い人生を過ごすことから生じるたくさんの問題と向き合わねばならない。それなら我々の心と行動のアルゴリズムの多くが社会的な問題を解決することと関係するとしても、驚くには当たらないだろう。

だがこれらのアルゴリズムとは正確にどんなものであり、我々に対して何をしているのだろうか？　構造的にはアルゴリズムとは複雑な神経回路であり、その一部は脳内の特定の領域内に所在し、別の一部は脳の全体を通じて入り組んだ分厚い神経の連絡網の中に拡散している。人間では、脳機能イメージングと呼ばれる手法――この手法で研究者たちは、被験者が特別の思考をしたり、特殊な行動の課題を解決したりすると、活性化された脳の領域の視覚イメージを得られる――の研究で、これらのアルゴリズムがいったいどんなものであり、どこにあるかがようやく分かり始めている。しかしこれは極度に解明の難しい企図であり、依然として我々はアルゴリズムというものについてまだほとんど知ってはいない。それでも我々は、アルゴリズムの機能――すなわちアルゴリズムが我々に何をし、それらがどのように働くか、という機能については、構造よりもはるかによく知っている。

こうした素因の一部は、他の刺激を上回る、視覚的・聴覚的・味覚的・嗅覚的刺激に対する単純な好みだと言える。人間の赤ん坊は、顔に、特に顔の目に興味を示す素因がある。性的に成熟した異性を求める男性は、幼児的特徴を備えた女性の顔（それは年若い年齢であることを示す）と細くくびれたウエストと大きな尻を持った女性の肉体（それは多産を推察させる）に、実際に惹かれる傾向がある。女性は全年齢層で、ベビーフェイスに魅惑される素因がある。幼小児は、赤ちゃん言葉やマザリーズ［訳注　親が幼児に話しかける時の話し言葉］の響きに惹かれる素因がある。我々だってそもそも、砂糖の甘い味が好きだ。それ以外のアルゴリズムは、ある特別な状況に対しては特別な感情を体験し、特殊な選択肢のセットを提示された時に特別な決定を下し、もっと一般的には特殊な個人や状況に特殊なやり方で行動するための素因となる。感情とは、人が周囲の問題に対処するのを助ける非常に有力な生物学的素因であり、私が本書でこれまでに述べてきた社会状況の事実上すべてに伴うものだ。

感情：プログラムの活性化因子と調整因子

生態的な問題と社会的問題が起こると、その問題解決の助けとするために我々はいくかの行動上のアルゴリズムを自由に使う。ところが自然淘汰は、その問題の解決を我々に与えてくれない。我々が現実に自然淘汰を利用しているのは確かであり、時にはすぐにそれを利用している。行動は、外の環境に直接に応じていつもなされるわけでは必ずしもない。むしろ行動は、我々の肉体内部の引き金で活性化される。環境が我々の内なる引き金を引き、その引き金が行動を活性化させるのだ。この引き金が、**動機**と呼ばれる。動機、すなわち「何かをしたいと思わせること」は、意識や自由意思という意味を含むものではない。我々は何かをしたいと刺激されることがあるのに、全くそれに気がつかないことがある。多くの場合、動機の基質は体の中で始まる身体的反応である。体の中では周囲から何かが起こったことが記録されると、その後に脳へと動いていく。一例を挙げると、もし誰かが人差し指を炎の中に入れたとすると、炎はその人の指の皮膚を焼くから、指先にある神経細胞が刺激される。痛み、すなわち肉体と脳の連絡に由来する生理的反応が、引き金、つまり自分の指をすぐさま炎から離れさせる動機である。

感情は、痛みに似ているが、もっと複雑である。第六章で述べたように、感情の一つの機能は動機を活性化させることだが、感情はもっとそれ以上の多くの役割を果たしている。進化心理学者のジョン・トゥービーとレダ・コスミデスによれば、感情とは自然淘汰によって設計された「コンピューター・プログラム」だという。その目的は、行動という反応に刺激を与えるためだけではなく、他のアルゴリズムやサブプログラムを調整し、組織化するためだ、とする。こうしたアルゴリズムの一部は、周囲に合わせて反応するための適切な行動を起こすべく活性化されるものもあるし、また他方には不活化されるものもあることが多いともいう。なぜならどんな時でも、我々の肉体は適応的な解決を必要とする相異なる多重的問題に同時に直面するからである。

深夜に街路を独りで歩いている場面を想像してみよう。あなたはまだ夕食を済ましておらず、マクドナルドの店頭でハンバーガーを食べている人たちを見て、フライドポテトの香りを嗅ぐと、自分が問題を抱えていることに気がつく。動機付けの引き金、つまり空腹であるという意識が活性化され、あなたは何か食べる物が見つけようとするのだ。ところが一方であなたは、ここ何カ月もセックスをしていない。そこに、「ヴィクトリアズ・シークレット」ブランドの巨大な下着看板広告に掲載された魅力的な半裸のモデル嬢を見せられると、別の問題があることにも気づく。一つの引き金、すなわち強力な性欲が活性化され、セックス相手を探したいと思うようになる。しかしさらにあなたはこの三日間、一睡もしていないうえ、五時間も休みなしで歩き続けている。これは、さらにまた問題があるという意識を強める。この引き金、つまり疲労感は活性化され、あなたはベッドに駆け込みたいと強く願うことになる。ところが何の前触れもなく突然に、銃身が後頭部に押し当てられ、「財布をよこせ。さもないと殺すぞ」という声に、ハッとなる。あなたの一命はピンチだ。そこであなたはさらに別の問題に、否応なく気がつく。その引き金、つまり恐怖心が活性化され、それはできる限り早くそこから逃げ出したいと思わせるのだ。けれどもあなたがほんの数秒前にひどく渇望していたビッグ・マックとフライドポテト、下着姿のヴィクトリアズ・シークレットのモデル嬢、心地よいベッドは、どうしたのか？　あなたにとって幸運なことに、殺されるという恐怖心があなたの食欲、性欲、疲労感を抑圧し、こうした他の引き金によって活性化された行動のアルゴリズムは、自分の命を守ることが最善という今、必要なアルゴリズムと競合はしない。ハンバーガーを食べることやセックスをすること、さらには眠りにつくことは、銃口が頭に当てられた時、あなたがしたいと思っていることの重要度が落ちたのだ。代わって別の認知過程が活性化される。すなわち油断せず、周囲と記憶から得られる他の情報処理を始める。銃口が頭に突きつけられた時の強烈さから、あなたは強盗はどれほど自分を殺す恐れがあるのかを推し量ろうとする。強盗の声から、男の体格、怒りや恐怖心、その強盗の全体としての危険性を推測する。あなたは通りのコーナーまでの最短距離と、逃げ始めたとしたらそのコーナーに駆け込むまでの時間を計測する。ちょうどそのコーナーのそばに隠れられるガレージのあったことを思い出す。最後に、遠くでサイレンが聞こえることを期待して、耳をそばだてて空気の波動を精査する。それは、パトカーが近くにいることを示しているかもしれないからだ。もし強盗があなたの親友であり、彼は玩具の銃で悪ふざけをしているだけだと分かったら、このうちの一つとして必要ない。あなたはただ笑い、ハンバーガーなどその他のことを考え続ければいいだけだ。だがそうではなく、危機は現実なので、恐怖はあなたの五感の処理、記憶と認知したものに対する評価、それに目標と動機の変更といったすべてのことに影響を及ぼす。

トゥービーとコスミデスの言葉を借りれば、人間の心は「機能的に特殊化されたプログラムで満杯になっている」。行動のプログラムに加えて、人の精神と肉体の諸機能を調節する認知のプログラムと生理的なプログラムもある。トゥービーとコスミデスによれば、これらのプログラムは、特に以下のものを調節している。

知覚と注意、推理、学習、記憶、目的の選択、動機の優先付け、カテゴリー化と概念的枠組み、生理的な反応（例えば心拍数、内分泌腺、免疫、生殖機能など）、反射神経、行動上の決定原則、運動器系、コミュニケーション処理、エネルギーレベルと努力の配分、出来事と刺激の情動の色づけ、蓋然性推測値の再較正、状況の評価、価値と調整変異（例えば自尊心、相対的驚異度の評価、代わりの目標状況の相対値、有効性の割引率など）。

トゥービーとコスミデスの用いる学術用語を用いれば、「特異的な適応上の問題を解決するために個別に設計されたプログラムが、同時に活性化されたとすれば、互いの機能的結果と干渉し合ったり無効化し合ったりして、互いに矛盾するアウトプットを生み出したことだろう。そうした結果を回避するために、人間の心には、他のプログラムが活性化された時も一部のプログラムより優先されて不活化させる上位プログラムが備えられていたはずだ」。そうした「上位」プログラムが、我々の感情なのである。感情の機能は、他のすべての行動の、生理的な、認知のためのサブプログラムの活動と相互作用を管理し、調節することなのだ。

これは、少し複雑に思えるかもしれない。本当に、このように働くのだろうか？　感情は、どのような環境でも正しく機能するように本当に我々を導いてくれるのだろうか？　あなたが強盗に銃を突きつけられている間、あなたの恐怖心は逃げたいという反応を活性化させるが、実際に逃げようとすれば強盗はあなたを撃ち殺すことを想像してみよう。間違った感情や間違った反応が、活性化されたのだろうか？　自然淘汰は、大失敗をしたのだろうか？　いや、どんな場合でも自然淘汰は正しく働いたと期待するのは不公正というものだろう。数百万年も前に働いた自然淘汰は、未来の個々人すべての状況に関わる偶発的事件や結果を予知することなどできるはずもない。それぞれの感情のプログラムは、**万余の個体と世代を平均化した時**、最善の活動過程に至るようにしたサブプログラムを活性化するために選択されたのだ。しかしどんな状況も唯一無二のものだから、環境の偶発的事件に関連したある程度の不確実性は存在する。トゥービーとコスミデスの用語では、「感情は、不確実性という条件下に置かれた一つの賭けである。恐怖のあまり逃げ出したり、胃がムカムカして吐いたり、怒って攻撃したりすることは、そこに現れた条件から考えて、こうした反応が我々の祖先にとって最高の平均的見返りだったから、賭けなのだ」。

もちろん、銃口を突きつけられて撃たれるという結果になる場合も多い。それは、正しい行動の反応が働かなかったためではなく、間違った感情が引き起こされたか、感情が何か引き起こされるべきだった時なのに全く起こらなかったからである。ふだん我々は、自然淘汰が適正に反応させるべく準備していなかった進化的には真っ新な状況に置かれている。だから思いがけないことに直面すると、混乱や不適切な行動をとるのだろう。進化心理学者は、この状況を人間の進化した感情の反応とたまたま引き起こされた真っ新な環境との間の「ミスマッチ」と呼ぶ。典型的な一例は、街路を横断中にも車に跳ねられるのでは、とは全く思わないことだ。車は歩行者を四六時中、殺している。だが自動車の出現は進化史ではつい最近に生じた現象なので、自動車をそれに見合った恐れと懸念で結びつける危険な状況に我々は反応しないのだ。それに対して我々は、人類の進化史の大半の期間に起こった危険に伴う状況や刺激を恐れるという性向を持っている。すなわち暗闇、高所、大型の肉食獣、ヘビ、そしてクモなどに。

だがしかし新しい状況になっても、人類の進化史の途中で数限りなく繰り返されてきた周囲の問題を思い起こさせるものがある。祖先の中にはこれらの問題にうまく対処した者もいたし、その一方でドジを踏んだ者たちもいた。かくして一部が生き残って子孫を作り、失敗した者はそうならなかった。現代の我々は、そうした問題をうまく解決した者たちの子孫である。自然淘汰のおかげで、こうした繰り返される問題とそれが起こる状況について、我々は生得の知識を持つに至ったと言える。我々は、こうした問題に対処するための反応と、この反応を活性化し、誘導するのを助ける精神的プログラムを獲得した。そうした感情それぞれは、進化史の途上に反復された特定のタイプの状況に対処するために進化した。よく知っている危険を知らせる合図に気づくと――これに気づくのは、無意識であるあることが多い――、特定の感情の引き金が即座に活性化されるのだ。

第一章で述べた見知らぬ人とエレベーターで一緒になる場面に戻ろう。この事態は、車の行き交う交差点で道を横断することのように進化史ではごく新しい状況だ。自然淘汰は、エレベーターの利用に対処する我々のために準備されていなかったし、エレベーター特異的な感情も、エレベーター特異的な行動のアルゴリズムも我々にもたらさなかったことは確かである。それにもかかわらず、それ自体は新しいけれども、エレベーターに乗るという状況は、全く新奇ではない危険性を知らせる合図で満ちている。まず第一に、見知らぬ人とすぐ身近に居合わせることだ。それは、攻撃のリスクを発する強い合図となる配置である。第二に、狭い空間に閉じ込められることだ。したがってもし見知らぬ人物に襲いかかられたら、逃げ出す機会もないし、家族や仲間に助けを求める叫び声も挙げられない。見知らぬ人物が攻撃して、その狭いスペースの中で反撃したとしたら、負傷することはまず確かである。そして最後に、こうしたことすべてに加え、もし見知らぬ人物があなたと視線を合わせ、睨みつけたとしたら、それはあなたが感じとれる強力な合図である。

以上の幾つもの合図を組合せたものは、おそらく人類の進化史上、何百万回と繰り返されてきたであろう。その結果、自然淘汰は、我々がそうした状況に対処できるように準備を整え、適切な行動の反応を取るように刺激し、引き金を引く感情をもたらしたのだ。しかしその感情は、恐怖ではない。あなたが強盗に銃口を突きつけられている時は、それが脅しであるのは明らかであり、危険性は高く、数秒もたたずに殺されかねない。強盗の目的に関しては不確実なことは何もない。その状況の深刻さを考えれば、恐怖こそ適切な感情である。恐怖は、緊急事態に備えて用意されている。しかしエレベーターの中には多くの不確定性がある。乗り合わせた見知らぬ人物が考えていること――この人物は無関心なのか、それとも敵意を抱いているのか、友好的なのか？――についても、起こりうる行動上の成り行き、すなわち無関心でいること、融和的になること、先制的な脅かしをかけてくることなどについても、である。この場合の適切な感情は、不安である。適切なレベルの不安感は、あなたの自動的な行動を抑制し、その人物と直接に視線を合わせないようにさせるのである。

恐怖と同様に不安感も、一部の動機付け過程、認知過程、行動のプロセスを活性化させ、一部は不活化させる。視線を合わせないようにする間、あなたは自分のすぐ隣に立つ見知らぬ人物をチラチラと盗み見て、自分に対して敵となりかねない者としてその人物の凄さを無意識のうちに値踏みしているだろう。その男は大柄で強そうか？　すぐにカッとなりそうな奴か？　自分は高いステータスの人間だとそれとなく知らせて、自信をもって行動するのか？　見知らぬ男の行動からどれだけ多くの社会的不安が「漏れ」ているのか？　以上の評価をすると、あなたは無意識のうちに似たような横顔を持った見知らぬ男との同様の出遭いと関係した記憶を蘇らせ、それと比べて、どうなりそうかの結末を推測するだろう。高まる社会的不安のために、攻撃されるリスクを最小限にするための予防的な見極めを促されるだろう。例えば融和的な微笑み、短い会話をするといった合図を送ったりして。

これと似たような社会的不安とそれに付随した認知過程と行動のプロセスは、自分より社会的地位の高い、よく知っている人と偶然、顔を合わせた低い社会的地位しか持たない個人にも起こるだろう。例えばあなたが、会社のオフィスで自分のボスと出会った時がそうだ。この場合、もっと直接に、あなたの不安感は、地位の差の自覚、ボスとの過去のやりとりの記憶、現状と将来に対する二人の関わり合いに基づいている。そのボスは、過去にあなたに対して怒り狂い、激しく罵ったことがある。彼は今度も同じように行動するだろうか、それとも違うだろうか？　あなたにはカッとなって反撃する余裕はない。なぜならその結果は、あなたのキャリアの決定的打撃となりかねないからだ。エレベーターの中の見知らぬ男と同様に、あなたは敵視の合図となりそうなものを探りながら、無意識のうちにボスの様子と身振り動作――例えばボスが自分をどんな風に見ているかとか、ボスの声のトーンなど――を瀬踏みする。あなたは過去と現在の情報を処理し、将来について予測をする。あなたの不安感は、例えばボスを凝視するといったような、敵意と誤解されかねない行動を抑止するだけではない。凝視を避け、頭を垂れ、ちょっと微笑み、穏やかなトーンの声で話すなど、はっきりした服従的行動も表すのだ。

社会的に危険だったり競争的だったりする状況で覚える恐怖と不安という感情の裏面が、怒りである。怒りは、あなたがまだ十分な優位・劣位関係を確立していない人物と相対した際に、競争心と自己主張心を刺激することがある。この人物とは、例えばあなたの友だちや配偶者のようなあなたのことをよく知っている人から、あなたの初対面の人とか別のサッカーチームのファンや違う政党の一員のような外の集団のメンバーに至るまでの誰にでも該当する。第二章で述べたように、カップル間にまだ優位・劣位関係が出来ていないと、対立が頻発し、それに怒りの爆発の伴うことがある。もしあなたが大きな自動車事故を起こし、相手のドライバーがあなたに向かって大声を出し、あなたに全面的な責任があると責め立て始めたら、あなたも怒鳴り返し、一歩も引かない方がいい。この対立の結末は、責任と事故関係費用の引き受けをめぐるその後の面倒な交渉に影響を与える可能性が高いからだ。最後に自分の属する集団以外の連中との対立――その対立がスポーツの試合で起こったにしろ政治的党派でにしろ――は、そのメンバーに怒りと憎悪が向けられることがよくある。自分の属する集団以外のメンバーとの対立の類型の中には、恐怖が引き起こされるものもある。恐怖は、我々に危険性と攻撃性を推測させる。怒りと並んで恐怖は、自分の属する以外の集団のメンバーに向けられた競争的反応と攻撃的反応を刺激するのに関与し得る。一般的に怒りは、自己主張の強い、脅迫的な行動を刺激し、時には自信をもって行動することや脅迫があなたの優位に対する競争に決着をつけねばならないこともある。怒っているイヌは公園で出遭った他のイヌにうなり、大声で吠えるものだ。このディスプレー行動が効果を持てば、身体的攻撃をする必要もなく、そのイヌは他のイヌに対して優位の順位に立つ。イヌ同士の間に、あるいは人々の間に争いが起これば、怒りは、しぶとく、長く、あるいは勝てるまで戦うための精神的刺激の燃料となるだろう。怒りと社会的不安と同様に、怒りの引き金が引かれると、知覚、認知、刺激、行動のサブプログラムの一部が活性化される一方、別の一部のサブプログラムは不活化される。

恐怖、不安、怒りといったような否定的感情が、危険から我々を守ったり我々の競争力を増強したりするのに役立つように、これらとは別の感情は、ひょっとすると子どもを持てるかも知れない異性に性的に惹かれ、一緒に子どもを育てることのできる長期的な夫婦関係を形成することを確実なものにしている。性的感情と恋愛感情は、否定的感情と並んで、数百万年という人類進化史で反復された個体と状況の合図によって引き起こされた。我々はまた、夫婦関係の排他性を守り、不倫を防ぐための、例えば性的な嫉妬心のような感情も備えている。複雑化した人間社会で社会的に成功するための親の投資の重要性を考えれば、我が子に対する親の愛情は、子どもが成人になり、最終的には自分の遺伝子を受け継いだ人的範囲が拡大して孫も含まれるようになる時まで活動的で強くあり続ける感情だ。

最後に付け加えれば感情は、人間社会で生存を確保し、成功していく上で非常に重要な他者と協力し合う関係を作り上げ、協調するのに一つの役割を果たす。自然淘汰は、協力し合う活動に参加でき、そこから利益を受けられる個人の能力を刺激し、強める感情過程に有利に働いてきた。進化心理学者のダニエル・フェスラーとケヴィン・ヘイリーが二〇〇三年の論文で巧みに論じたように、様々な感情（と感情の定義に合うかどうか分からないがそれとは別の心理的性質）は様々な面で協力的行動に影響を及ぼしている。信頼感、不信感、嫉妬心、罪悪感は、協力戦略の遂行に重要な役割を果たすのである。人間は、他の人間と協力し合うためにいつかは信用する必要がある。コスミデスとトゥービーは、人間の心には、協力という脈絡の中で特異的に進化した「裏切りを検出する」アルゴリズムが含まれているとも主張している。裏切られるという不安や恐れは、協力相手の行動を監視するこの認知のサブプログラムの引き金を引く。裏切られたと知った時、怒りは強力に反応するようにそうした人も駆り立てるだろう。親切さと寛大さは、協力し合う関係に、やはり重要な役割を果たす。人は、寛大さという自発的な行動で感謝の念をもって応え、同じようにお返しをしなければならないと感じる。これが、行動経済学ゲームにおけるいくつものテーマが伝統的な合理的モデルの前提をしばしば破ることのある理由を説明してくれているのかもしれない。それは、協力的とか利他的とかに認識された行動に対して協力相手に報酬を与えるために金銭的コストを負担したいという意思を実証することにより、破られるのだ。嫉妬心は、第八章で取り上げた例のようなマーケットでの交渉に一つの役割を果たしている。市場参加者が、価値のある商品を所有したり、そうした機会にアクセスできたりする側の間に大きな不一致のあることを認識すると、それらをより少なくしか持たない参加者は、もっと手に入れたいと願う。自分以外の者が持っている物を入手したいという願望に加えて、嫉妬心には自分よりも幸運な側への一定の敵対心が含まれている。協力し合う関係という背景で機能していた感情が、それ以外の社会的領域と非社会的な領域でも機能するのは明らかだ。同じ感情が様々な領域で働く時、その影響はそうした感情が表れる背景の特徴によって緩和されるのだ。

認知と行動のアルゴリズム

つい最近まで多くの経済学者は、金銭的その他の決断を、合理的な認知プロセスをへた結果、特に様々な選択肢の中で費用（コスト）と利得（ベネフィット）を合理的に評価した結果、下されたものとみなしていた。しかし感情が、時には人を「非合理的に」行動させて、費用と利得の主観的重要度を変えることもあるのだ。ある場合には、感情と状況との間の不一致のために、感情は非合理的な判断に至らせることがある。（現代を取り巻く状況が祖先の環境から逸脱すればするほど、そうした行動は、進化という奥行きから見て合理的である可能性は小さくなる。）さらに別のケースでは、人々は一見すると非合理的な決断をすることもある。その人間の感情が合理的な決断を下すのを妨げるからではなく、感情が合理的モデルで予測される決断とは異なる行動の決定に至らせる認知のサブプログラムを活性化させるからだ。

人は選択肢を提示され、決断をしなければならない時、あらゆる変数を考慮に入れて、自分の個人的利益を最大化させるべく行動する、と心理学者と経済学者は信じてきたものだ。ところが多くの状況で、人は手に入ったあらゆる情報を考え抜き、それらを合理的に評価した上でそれに基づいて決断をする――とは限らないことが明らかになっている。それどころか、一定の合図に応じて速やかな決断をする単純で大ざっぱな経験則を用いているのだ。ドイツの認知心理学者ゲルト・ギーゲレンツァーらによる研究によると、人間は経済的原理が洗練された合理的決定を予測してきた環境でも、あることを決めるための「早くて節約的な」アルゴリズム、すなわち経験則を持っていることが分かった。早くて節約的なアルゴリズムでなされた決断は、合理的な認知過程を通じてなされた決断よりも、一定の状況に対処するのにしばしば効果的であり、より良い結果となることが明らかになっている。一九九九年に刊行された著書『我々を賢くする単純な経験則（*Simple Heuristics That Make Us Smart*）』で、ゲルト・ギーゲレンツァーとピーター・トッドは、我々が早くて節約的な経験則を用いている多くの状況事例を示した。その例は、投資家がどのように株を買うかということから始まり、配偶者をどのようにして選び、子どもたちの間でどのようにお金を分けるかまでに及んでいる。ちなみに動物も、経験則を用いている。例えば動物と人間を研究したところ、数多くの配偶相手候補の中から一個体だけ相手を選ばなければならない場合、それぞれの相手の質を評価するために自由に使える情報すべてを利用するのでなく、大多数の他の個体が選んだものを単純に真似るだけであることが明らかになった。認知のアルゴリズムは、おそらくは自然淘汰の産物である。自然淘汰によって、進化史を通じて何度となく繰り返された難題に応じて我々は素早く、効果的な決定をするような素因が備わったのだ。

進化心理学者たちは、行動のアルゴリズムそのもの――人は現実にどう行動するのか――よりも、人間の心の感情と認知のプログラム――人はどう感じ、どう考えるのか――を研究することの方に満足感を覚えている。進化心理学者たちは、自然淘汰が一定の刺激や信号に反応しやすい心の好み、偏り、素因を形成したので、研究室の管理された条件で例えば大学生のような均質化された被験者集団を研究するのが最善だと考えている。研究室で彼らは、学生たちが人間の顔や体の写真のような視覚的刺激にどのように反応するのか、学生たちが紙とペンで単純な認知的課題をどのように解決するのか、コンピューターの経済ゲームをどのように行うのかを実際に観察している。

だが進化心理学者たちは実際の外の世界にめったに出かけず、普通の民衆が毎日の生活でどのように行動しているのかを観察することもほとんどない。彼らは我々の行動は周囲の環境に影響されすぎていると考えている。現在のその環境は、自分たちが人間の行動の奥について何か理解するには、我々の心が進化してきた環境と大きく違ってしまっているというわけだ。つまり彼らは、現代の産業化社会に暮らしている人類の行動に及ぼした自然淘汰の影響を認識し、記録することは、不可能ではないとしても困難だと考えているのだ。彼らは、アマゾンに暮らすヤノマモ・インディアンやカラハリ砂漠のクン族のような今も原始的生活を送っている民族の研究は、人間の本質を知る上で興味深いものがある、とまでは認めるが、それでもそれはそれとしてと、そのまま満足している。

はっきり言って、私は不同意だ。エレベーターに乗り、eメールでコミュニケーションをしているという事実はあっても、我々が日々の生活で直面しなければならない社会に関わる諸問題と矛盾は、人類進化史の大半を通じて直面した諸問題と矛盾と多くの点で似たところがあるからだ。我々が社会で毎日接している状況の中で読み解き、認識している合図は、適応的な感情の過程と認知の過程の引き金を単に引くのではない。そうした合図は、適応的な行動のアルゴリズムも活性化させるのだ。エレベーター内で見知らぬ男に乗り合わせた時やボスと鉢合わせした時に我々が取る行動の仕方は、攻撃される危険性が高かったり、自分の会社人生に大きな影響力を持つ高い地位の人物に直面していたりする状況で活性化される行動のアルゴリズムの結果である。世界中の人々が上記と似た社会的状況でやはり似たように行動するという事実は、我々の社会的行動の大部分は遺伝子に支配されていることを推定させる。行動が多様であり、環境に影響されることがあるのは、確かだ。だがこの多様性は無限ではなく、また気まぐれでも予測不能でも不適応的でもない。だから特殊な状況でのどんな人間の行動も、予測できるわけではない。それでもたいていは、その状況なら人はどんな風なことをするかを予測できる。

私がサルとヒトの行動の研究に絞ろうと決めるずっと前のまだ若かった時、たまたまそれはいつもネコだったのだが、ペットを観察するのに多くの時間を割いた。ネコは、興味深く、行動の複雑な動物である。私の言うことが信じられなければ、自分の巣に獲物を持ち帰って仔ネコに狩りの仕方を教えようとし、仔ネコに獲物にじゃれさせる母ネコを観察してみてほしい。自分の飼いネコばかりでなく、ローマの歩道や広場、遺跡に暮らす野良ネコも観察して、ネコとはなんと一様で型にはまった振る舞いをするのかと感嘆したものだ。確かに個々のネコは、いろいろな個性を持っている。だがその一方で、ネコの行動には大きな画一性もあるのだ。つまり、イヌや他の哺乳類とは異なる、はっきりとした「ネコの本性」がある。リンゴにも、形、色、手触り、味が違うというあらゆる種類の多様性がある。けれども総合的にはリンゴが、オレンジと異なるのは明らかだ。ネコはネコで、リンゴはリンゴ、そしてヒトはヒトなのだ。動物の種間の行動差は、環境の違いではなく、遺伝子の違いの結果である。家ネコは家犬と同じ環境で暮らしているが、その家ネコもネコ本来の行動をし、イヌのようには振る舞わない。

私の観察結果に確信を抱けないペット愛好者は、異なる犬種間の行動の違いを考えていただきたい。明らかに、犬種間には大きな行動差が存在する。一部の犬種は、羊飼いとともにヒツジの群れを追い、ヒツジを安全に保つのに役立つように容易に訓練できる。犬種間で、他のイヌや人間に対しどれほど攻撃的であるかそれとも友好的であるか、従順で愛らしいか、興奮しやすいかのんびりしているかにも違いがある。これらの違いは主に遺伝的な差だが、選択的育種の結果でもある。かなり攻撃的なドーベルマンを作り出すために、ブリーダーは自分が見つけ、育種できる最も攻撃的なオスとメスをかけ合わせる一方、温和しいドーベルマンは子どもを残せない。この選択的育種を何世代も繰り返した結果、ドーベルマンはたいていは荒々しい攻撃的性格になるのだ。ダーウィンは『種の起源（*On the Origin of Species*）』で、家畜の行動に基づいたこの選択的育種を例に用いて、行動は先天的であり、動物の育種家がやっているように自然淘汰は一定の特徴の方が他の特徴よりも有利になるように働いていることを証明した。実験用の遺伝系統の異なるマウスも、研究者による体系的な選択的育種計画の結果、情動性と社会行動の上で強力で一貫した違いを示すようになっている。最後に付け加えれば、人間とあらゆる種類の動物で行われた最近のたくさんの研究によって、個体と個体が保持する遺伝子によって提示される一定の行動の特徴の間に対応関係があることが分かってきた。こうした特徴には、複雑な社会行動も含まれる。そのとおりだが、もちろん人間の行動はそれでも気まぐれ的であり、幼児期の経験と環境に影響されるのである。だが、人間の行動がそれこそいかに変わりやすいか、それとも均質なものなのかは、見る者の視点次第だ。火星からやってきた人類学者なら、すべての地球の人間はお互いにほとんど同じ行動をしていて、木星の住民が互いにやり合っているのとは全く違ったことをしているように見えるだろう。

ヒトの社会行動の順応性と他の動物との収斂進化

社会行動は、ある程度は遺伝子に支配され、自然淘汰によって進化した。我々の多くは技術的に発達した産業社会で暮らしているとしても、我々の社会行動の大半は、解決するために数百万年前に進化したのと同じ問題になお適応していて、それで解決している。ホモ・サピエンスのような高度に社会的で競争の激しい種にとって、問題の主要な根源――生存と繁殖への大きな挑戦――は、捕食動物でも食物の欠乏でも厳しい気候でもなく、他の人間である。協力し合い、競争し合うようにするそれぞれの圧力に応じて、我々は非血縁者を犠牲にして、自らの血縁者を身びいきして振る舞う。敵、友人、そして家族の中でも優位性を求めて我々は闘い、自分の相対的な地位に応じて、強引に行動するか媚びへつらうかするように振る舞う。結婚相手とマネーの獲得権を得るために、我々は社会的同盟と政治的同盟を構築する。（見返りを通じて）直接的に、あるいは（評判や他の効果を通じて）間接的に利益を受けると、我々は無関係な人とも協力する。資源が限られ、競争が激しい時は、できるだけ犠牲を払わないで済むようにして、競争相手を傷つけようとする。絆が必要な時にはそれを築き、その絆の強さを試すために戦略を発展させ、協力関係の費用（コスト）と利得（ベネフィット）の比率を変えることに敏感になる。需要と供給の法則に従って個人の価値とその人物の持つ資源が変動する生物学的マーケットでの複雑な交渉を通じて、我々は結婚相手、政治的同盟相手、事業上のパートナーを選ぶ。これらの取引と関係を通じて、ゲーム理論と経済学・進化生物学のそれ以外の部門から得られたモデルに従って我々は行動する。また人間の行動にはたくさんの個人的な違いと文化的な変異もある。それでも多くの社会的状況での人間の平均的行動は、適応的であり、かなり予測可能である。それに大多数の事例では、個人の間の行動の違いもやはり適応的であり、予測可能でもあるのだ。

現代人が直面している社会的問題の中には、別の動物にも存在するものもあるから、その問題への彼らの適応的な解決策は、人間のものとも類似する。縁者びいきの行動は、ミツバチやアリでは普遍的である。魚は、協力のための見返り戦略を演じるし、鳥は番いを形成して、自分たちの仔を協力して育てる。順位制と順位は鳥類と哺乳類では普遍的に見られ、同盟構築の複雑な戦略が霊長類、ハイエナ、イルカで観察できる。多く場合、似通った環境上の問題に直面している動物は、それぞれ種が異なっても、互いに独立に類似した適応的解決策を考え出している。進化生物学者が**収斂進化**と呼ぶ現象である。ある特定の問題の解決策が制限されている時、魚類と人類のように遺伝的にかなり遠い関係にある動物においても、自然淘汰は時として再三再四、同じ解決策を考え出すことがある。ただ、その解決策は外見的に類似しているに過ぎない場合もある。魚類も人類も、協力のための見返り戦略を演じるが、魚類と人類がその戦略を実行するのに用いる認知の仕組みは、かなり違っているようだ。人間は未来と自らの行動の結果を考えることができるし、自分自身の行動に対しての第三者の反応も予測できる。魚類は、おそらく自らを正しく行動させる脳内の生得の仕組みを持っているだけだ。しかし生得の脳の仕組みが絶妙に機能するので、さらに洗練された認知上の必要性でそれを置き換える要求がない状況もある。進化は、「生得の」行動の戦略を「認知による」行動の戦略に変容させるためにはかなりの矛盾を克服しなければならない。ヒトを含め大きな脳を備える動物でも、簡単な経験則がかえって好都合に機能するなら、時間と認知処理能力にコストがかかる複雑な戦略の利用に対して不利な淘汰もあるだろう。

人間の社会行動の系統史

ヒトも含む地球上のすべての生物は、その種にとって新奇で特異的な特徴の組合せを表現している。彼らは、それを最近になって進化させたからだ。同時に祖先から受け継いだために、古い特徴も備えている。環境上の問題に特定の行動上の解決策がある生物にとってうまく機能しているのであれば、この解決策は長い進化という時間軸でも永続する。種が進化し、新しい種を生み出す時、その子孫種は祖先種から解剖学的、生理的な適応だけでなく、祖先種の行動上の適応の一部も受け継ぐ。だから人間が特定の社会的な問題を解決するのに用いる一部の行動のプログラムは、ヒト以外の霊長類にも用いられているプログラムと似ているのである。それは、我々人間がその問題への同じ解決策を独立に考え出したからではなく、ヒトとヒト以外の霊長類がこうしたプログラムを共通祖先から直接に受け継いでいるからだ。恐怖のような人間の感情の中には、長い進化の歴史を持っているものもある。我々人間は、恐怖という状況で何か新しいことを発明したのではない。我々は、祖先からそのパッケージ全体――感情、それによって起こされる生理的な仕組み、それが行動に及ぼす効果——を受け継いだのだ。一部の感情のプログラムが進化の上で長い歴史を持っていることは、異論の余地はない。しかし別の一部のプログラムに対しては、歴史という論点では議論の余地がある。その議論に入っていく前に、ちょっとの間、立ち止まって進化についてのごく基本的な情報を考えてみよう。

大進化とは、種が長い時間をへて変化し、新しい種を生み出すか絶滅するかする過程である。進化は、一本の木に何本もの枝が伸び、さらに新しい枝を作り出す一方、袋小路に至る枝も出来るという枝分かれの過程として図化できる。地球上のすべての生物は、同一の微生物の祖先から枝分かれしていったから、進化的に相互関係を有する。これは、系統樹で図化できる。系統樹は、種や分類群の進化上の関係を表すように枝分かれをさせた図である。この関係から、形態的特徴や遺伝的特徴の類似性と距離を推定できる。系統樹で一緒にまとめられる分類群は、一つの共通祖先の子孫だとみなされる。子孫の分類群を持つそれぞれの枝の結節点は、その子孫群の最も新しい共通祖先であることを表す。そしてその先端までの長さは、種間の推定される時間の長さと解釈できるだろう。子孫種は、そのＤＮＡと祖先種に由来した遺伝子によってコードされた特徴の多くを受け継いでいる。その結果として、乳腺の存在のようなある特徴が最初に現れた祖先を系統樹の上に位置付け、それを特定して、その特徴の系統的な歴史を復元できるのである。この場合、その種こそ、脊椎動物の大きな枝から分岐した最初の哺乳類なのだ。一部の特徴には、ある一つの種にだけ初めて現れたもののあることがあり、したがってこの場合は追跡可能な系統史を持たないし、その特徴が進化した祖先についての情報が失われてしまっているため、それらはあたかもある種に初めて出現したかのように見えることがある。例えば言語は、現代人に特異的な特徴のように思える。しかし言語の基礎は、今では絶滅してしまっている例えばアウストラロピテクスやサピエンス以外のホモ属の種のような我々の最近の祖先の一部で初めて進化した可能性もある。言語は独自の系統進化史を持っているはずだが、我々の最近の祖先がもはや絶滅してしまっていために、それがどのようなものであったかをうかがうことは難しいだろう。

多くの進化心理学者は、現代人の心は更新世——今から約二五〇万年前に始まり、一万二〇〇〇年前まで続いた時代——に進化したと考えている。この時には既に我々のヒト科祖先は、チンパンジーの祖先とは分岐した後だった。そのうえ、ヒト科祖先はその後にすべて絶滅してしまった。ホモ属は更新世に初めて出現し、この時代に属するホモ属化石のすべては、ホモ・エレクトスとホモ・サピエンスである［訳注　更新世のホモ属にはホモ・ハイデルベルゲンシスやホモ・ネアンデルターレンシスなどもいたから、著者の認識は正しくない］。更新世のホモ・サピエンスは、およそ五万年前には既に現代人の解剖学的特徴を獲得していた［訳注　東アフリカのオモで一九万五〇〇〇年前のホモ・サピエンス化石が見つかっている］。したがって大多数の進化心理学者は、現代人の心は人類が現代人的な解剖学的特徴を獲得した時期に、我々現代人の「進化上の適応環境」と進化心理学者が呼ぶ時期に進化した、と考えている。このように確信しているために、大多数の進化心理学者は、人間以外の霊長類やもっと一般的な他の動物を研究することによって、人間の心と行動の系統上の歴史を復元しようとすることが有益だとは気づかないのだ。彼らの主張によると、ホモ・サピエンスが大きな新しい脳を進化させた時、すべての賭けがスタートし、人は完全に新しい行動原則によって互いに新たなゲームを演じ合い始めたという。例えば多くの研究者から現代進化心理学の創始者だと考えられているトゥービーとコスミデスは、幾度となくヒト以外の動物の行動を人間の行動と比較することで人間行動の系統史を研究することは有益ではないし、可能でもない、と述べている。だが、二人に同意しない研究者たちもいる。

この見解は間違っていると私は考えているが、その理由を説明するために、身体の解剖学的構造と行動の間の類似性を用いることにしよう。ホモ・サピエンスは、更新世に体形が改良され、現代人的な解剖学的特徴を獲得したのだろうが、それにもかかわらず明白に二つの要点が認められる。第一に現代ホモ・サピエンスと大型類人猿・それ以外のサル類との間に、依然として顕著な類似点があることだ。第二に現代人の肉体から、現代人の解剖学的特徴のうちかなり古い進化の歴史を持つ幾つかの要素を、なお我々は識別できることだ。その構造は、古生物学者のニール・シュービンが著書『ヒトのなかの魚、魚のなかのヒト――最新科学が明らかにする人体進化35億年の旅（*Your Inner Fish: A Journey into the 3.5-Billion-Year History of the Human Body*）』（垂水雄二訳、早川書房）で絶妙に説明しているように、はるか原始的な魚類にまで遡るのである。同じことは、脳と行動にもあてはまる。ひょっとするとホモ・サピエンスの心は、更新世に幾つかの重要な面で自然淘汰によって変容させられ、現代人の心の全特徴が獲得されるに至ったのかもしれない。後述するように、新しい認知能力、例えば言葉をしゃべること、他者の心に考えを巡らすこと、倫理的判断を下すことなどは更新世の間に現れた可能性がある。しかし更新世にホモ・サピエンスが直面した社会的問題は、おそらくはホモ・サピエンスの祖先やそれ以外の霊長類が既に数百万年間も取り組んできたのと同じ問題だっただろう。ある時点で、初期の人間が夕飯をめぐってこうした問題を話し始めた――それは進化の上では新しい展開だ――のは確かだが、こうした夕食の会話が完全に新しい解決に至ったかは疑わしい。我々は今日でも同じ問題に取り組んでおり、祖先から受け継いだ同じ行動的解決策をなお用いているのだ。

行動は、系統的な歴史を持っている。それは、複雑な社会的戦略のみならず単純な行動パターンも祖先種から受け継ぎ、時にはほんのわずかな改変が施されはしても新しい種に維持されたという意味だ。

進化生物学者は、子孫種が直前の祖先の特徴を保持する傾向を**系統発生的惰性**と呼ぶ。形態的特徴でも生理的特徴でも、さらにはまた行動的特徴や心理的特徴も、共通祖先からの受け継いだ因子のために異なる種間でも似通っている場合、こうした特徴は**相同的**と呼ばれる。結局のところ、それが社会的行動になっても、それでも人間は依然として、大型類人猿やその他の霊長類だけでなくさらにそれ以外の動物とも似ているのだ。したがって人間の行動の中に、我らが「内なる魚」や我らの「内なる昆虫」という系統発生上の痕跡をなお見ることができるのだ。解剖学的特徴でも行動でも、系統樹のたくさんの分枝を超えて保存されている可能性が最も高そうな特徴は、自然淘汰によって進化し、その動物の生存と繁殖に重要な役割を果たしている特徴である。その結果、数多くの適応形態（例えば、恐れという感情）は、種を超えた相同である可能性がある。系統発生的惰性は、必ずしも自然淘汰の作用を抑えない。高い系統発生的惰性を備えた特徴の中には、適応的である可能性のあるものもあるのだ。

進化心理学者が人間の行動について系統発生史を研究することに懐疑的な理由の一部には進化生物学者にも共有されているものがあるから、この懐疑的考えは人間の行動ばかりではなく行動の一般的議論にも向けられている。身体が自然淘汰によって進化したように行動もそうだと懐疑論者が認めても、行動は身体と比べて「特殊であり」、また計量的な質が異なるので、懐疑論者たちは行動の系統発生史を研究できないと主張する。行動が特殊である一つの側面として、行動はあまりにも不安定で、可変的であり、環境の影響を受けやすいために系統発生的な分析のテーマになり得ないという。我々の身体も、我々の暮らす環境から影響を受けるが、行動ほどではない。骨（やどこの部分であれ身体の一部分）と行動の間のもう一つの違いは、骨は「構造」とみなされるのに対し、行動は構造、すなわち脳の「機能的な」産物とみなせることがある。つまり脳は、骨に相当する構造であり、行動は脳が指示するものである。だから行動は、骨と同等ではないだろう、というわけだ。

一部の進化生物学者によれば、我々は構造の特徴について相同関係を研究できるが、機能的なそれはできないという。だから構造と機能の違いは、重要な課題である。例えば我々は異種動物間の脚や脳の間の相同関係は研究できるが、動物が歩いたり何かをしたりする仕方の相同関係は研究できない。これと関連する、しかしさほど根本的ではない異論として、二つの機能上の特徴は、その二つのが同じ構造から作り出された場合に限って相同関係とみなせるというものがある。例えばアカゲザルの睡眠とヒトの睡眠は、睡眠が両種の脳の同一領域が働き、同一領域で調整されているのなら相同関係とみなせるかもしれない、というわけだ。

こうした異論に対する反論として、二人のアメリカの霊長類学者、ドゥルー・レンダルとアンソニー・ディ・フィオールが、説得力をもって次のように主張している。二人によれば、行動は不安定でも可変的でもないので、系統発生的な分析は不可能ではないという。また相同関係は、機能の特徴に対しても構造の特徴に対しても確証できるし、さらには行動の特徴は、それが脳内の別の領域で発現されたものだとしても相同関係であり得るともいう。こうして二人は、進化の観点から見て行動に「特殊な」ものは何もない、と結論付ける。それに、この結論を裏付けるデータもある。すなわち異なる種で表現される似通った適応的な行動の特徴は形態的な特徴のように相同関係にありそうだということを明示する研究が、これまでに提出されているのだ。例えば一九九〇年代初頭に生物学者のアラン・ドゥ・ケイロス（Alan de Queiroz）とピーター・ウィンバーガーは、昆虫、魚類、両生類、爬虫類、鳥類を含むあらゆる範囲の動物の形態的特徴と行動の特徴の系統発生上の分析を行った。形態的特徴には、動物の体サイズ、骨の大きさと形状、さらにその他の身体的特性が含まれた。行動の特徴としては、単純なありふれた動作から複雑な社会行動（例えば求愛行動、縄張り行動、親の世話）にまで及んだ。その結果、二人は行動の特徴は形態的特徴のように異種間を通して相同関係にある可能性が高い、と断定した。一部の生物学者が、長い間、知っていたし、そうではないかと感じていたように。

行動の系統発生論の研究は、二〇世紀前半に始まり、この世紀の半ばに勢いがついたが、その後に事実上、放棄された。現在、二一世紀にその逆襲が始まった。系統発生論研究は、動物行動学研究で最も急速に発展している分野の一つとなっている。ヨーロッパ生物学者のコンラート・ローレンツ、ニコ・ティンバーゲン、カール・フォン・フリッシュは、新しい科学分野で、行動の生物学的基礎と述べられることの多い動物行動学を創始した功績でも一九七三年、ノーベル生理学・医学賞を贈られた。初期の動物行動学研究の主な照準となったのは、行動の系統発生史であった。

比較解剖学と系統分類学の教育を受けたローレンツとその他のヨーロッパの動物行動学者たちは、動物の一定の連続的な活動は、種を同定するのに信頼できる、と考えた。比較解剖学で適用される形態的特徴が近い関係にあるか遠い関係にあるかという手法で種を同定するのと同じように、だ。チャールズ・ウイットマン（一八四二年～一九一〇年）とオスカー・ハインロス（一八七一年～一九四五年）の二人の生物学者がローレンツらの考えの先行者とも言えるのは、ローレンツとティンバーゲンの半世紀も前に、この二人は相同関係の概念は形態的特徴と行動に対しても同じように適用できると推定していたからだ。ウイットマンとハインロスは、行動のある特定の面、すなわち運動パターンに注目した。例えばハインロスは、あくび行動と自己ひっかき行動に伴う動作は、多くの脊椎動物間に相同関係があるだろう、と主張した。後年、ローレンツとティンバーゲンは、オスのアヒルとカモメがメスを誘引する求愛ディスプレーが系統的に密接な関係のある種で良く似ているのは共通祖先から行動を継承した結果だと明らかにして、この種の研究を拡張した。

動物の行動が祖先から子孫の種へと遺伝的に伝えられた証拠を証明するものとなるかどうかを見出すために近縁な関係の種と遠い関係の種の行動を比較する手法は、運動パターンだけでなく交尾、子育て、愛情を寄せること、協力、攻撃、服従と防衛に伴う複雑な社会行動の研究にも当てはめることができる。こうした複雑な行動は、単独のどんな種でも最初から存在した可能性は低い。事実、昆虫、爬虫類、両生類、鳥類、哺乳類にまで及ぶ研究がどんどん蓄積されてくると、広範囲の複雑な社会行動において種が異なっても種を超えた系統的連続性を見出せるようになっている。最初の頃の例は、一九六〇年代にアメリカの生物学者ジョン・アイゼンバーグによってなされた齧歯類の比較研究に源流を持つ。アイゼンバーグは、カンガルーネズミ、ポケットネズミ類、それらと近縁な齧歯類の社会システムを研究し、どの種の社会システムも、種の暮らす環境の特徴によってよりもその種の系統発生史——すなわちその祖先と密接な類縁関係のある種が持つ社会システムのタイプ——によっての方がうまく説明できることを見出した。爬虫類イグアナの様々な種における社会組織の研究から、この爬虫類の系統樹は、形態的特徴（例えばオスとメスの体サイズの違い）を説明するというよりも、むしろオスの縄張り防衛行動とオスの順位制のような社会性特徴を持っていることが分かっている。

同様の研究は、ヒト以外の霊長類でもなされてきた。一九七〇年代半ば、生物学者のジョン・シュピュラーとリン・ジョーデは、一九項目の行動的特徴に基づいて霊長類を二一種に分類し、様々な種に見られる特殊な行動の表現は彼らの棲む環境の特徴と霊長類系統樹上のそれぞれの種の位置によって同じ程度に説明できることを見出した。言い換えれば、ある種の特定の行動は、祖先から受け継いだということだ。その二〇年後、ディ・フィオールとレンダルも、それと似た研究を行った。二人は、霊長類の社会組織を、遊動の特徴、群れの傾向、共同体の構造、交尾パターン、同性内と異性間の社会的関係性、繁殖への投資などの三四の側面を基に六五種に分類した。二人は、例えば順位制と攻撃的同盟を形成する傾向やメスたちの同性血縁個体を毛繕いする傾向といったメスの社会的行動の多くの側面が旧世界ザルの間で極端なほどに均質であることを見出した。基本的にマカク類、ヒヒ、ヤセザル類やその他の旧世界ザルの社会組織の大半は似通っており、社会的行動も一般的パターンを有している。それというのもこれらのパターンは、彼らの共通祖先から「パッケージ」として受け継ぎ、その後の進化と旧世界ザルの種の多様化を通じても微修正程度でほとんど変わらずに維持されてきたからだ。この発見によって、社会組織に伴う行動パターンがかなり普遍的であっても、それは長大な進化の時間を経ながらも保存されることが証明された。旧世界ザルの多くの種は、今では体サイズ、体形、その他の生物学的側面で互いにかなり違ってしまっているので、行動の特徴は形態的特徴よりも種分化と新しい環境への生態的適応とともに起こる進化に伴う変化に対して保守的であるらしいことも上記の諸研究によって推定できる。もう一つ暗示しているのは、種の系統発生史の知識が欠けていることが研究者がなぜ種は特定の社会システムや特定の複雑な社会的行動を見せるのかを理解するのを難しくしているかもしれない、というものだ。同様に、霊長類の社会行動、特に我々ヒトに近縁な種の社会行動についての知識がなければ、ヒトの社会行動の進化的基礎を理解するのも難しい。

人間の行動と認知の多くの側面は、おそらくは我々哺乳類の祖先から受け継いだのだろう。二つの種が共通の祖先を持つ子孫であるために類似した行動を共有している蓋然性は、種間の系統的関係が近ければ近いほど高くなる。大型類人猿とそれより小型の類人猿は、旧世界ザルとともにヒトに系統的に最も近い哺乳類である。したがって人間の行動は、他の動物よりも彼ら霊長類の行動の方に相同的である可能性が高い。一例として、世界中のすべての文化で報告されている人間の普遍的な顔の表現である微笑みを見てみよう。ダーウィンは、一八七二年の著書『ヒトと動物たちの感情表現（*The Expression of the Emotions in Man and Animals*）』の中で、人間の多様な顔の表情は我々の霊長類祖先のものから進化した、と示唆した。それもあって霊長類学者は、霊長類の「歯を剥き出しにしたディスプレー」と人間の微笑は相同だとずっと信じ続けている。この相同関係は、アカゲザル、チンパンジー、人類のすべては、この行動パターンを二五〇〇万年前のこの三種の共通祖先から受け継いでいることを表している。

第一章と第二章で述べたように、アカゲザルとチンパンジーの歯を剥き出しにしたディスプレーは、主に服従の信号として用いられている。「恐れを示す歯の剥き出し行動」や「恐れを示す顔をしかめること」として知られるディスプレーも、繰り返し攻撃されたり、威嚇されたり、時にはただ高順位個体に近寄られただけで示す低順位個体のディスプレーである。この信号は、恐怖と寛大さを求める懇願（どうか攻撃しないで！）との組合せを表している。アカゲザルや他の旧世界ザル、そして類人猿は、この信号を例えば成体オスがあるメスに近づき、そのメスを交尾に誘ったりする時や、母ザルがアカンボウに地上を歩いて自分に付いてくるように励ます時など、友好的に交流している間にも使う。人間が微笑むのは、主に友だち同士のように和やかになりたいというのが目的だ。だが、我々がボスに対して神経質に微笑む時のように、そこに含まれる服従的な要素はなお健在だ。霊長類の歯を剥き出しにしたディスプレーと人間の微笑みは、同じ顔面の筋肉の一部を収縮させて作り出し、似通った服従と友好の目的を有している。サルの歯の剥き出し行動と人間の微笑みが相同だという確実ではっきりした証拠を提示するのは難しいが、人間の微笑みが長期間の系統発生史を持たない、進化の上では新しいものという事実に照らせば、この解釈はそれに替わる説明よりもずっと合理的で、また正確である可能性が高いように思われる。

　微笑みは比較的単純な行動パターンであり、一方であくびが霊長類だけでなくすべての哺乳類に見られる普遍的な行動であることを考えれば、あくびのような他の単純な行動パターンは、微笑みよりもずっと長い進化史を持っているのは容易に納得できる。おそらくヒトがその霊長類祖先からパッケージとして伝えられた、より複雑なプログラム——感情、認知、行動の要素を持つプログラム——の好例は、第六章で述べた幼児の愛着システムだろう。多くの霊長類のアカンボウは、栄養摂取、体温調節、保護を母親に全面依存している。その結果、アカンボウはいつも母親に運ばれ、身近に抱かれている必要がある。問題は、アカンボウが世話をする母親から引き離され、世話を失うことだ。その場合、アカンボウは飢え死にするか凍え死にするか、捕食者に食われるかすることになる。この問題を解決するために、自然淘汰は幼児の愛着システムを考え出したのである。第六章で述べたように乳幼児の愛着システムは、セットになった目的——母親と接触を維持したり、身近に居たりすること——と特別な活性化と終了の条件を持っている。愛着システムは、乳幼児が母親から引き離されると活性化し、接触や身近にいることが達成されてしまうと終止符を打つ。乳幼児の愛着システムには、三つの決定的な特徴、進化心理学者が**設計特徴**と呼ぶものがある。すなわち引き離されることの不安と見知らぬ者への恐れ、保護を得るための「安全な避難所」としての母親の利用、未知への探求のために「安全な基地」としての母親の利用、である。

　同じセットの目的、同じ活性化条件と終了条件、同じ設計特徴、そして乳幼児の泣き叫びと後をついて回るような多くの同じ行動を持つヒト的な愛着システムは、旧世界ザルと類人猿にほぼ普遍的に見られるが、原猿類と新世界ザルには存在しないか稀にしか見られない。これは、乳幼児の愛着システムは霊長目の進化の過程に跡をたどれる歴史のある適応であることを推定させる。種間には、愛着化という過程の調節の基礎をなす生理的な仕組みや認知過程のそれぞれの一部にいくらかの違いがあるかもしれないけれども、概してその愛着システムは霊長類の種を超えた相同関係にある証拠を示しているのである。

新しい段階の過去

我々ヒト科祖先が他の類人猿から分岐した後に生じたヒトの脳におけるサイズと複雑性の驚異的成長は、数多くの新たな「精神的能力」の獲得に付随して起こった。人間は、自分自身について、未来に起こる事について、さらに生と死、宇宙の広大さという概念を考える能力を発達させたのである。言語の進化は、我々の考える能力と他者と意思を伝え合う能力の両方を大いに高めた。数多くの新しい精神的能力が、複雑な社会での生活に伴う諸問題を解決するために進化し、その後にこうした新しい能力が我々の社会生活をいっそう複雑なものにした。霊長類学者のマーク・ハウザーが自著『徳の心（*Moral Minds*）』で説いたように、自分たちの活動の道徳的価値について考え、自分の行いや他人の行動について善悪を判断できる人間の能力が自然淘汰によって進化したのが事実だとすると、この過程は比較的新しい段階になって進んだものに違いない。道徳規範の社会的契約という見方は妥当性を有しているが、恥（規範の違反に対する主観的な罰）、罪悪感（予測される違反に対する主観的な罰）、誇り（規範を順守したことに対する主観的な見返り）、道徳上の憤り（他者による規範の違反を体験した時に、その違反がまるで自身に対する違反であるかのように感じられる怒り）、軽蔑心（規範を犯したり期待感に反したりしている他者への永続的な非難感情）といった新しい、複雑な感情が道徳規範を支えるために進化した可能性がある。

これらの感情は、進化という時間軸では比較的最近に、そして人間に特異的に現れたように思える。チーム・プレーは人間の社会性の進化に重要な役割を果たしてきたとする（第八章で述べた）ロナルド・ノーの推定と一致するが、進化心理学者のダニエル・フェスラーとケヴィン・ヘイリーも、称賛と称揚といった「集団の」感情——それらは自己犠牲的に行動し、その行動が全体として他者や社会に貢献したチーム・プレーヤーである個人に与えられる感情——もやはり人類の系統で比較的新しい段階に進化したのだろうと推定する。最後に付け加えれば、子どもを共同で育てるため異性愛による夫婦の絆を形成し、維持させようとする圧力、人の生涯の残りを自分たちの子どもに投資させようとする圧力は、他の動物では観察されないほどの恋情を伴う愛と両親の愛情の進化に有利になるように働いただろう。

人間は、完全に主観的体験として自分自身の心の活動を理解する。我々は他の人たちの心に直接に触れ合えないものの、こうした人たちの心が実在し、その人たちの心も自分たちのように働き、信念、欲望、知識や無知を通じて他の人たちの行動の導きとなっていると想像している。他の人たちの心を思い測れる能力——心理学者が「心の理論」と呼ぶもの——は、模倣、教育、ごまかしという複雑な種類の心に関与する能力に付随して起こった。人間はまた、自分と他人の行動の費用（コスト）と利得（ベネフィット）を心中で複雑に計算し、チェスの差し手が相手の動きを予想し、それに応じて自分の次の手を考えるように、他者の行動も予測して他人の未来の不確定な行動についても事細かに予測できるようになった。

人の獲得した新しい言語能力、倫理的に考え、行動できる新しい能力、人の得た新しい感情や思いやり、さらに人の備えた新しい認知能力は、我々が人間として個人的な関係と業務上の関係を円滑に結んでいくやり方を大幅に変革させたかもしれないが、現実にはこのことは起こらなかった。たぶんテレビ、ラジオ、コンピューターのような新しいテクノロジーが本に取って代わっていないのと同じようなものだろう。我々の新しい精神的能力は、祖先の霊長類から受け継いだ心理と行動の性向に置き換わってはいない。それどころかそれらは、本とアイパッドが机の上で並んで置かれているように、我々の脳の中で並び立っているのだ。我々はなお依然として社会的な諸問題に魚や鳥のようなはるかに遠い関係の動物たちが進化させたものと似通った行動上の適応的解決策を用いている。そうした社会的な諸問題の多くは古くからあるので、それらを解決するために日常的に旧来の解決策を用いているのだ。人間の知識を伝える教育は、芸術、科学、学問の驚くばかりの成果の達成を約束する機会をもたらしている。道徳教育や宗教教育、さらに自分の家族、友人、自国やどんなものであれ自らの所属する集団——全人種やあらゆる生きとし生ける者たちをも含む——の成員への愛で、仲間の人間に高く評価され、称賛され、そして敬服される徳義にかなった行動を行うように、我々は精神的刺激を受ける。それなのに我々がどんなに知識を高め、道徳的にも高潔であるとしても、現代人は自分の心に群がっている旧来からの感情と認知と行動のアルゴリズムに頼って、毎日のように社会的な諸問題の解決に追われている。困難で、危険だが、いつもワクワクさせられる人間の出遭う社会的な事件の大海を乗り切るのにしばしばこの自動操縦装置に舵取りを手助けさせて。

エピローグ

二〇一〇年九月一八日、土曜日の午前九時、ミッチェル・ハイスマンという名の見知らぬ人物から、私は一通のeメールを受け取った。ホットメールのアカウントから送られたメッセージは、私のシカゴ大学のメール・アカウントに当てられていた。それは、私以外の数百ものeメール・アドレスに送られていたが、その多くはアメリカの大学の「-edu」拡張子を持ったものだった。さらにまた新聞記者と政府の役人に属すると思われる他のeメール・アドレスにも送られていた。件名に「遺書」と書かれたそのメールには、膨大な分量のPDFファイルが添付されていた。私がそのメールを受け取ったおよそ一時間後、ミッチェル・ハイスマンという名の三五歳の男性が、ハーヴァード大学メモリアル教会の階段で銃を自分の胸に撃ち込んで自死した。その間、教会の中ではユダヤ教の贖罪の日のサービスが行われていた。

私にはミッチェル・ハイスマンという名は心当たりはなかったし、数人を例外に、同じメールを受け取った他の人たちも誰一人として彼を知らなかった。ふだんは見知らぬ人物からの添付ファイルは決して開かないのだが、この日は開いてみた。そのファイルには、二〇ページの参考文献一覧を含め、一九〇五ページにもなる長大な本の原稿が収められていた。私は、参考文献のリストに自著『マキャベリアンのサル』のあることに嫌でも目が行った。その後でハイスマンがこの本を詳細に論考し、実際にそこから多数の文章が引用されていることを知った。私が書いたものが何らかの形で彼を死に至らせる決定に関与したのではないか――私はその可能性を危ぶんだ。私は、冒頭からその原稿を読み始めた。

私は、すぐにこの原稿が人間の本性、西欧社会の哲学の思想と政治思想、現実、そして究極的には人生の意味を究明するのに果たす科学と客観性の役割への知的探求だと推測した。その問いの結論は、あまり気持ちを高揚させるものではなかった。

数時間後、私がこの原稿を読んでいる最中にジャレッド・ネサンソンという人物からミッチェル・ハイスマンの注にある全員に返信された。彼のメールは、以下のとおりだ。

ミッチェル、

生活の質や民主主義に意味があるかないかを、君は軽々には言えない。人間の心は、そんなとりとめのない探求の企ての中では狂乱状態に陥るものだ。君は意味のあることだと理解できないので、あるいは精緻な命題を組み立てられるから、何物も無意味だという考えは君自身の事情の内部に存在するだけだ。

生はある。俺たちは生きている。意味や残忍さ、美が何であれ、俺たちは存在するんだ。そのことに意味があるはずだとか意味はないと言うことは、それ自体、意味のない作業だ。俺たちは存在している。代わりのものが存在することはない。喜びと悲しみの、そしてたぶん俺たちが体験する知的好奇心を満たす、限りあるどんなの時にも、決して全部を解決することはないし、俺たち（この場合は君を意味する）は哲学の旅が本質的に欠陥のある、あるいはない理由についてまとまった解を決して見つけ出すことはないだろう。多くの学者みたいに、君は自分でこしらえた言葉の城のレトリックに絡め取られているんだ。

俺の分かっているのは、いったん生を終えてしまえば、君がしているどんな主張も君の主張の固定した範囲の中で終わってしまい、君の示したドラマは永久に続けさせることができなくなるという高い可能性だ。自殺する人間のうぬぼれ、身勝手な本質は、音を立てて出ていく、つまり君のことを無知な大衆と哀れみ、判断するだろう連中に注目される必要をもたらすんだ。

君の主張を証明できるたった一つの途は、それともこれまでの束の間を生きただけでテレビのワイドショー番組の短い時間を生きられるかの唯一の方法は、生きることだ。主張し続けろ、論じ続けろ、自分が正しいかそうでないかを見るために生き続けろ。君は作業の準備をしないで、大切な物を捨てている。明らかに多くの時間を注いだ作業を君は放棄しているんだ。生き続ければ、それだけで君はユニークな出版に取りかかれる。けれども君の作品は精気を失うだろう、君の考える大いなる野望がその息の根をとめるからではなく、君の行動のドラマが君の作業から注意を盗み取るだろうから。君は知的労働で苦しんでいて、それを「ジャージー・ショア」〔訳注　アメリカのリアリティ・テレビ番組〕の一回放映分まで引き下げるだろう。知的な人間がするのは悲しいことだよ。君がこの地上に留まることを決意してくれれば、君の作品を徹底的に読み込んで論じられることになり、私は幸福なんだが。

ありがとう。

――ジャレッド

私はすぐにグーグルでジャレッド・ネサンソンを検索し、ボストンにあるハートスリーヴズという音楽バンドのリード・シンガーであることを知った（彼らのウェブサイト www.heartsleeves.com では、自分たちの音楽を「新エレキ、ソウル・リフレクテッド、日常生活の音楽！」と述べている）。私はｅメールをジャレッド・ネサンソンに送ることを決め、何が起こったのかを彼に尋ねた。ジャレッドは、返信を寄こし、何よりもまず次のように私に説明した。

俺はミッチのことを知っていた。だけれども、俺がeメールを受け取ったり、返信したりした時、ミッチの名前を思い出さなかったと白状しなければならない。俺は返信を誰にでも送ったというわけじゃない。それは間が悪かった。実を言うと、その瞬間、そいつは一種のインターネット詐欺じゃないんだとは確信を持てなかったんだ。奴を知ってるかも知れない、あるいは俺たちを教え導く単純な道徳物語ではなく、世に生きる意味を見つけ出そうとしたことで、少なくとも奴の誓約を理解したという思いがあったから、俺は返信したんだ。

数日後、ジャレッドは『ボストン・グローブ』紙のオンライン版に出たばかりのミッチェル・ハイスマンについて書かれた記事のリンクの付いた、もう一通のeメールを私に送ってきた。その記事でディヴィッド・アベルという記者は、ミッチェル本人、彼の家族、生い立ち、それに死の直前の彼の生活状況についてのいくらかの伝記的な情報を書き込んでいた。家族と友人たちは、彼のことを初めのうちは社交的な子どもだったと回想していた。ミッチェルが一二歳になったばかりの時に心臓発作で父を亡くし、その後は内向的な性格に変わったという。ニューヨーク州立大学オールバニ校で心理学を学んだが、大学では普段、人を避け、ほとんどの時間を読書で過ごしていた。卒業後は書店で働き、万巻の書物を集め、集めた本を終日、読み耽っていた。彼は独り暮らしで、電子レンジでチンするだけの食品、チキン手羽先、それに栄養補助食品で生きていた。執筆に専念できるように、ミッチェルはバッハの「平均律クラヴィーア曲集」の録音をよく聴き、リタリン［訳注　注意力を持続させるアンフェタミンのような中枢神経興奮剤」を服用していた。贖罪の日の朝、ミッチェルはシャワーを浴び、髭を剃り、チキン手羽先とレンティル豆の朝食をとった。白のタキシードの上にトレンチコートを着て、白いソックスに白い靴を履き、それからハーヴァード大学に行き、拳銃で自死したという。

ミッチェルは、自分と自分の周りの世界を知ろうと探求を続けた。まるで学者のように彼は、生物学者、心理学者、歴史学者、哲学者、その他多様な研究者の発見と理論を検討し、その評価を行うために科学的で論理的な推論を用いた。彼の探求の問いは、進化生物学こそ自分自身と人間の本性についての疑問への最も直接的な答えをもたらしているという結論に至らせた。そのモノローグで彼は、人間の感情、感覚、思考は、人間を生存させ、次世代を生み育てる助けをした生物学的な素因を反映している、と主張していた。彼はまた、人間の歴史で見られた繰り返される数多くの出来事は、自分たちの家族や集団内部の成員の仲間内の縁者びいきによる協力と別の集団の構成員との競争の産物と理解でき、それと似た社会的な力学関係はヒト以外の霊長類にも見られるとも書いていた。エドワード・O・ウイルソンによる一九七五年に出版された『社会生物学（*Sociobiology: The New Synthesis*）』（坂上昭一ら訳、新思索社）の刊行後に続いた論争を考察したくだりでは、ミッチェルは素っ気なく次のように述べる。「問題は、社会生物学が道理が通っていないということではない。社会生物学が道理が通り過ぎていることなのだ」。

自分の科学的な推論が自身の探求し続けた知識と説明を生み出したやり方に満足して、ミッチェルは知識探しそれ自体の正当化を探し求めるために同じ手法を用いようと苦闘し、最後には己自身の存在の正当化探しに苦しんだ。彼は何としても客観的でありたいと望み、自分の分析を曇らせかねないバイアスの源、特に自己利益、生存、次世代を生み育てること、さらには人生全般に対する心理的素因を減らそうと苦闘した。だがこれら主観的なバイアスをすべて探し出して削ぎ落としてしまった後に、彼は知識や人生についてどんな合理的な正当化も見出せなくなってしまった。したがってミッチェルの最終的結論は、極端なところ客観性を求める努力はとどのつまり虚無主義とその理にかなった自己破壊に至るというものだった。彼自身の言葉を次に引用しよう。「人生とは、そのものを持続させたり、複製したりするのにたまたま才長けた偏見である。このバイアスの源を削ぎ落とそうとすることは、人の心を死へと向けやすいことだ。僕は、世界の中にいる僕の存在を世界に対する理解とまだ完全には調和させられていない。客観性の価値と僕の人生という現実との間に葛藤がある」。「真理」と「人生」との両立不能性を証明する実験として、自死に踏み切ったのだ。

私がまだ高校生だった頃――そして後に大学に進学した時――、読書と思索に多くの時間を費やす内向的な若者だった。ミッチェルのように私も、自分自身と自分を取り巻く多くの人たちを理解し、人間とは何者であり、人間はどこから来て、そしてどこへ行こうとしているのかの永遠の答えを求めようとする手段として、科学的思考と哲学的な思考を推し進めた。私も、進化生物学こそこうした疑問への最も直接的な答えを持っているという信条にたどり着いた。そして最終的には、「自分探し」をする科学者の一人になった。私は、人間の行動とそれと似る動物の行動に特に心を奪われた。ミッチェルと私がどこかで出会い、二人の考えを議論していたら、人間の本性と人間の歴史に関しての彼の分析の多くに私は同意しただろう。「人生とは、そのものを持続させたり、複製したりするのにたまたま才長けた偏見である」という彼の結論さえも、私は受け入れただろう。だが私がミッチェルと違ったのは、人生にどんな困難な問題も持たないことだ。私はこの「偏見」が魅力的で、美しく、そして十分に生きる価値があるものであることを見出している。

ミッチェルの死は、彼の家族、友人たち、そして人類にとって大きな喪失である。だがとどのつまりミッチェルは、自分の死に彼だけが責任を持てるのだ。彼の生涯の間に出会った人たちにでもなく、彼の読んだ本の著者にでもなく、さらに進化生物学者と生命と人間の本性への彼らの解釈にでもなく。ジャレッド・ネサンソンがミッチェルに時間的に間に合わなかったメールで説明しようとしていたように、人が生きるための正当化は、人生とは何であるかという解釈ではなく、人生そのものに由来するのだ。ミッチェルがもっと良い人生を過ごしていたとしたら、彼はずっと生き続けることを選んだ可能性は高い。

生命の起源と進化の過程についての進化学からの説明は——例えば創造論者によって推進されている宗教的説明とは反対に——、それが生命はどこからも生まれてこなかったと基本的に述べているために、批判派からはひねくれて、悲観的で、気が滅入りそうな説だとみなされている。生命は、岩と気体と水の何らかの幸運な出会いの中から現れたにすぎない。進化は、複雑さや完璧さに到達するという最終的な目的地を持たないために、それは行き先がどこかもはっきりしないのだと。進化生物学者のリチャード・ドーキンスに歯切れよく説明されて有名になった自然淘汰の「利己的遺伝子」説も、ひねくれ説だと非難されている。利己的遺伝子説は生物とは遺伝子のただの乗り物に過ぎず、遺伝子は生存と繁殖のために他の遺伝子と常に競争して自分自身の目的を遂げようと予めプログラムされていると言っているからだ。最後に挙げれば、人間の社会行動の進化的な説明も、しばしばひねくれた説明だとレッテルを貼られる。適応的行動はしばしば他の個体とその遺伝子を犠牲にして、ある個体とその遺伝子に有利となる費用（コスト）対利得（ベネフィット）比の所産だとみなされているからだ。

これらの批判は、ミッチェルが犯したのと同じ間違いをしている。彼ら批判派は、科学が何であり、何をするのかを誤解している。科学とは、知識と説明を導き出す学問であり、哲学的な、あるいは道徳的な、さらには宗教的な正当化ではない。進化生物学は、その科学の一分野である。進化生物学の取り組む課題は、生命とは何であり、また生命はどのように働くのかを人々に理解させる手助けをすることだ。進化生物学は、人生は生きる価値があるのかないのか、そしてそれはなぜなのかを人々に語る権利はない。私見だが、人生が生きる価値があるかないかを決めるのは、その人自身の生活の質に左右される。そしてそれは次には人の身体と精神の健康、幸福か不幸かに左右されるのだ。生活の質に対してはある閾値があると私は考えたい。それ以下の人の生活は、特に将来、今よりさらに良くなるという見込みが存在しないなら、生き甲斐のないものかもしれない。そうした状況は稀である。しかしそれにもかかわらず、いくらかの不幸な環境では、将来の見込みの乏しさはあり得るだろう。

科学の発展は、例えば医療や有益な様々な技術を通して我々の生活の質を向上させることができた。科学的研究によって生み出された知識は、暮らしを調節し、人々の目標を達成する可能性を高めるので、人々に活力を与えることもできる。そしてまた自然界とそこに暮らすあらゆる生物に関する知識は、人々を自然の美の完全な理解へと導くこともある。しかしそれでも科学は、なぜ人生を生きる価値があるのかとか、なぜ知識を追求する価値があるのかとかを正当化する哲学的な根拠をもたらすことはないし、もたらすこともできない。

自然は良くも悪くもない。したがって自然界に関する説明は、楽観的でも悲観的でもない。また人間の本性も、良くも悪くもない。そして進化生物学者や経済学者から与えられるような人間行動の「合理的な」説明は、楽観的でも悲観的でもないし、気持ちを高揚させるものでも沈鬱にするものでもなく、希望に満ちてもいないしひねくれてもいない。人々はその生涯を通じて様々なやり方で幸福を追求する。そして幸福であることは、自分自身を素晴らしいと感じ、人生と世の中に肯定的な展望を持つことを含むだろう。自分自身と世界への知識は、幸福の追求に役立つかもしれないけれども、知識と幸福との間には何の関係もないというのが本当のところだ。自分自身と世界について知識を持たない人々も、それでも大いに幸福ということもあり得る。自分自身、生活、人々の暮らしている世界を理解することは、有益で、実際にとても楽しいこともあるが、ミッチェル・ハイスマンが求め続けていた類の知識を追求する過程を全体として正当化できるとは思わない。人生の全面的な正当化も「意味付け」もできないように。

より幸福になる唯一の途は、その人の生活の質を向上させることだと理解するのではなく、その代わりに多くの人たちは、物語はすべてハッピーエンドの結末を迎えるとか、人間は根本では善良であるとか、あるいは悪い事は良き人々には降ってかからないとか、はたまた人々を守り、何事もうまくいくことを確実にさせる超自然的存在が存在するとかという安心感を必要としている。科学者は自然や人間の本性を説明しようと努めているが、一方で人々に自分たち自身についてより良く感じさせる肯定的なメッセージを科学者がもたらさないとしたら、人々の中にはそのメッセージ伝達者を攻撃しようとする者も出るだろう。一般大衆と不断にコミュニケーションをとっている科学者たちは、多くの映画ファンが映画はハッピーエンドで終わると期待するように、自らの支持者たちが自分の専攻する科学分野から肯定的メッセージが発せられるのを期待していることを学んできた。ハッピーエンドのある映画は、不幸な結末で終わる映画や結末がはっきりしない映画よりもおそらくはヒットする。そして「肯定的メッセージ」の盛り込まれた科学啓蒙書は、そうでない本よりも多くの部数が売れるだろう。

人類は絶滅霊長類の祖先から進化し、人間の行動は現生のサルと類人猿の行動と多くの類似性を持つという見解は、それ自体は善でもなければ悪でもない。ヒトが進化する前の祖先とヒト以外の霊長類と我々が遺伝的に近いことなどを一般大衆に啓蒙しようとしている科学者は、彼ら霊長類は基本的には素直で善良なのだと断言すれば、肯定的なメッセージを伝えることができる。反対に、我々と遺伝的に近縁な霊長類が、利己的であり、策略に長けたマキャベリアンであり、仲間を殺すこともある動物だと言われれば、一般大衆はそのメッセージを否定的と受け取るかもしれない。明らかなことだが、霊長類は善でも悪でもないし、優しくも邪悪でもない。だからヒト以外の霊長類と我々とが進化のうえで近い関係の親類だと認識し、それを理解したとしても、人間の本性が生まれながらに善であるか悪であるかを定めるという点では何の示唆も得られはしない。それは、見当違いもいいところなのだ。「ゲームをするサル」という我々の知識が果たすのは、人間の本性が実在することを理解し、それは一体どういうものなのかを説明するのに役立ち、さらにそれがどのように働いているのかを学ぶことに役立つ。それが、我々の問えることのできるすべてである。

謝辞

私のエージェントであり、私に本書の執筆を勧め、企画案で助けてくれ、原稿全体を読んだ上でいろいろと論評をしてくれたエズモンド・ハームスワースに感謝したい。さらに原稿の改善に多大な貢献をしてくれたベーシック・ブックスのT・J・ケレハーとティッセ・タカギ謝意を表したい。それぞれの章を読み、コメントをくれた友人と同僚のすべてにも感謝する。全章を読み、編集をしてくれたジェニファー・ベシェルには、特に感謝する。最後になるが、本書の執筆中も私を支え、励ましてくれ、私の書いた原稿全体を読み、それがより読みやすくなるようにしてくれたシアンに特別な感謝の意を献げる。

訳者あとがき

人がエレベーター内で見知らぬ人と二人きりになった時の気詰まりさ、会社で無意識のうちにとっている自己顕示的振るまいや過度の控えめさ、他人に見られていると感じると人が意識せずにする取り繕い、いつも身内を身びいきする意識と行動、株式市場や商品市場の売買に伴う駆け引き、さらには氾濫する性の商品化……人間社会に広く見られるこうした行動は、すべて我々のはるかな祖先から受け継いだ行動だ、とシカゴ大で霊長類の社会行動を研究する著者は述べる。

従来の進化生物学では、人類進化とともに祖先のとっていた行動は消失し、代わって人類は独自の文化を発達させたのだと信じられていたが、そうした文化も一皮めくると祖先の行動を微妙な変化で継承したものだったことが、本書で活写されている。

著者の研究対象とするアカゲザルの他、広く魚類など脊椎動物全体の行動の研究文献を広く調査し、それらが自然淘汰を通して現代人の社会行動に影響していることを具体的事例で述べているのは、これまでの進化生物学の類書にはあまり見られない特色の一つと言える。

例えばイタリア生まれの著者にとって、霊長類に広く見られる「縁者びいき（ネポチズム）」がいかに自分の人生と進路に大きな影響を与えたかを、自分自身の体験を通しても一章を割いて例示する（第三章）。第三章で著者は、自らが苦渋をなめ続けたイタリアのネポチズムの不条理性を告白しつつ、それが生物学的起源を持つことを論証する。しかし、それにしてもイタリアのネポチズムはあくど過ぎる。

マフィアの母国でもあるイタリアでは、政・財・官・軍のみならず、大学など学術界でも醜悪な「縁者びいき」がまかりとおり、「ラコマンダチオーネ」なしではどうにも浮かばれない実態が描かれている。それが現代イタリア社会を蝕む一つの病理となっているのだが、さしたる後援者を持たない著者は、大学院進学にもポスドクの職にも不自由し、やむなく祖国に見切りを付けてアメリカに渡って研究職に就いた。

こうした社会状況が一時期のユーロ危機をもたらしたイタリアの財政破綻を招いた遠因となっていることは、本書を読めば腑に落ちるだろう。ちなみに本書の刊行は二〇一二年であり、執筆時間を考慮するとユーロ危機以前に書かれたと推定できるので、先見力に富むとも言える。

これは極端な例としても、それは生物学的起源を持つネポチズムの一つのイタリア的形態なのだ。日本のみならず先進国でも共通の課題となっている晩婚・非婚化、少子化なども、著者の言う第八章で詳述される「生物学的マーケット」の需給関係のアンバランスに一因があることに気付かされる。

その先進国では貧しい若者は結婚もできないのに、今も途上国では豊かな先進国への婚姻を目当てに、若くて美しい女性が、頭が禿げ、腹が出て、ぶ厚い眼鏡をかけた年嵩の白人男性と腕を組んで歩いている。アメリカの出版マーケットでは取引が成立しそうもないため、前著『マキャベリアンのサル（*Macachiavellian Intelligence: How Rhesus Macaques and Humans Have Conquered the World*）』（邦訳版＝木村光伸訳、青灯社、二〇一〇年）を出すべく、別のマーケットであるタイ、バンコクで著者が見た光景が、まさに生物学的マーケットの現代人バージョンであった。

その原著者も訳者も苦しんだ出版マーケットの需給の不均衡は、時には公正な市場機能で解決されず、とんでもない偏りを生む。

例えば全世界で五〇〇万部以上も売った大ベストセラー小説『禅とオートバイ修理技術（*Zen and the*

Art of the Motorcycle Maintenance)』（邦訳版＝五十嵐美克訳、ハヤカワ文庫上・下）は、やっと出版にこぎ着けるまで、実に一二一社もの出版社から出版引受を拒否されたという。

日本でも、風景は似たようなものだ。元脳科学者M氏や金融関係の評論家K女史、反原発活動家のK氏など、最も旬の時は同工異曲の本を月に五冊も六冊も刊行していた。もちろん著者自身が執筆している時間はないから、口述かどこかの講演をまとめたものだろうが、これほどの「量産」であれば、物理的に著者校正すらできないだろう。

出版社は執筆者を引っ張り合い、マーケット価値の上った執筆者はそれを高く、大量に売りつけるのだが、一方で市場価値のないとみなされる実績のない執筆者の本は、内容の良し悪し以前に市場に出ない。これもまた生物学的マーケットの出版バージョンである。

ところで人は、他者に見られることに極端に臆病だ。有名なニューカッスル大学の研究者によって発表された「正直の箱」実験は、まさにその性向の強さを示したが、実際に見られていなくても、両目を描いた一枚の横長の絵ですら、その前で人は正直者・気前の良さを演じた。

逆に、「見られていない」となると、人間はどれほど悪行を働くかも、一九七七年六月一三日夜のニューヨーク大停電ではっきり表された。驚くべきことにそれに近い悪行は、筋金入りの悪党ばかりでなく、業績を積み、教養も備えた研究者ですら行うという。

匿名の査読者の論文・助成金申請の受理・不受理を決めるのにも、こうした不正行為が横行しているという。昨年、科学界ばかりか社会をも揺るがせたいわゆる「STAP細胞」の研究不正とも関連する行為だ。

一方で、アメリカの富豪たちの寄付文化も、他者に良く見られて良い評判を得たいため、と冷静に分析する。

これは、はるかな遠い祖先が身につけた行動を受け継いだものだという。捕食者や仲間から見られることに無頓着な個体は、それだけで生存を脅かされたからだ。

動物行動に関心を持つ読者なら、第七章の「絆の検証」で述べられる様々な動物の風変りな行動は、興味津々だろう。

アモツ・ザハヴィのハンディキャップ理論の紹介に始まり、ちょっと聞くと身の毛のよだつような、オマキザルが不潔な指先を相手の眼窩に入れる行動や、ギニアヒヒが互いの睾丸を弄ぶ行動、ブチハイエナのメスがペニスのように勃起したクリトリスをチェックし合う行動など、場合によっては生殖のリスクを冒しても、互いに弱い部分を相手に曝け出して同盟関係を確かめ合うことが紹介されているからだ。

こうした行動は、現代人間社会に不可欠の信頼関係の確認と共通する要素を持つ。著者は、ザハヴィの「互いに無防備になるセックスこそハンディキャップを負うから、これは人間の究極的な絆の検証の仕組みだ」という言を引いて、ここでもヒトの行動が、他の霊長類、さらには類縁関係のもっと遠い他の脊椎動物に起源を求められることを述べている。

第九章で吐露されているが、前著『マキャベリアンのサル』を読んだ著者の友人が「サルたちは本当に人間のように振るまうんだね。こいつらは、人間だよ」と感想を述べた時、著者が「いや、違うね。本当はサルのように振るまってるのが人間なんだよ」と応えたのも、むべなるかな、である。

進化生物学の泰斗で、日本でも広く読者を獲得した故スティーヴン・ジェイ・グールドや彼の学敵リチャード・ドーキンスは、主にフィジカルな面で生物進化の奥深さ・面白さを、一般読者に届けてきたが、本書は行動面という両者とは一味違った側面から、進化生物学の面白さを一般読者に伝えてくれる。

ところでこの手の科学啓蒙書では、科学ジャーナリストに執筆を任せる共著形式がよく採られるが、本書はそうではなく珍しく著者の単著である。

前著『マキャベリアンのサル』がかなり専門的な本だったから、ほとんど売れなかったらしいことを反省してか、ハリウッドスターのゴシップやマイクロソフト社の人間模様を入れたりして読みやすくしようと努力している。

しかし所々に学者特有の理屈っぽさが顔を出し、訳者の技量不足もあるが読者の理解を妨げている個所が散見される。共著者として科学ジャーナリストが付いていれば、このあたりは最小限の記述に留めるだろう。

だからそこの部分は、読み飛ばしていただいてけっこうだ。本書の動物行動学に基づいた人間観と実例の数々を堪能し、現代人の行動が実ははるかな祖先に起源を持っているとの著者の主張の魅力を損なわれることはないからだ。

終わりに、雄山閣編集部の羽佐田真一氏には原文チェックも含めて大変なお世話になった。記して感謝する。なお紙幅等の関係で、原注・引用文献・索引を割愛させていただいた。

＜著者紹介＞
Dario Maestripieri（ダリオ・マエストリピエリ）
1964年、イタリア・ローマ生まれ。現在はシカゴ大学教授。専攻は、進化生物学、霊長類学。著書に“*Primate Psychology*”（ed.）（2003）Harvard University Press, “*Macachiavellian Intelligence: How Rhesus Macaques and Humans Have Conquered the World* ”（2007）The University of Chicago Press（『マキャベリアンのサル』木村光伸訳、青灯社、2010）

＜訳者紹介＞
河合信和（かわい　のぶかず）
1947年生まれ。朝日新聞記者を経て、現在、科学ジャーナリスト。記者時代より考古学・人類学に興味を持ち、著書・翻訳書多数。著書に『ネアンデルタールと現代人』（文春新書）、『旧石器遺跡捏造』（文春新書）、『ホモ・サピエンスの誕生』（同成社）、『人類進化99の謎』（文春新書）、『ヒトの進化　七〇〇万年史』（ちくま新書）ほか、訳書に『人類進化の空白を探る』（朝日新聞社）、『出アフリカ記―人類の起源』（岩波書店）、『最初のヒト』（新書館）、『アニマル・コネクション―人間を進化させたもの』（同成社）ほか。

2015年3月10日　初版発行　　《検印省略》

ゲームをするサル
――進化生物学からみた「えこひいき」の起源――

著　者　ダリオ・マエストリピエリ（Dario Maestripieri）
訳　者　河合信和
発行者　宮田哲男
発行所　株式会社 雄山閣
東京都千代田区富士見2-6-9
TEL　03-3262-3231 / FAX　03-3262-6938
URL　http://www.yuzankaku.co.jp
e-mail　info@yuzankaku.co.jp
振　替：00130-5-1685
印刷・製本　株式会社 ティーケー出版印刷

ISBN978-4-639-02347-0 C0045
N.D.C.469 347p 19cm